水木珞研 考研系列

新编全国高校
电气考研真题精选
大串讲（2025版）

水木珞研教育培训 ◎ 编著

U0178369

电子工业出版社·
Publishing House of Electronics Industry
北京·BEIJING

内 容 简 介

本书是电气工程专业研究生入学考试"电路原理"课程的复习用书。全书共 18 章，按照知识框图及重点和难点、内容提要及学习指导等模块讲述基础知识，针对各章知识点提供多家院校历年考研真题，并在附录 A 中给出习题答案及详细的解题思路，力求实现讲练结合、灵活掌握、举一反三。

本书针对性强、科学设计、逐级提升，可作为参加电气工程专业研究生入学考试的复习用书，也可作为相关专业学习"电路原理"课程的辅导用书。

图书在版编目（CIP）数据

新编全国高校电气考研真题精选大串讲：2025 版/水木珞研教育培训编著 . —北京：电子工业出版社，2024.3
（水木珞研考研系列）
ISBN 978-7-121-47604-4

Ⅰ.①新… Ⅱ.①水… Ⅲ.①电工技术-研究生-入学考试-自学参考资料 Ⅳ.①TM

中国国家版本馆 CIP 数据核字（2024）第 065385 号

责任编辑：柴 燕 特约编辑：刘汉斌
印 刷：涿州市般润文化传播有限公司
装 订：涿州市般润文化传播有限公司
出版发行：电子工业出版社
 北京市海淀区万寿路 173 信箱 邮编 100036
开 本：787×1 092 1/16 印张：22.5 字数：576 千字
版 次：2024 年 3 月第 1 版
印 次：2024 年 9 月第 3 次印刷
定 价：88.00 元

前　言

电气工程是国家电网的对口专业，是历史悠久的老牌传统工科专业。电气职业的较高要求使得该专业的考研难度远大于其他专业。作为电气工程专业的基础性学科——"电路原理"是全国绝大部分工科院校的考研初试科目，也是后续专业课程的必备基础知识。如何提升电路学科的学习效果、培养科学的电路思维方法和解题能力、增强考研竞争力，成为广大学生亟待解决的问题。针对上述问题，电气考研第一大团队——水木珞研团队结合多家院校历年考研真题的特点、命题规律，组织编写了《新编全国高校电气考研真题精选大串讲（2025 版）》。本书由具有 10 年授课经验的清华电路哥和武大菩提哥编写，水木珞研电路教务组等众多顶尖电路高手协助，主要面向考研学生，以及正在学习或者即将学习"电路原理"的学生，希望他们能受益于相关名师丰富的教学经验，把握解题技巧，加深课程理解，提高电路分析和求解能力。

考虑在学习过程中不同阶段的需要，本书分三个层次讲述。

第一层次，知识框图及重点和难点，以框图形式呈现电路知识架构，帮助学生厘清知识脉络。

第二层次，内容提要及学习指导，针对考研知识点进行总结性复习，帮助学生科学备考。

第三层次，习题，帮助学生巩固知识。

本书具有以下特点：

【针对性强】针对不同学习阶段的学生进行科学安排，使学生快速掌握知识，提高应试能力。

【经验丰富】名师伴学，充分挖掘优秀教师资源，覆盖基础知识及其重点、难点，扫清学习盲点和易错点。

【科学设计】根据学习特点和要求，设计不同模块，加深学生的认知，达到熟练掌握所学知识并能灵活应用的目的。

【逐级提升】遵循由浅入深、由易到难、由简到繁的原则，对习题设置科学、合理的梯度，兼顾不同层次的学生，逐步提高能力。

为了叙述方便，本书中的 R、C、L：一方面表示一个元件；另一方面也表示这个元件的参数。

希望本书的出版能帮助学生掌握电路知识，提高电路分析能力，助力备考研究生初试！

由于作者水平有限，加之时间仓促，书中错误之处在所难免，欢迎各位学生批评指正。

本书提供了习题解析视频讲解，观看方法如下。

扫码→关注公众号→在对话框中发送"大串讲"→注册激活

水木珞研教育培训

目　　录

第**1**章

电路模型和电路定律

1.1 知识框图及重点和难点

本章建立了电路模型的概念，介绍了电路的基本定律，是电路分析的基础。深刻理解电压、电流的参考方向是本章的重点之一。正确理解电压、电流的实际方向与参考方向的关系，根据电压、电流的参考方向是关联还是非关联，正确判断元件是吸收功率还是发出功率是本章的一个难点。

本章在电路图论的基础上，重点介绍了基尔霍夫电流定律（KCL）、基尔霍夫电压定律（KVL）及元件的电压、电流关系（VCR），正确列写 KCL、KVL 方程及熟练掌握电阻、独立电源和受控源的特性是本章的另一个重点，可使学生在了解支路、节点、网孔、回路等基本概念的基础上，深刻理解电路的拓扑约束，正确运用 KCL、KVL、VCR 方程进行电路分析和计算。

电路变量约束关系知识框图、电路基本概念约束关系知识框图、电路拓扑图约束关系知识框图分别如图 1-1、图 1-2、图 1-3 所示。

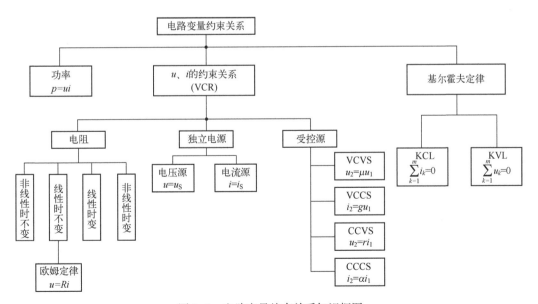

图 1-1　电路变量约束关系知识框图

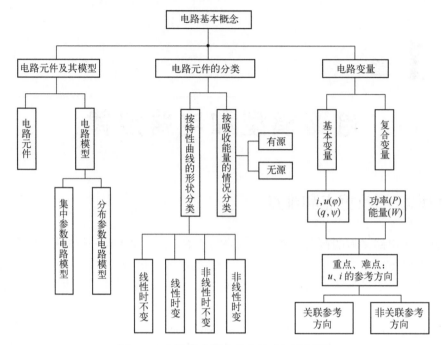

图 1-2　电路基本概念约束关系知识框图

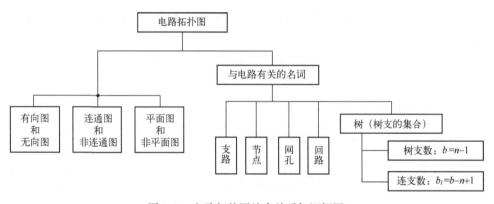

图 1-3　电路拓扑图约束关系知识框图

1.2　内容提要及学习指导

1.2.1　电路变量

在电路分析过程中，常用的物理量被称为电路变量。在集总参数电路中，电路变量仅是时间的函数。在分布参数电路中，电路变量不仅是时间的函数，还是空间的函数。对一个实际电路，当电路的几何尺寸远小于电路的最高工作频率所对应的波长时，才能用集总参数来描述。电压、电流、功率是常用的电路变量。其中，电压、电流又是最基本的电路变量。电路分析的任务就是求解电路变量。

1. 电流

$$i = \frac{\mathrm{d}q}{\mathrm{d}t}$$

规定电流的实际方向为正电荷的运动方向。在电路分析过程中，为了方便描述电流的实际方向，通常引入参考方向的概念。电流的参考方向是预先假定正电荷的运动方向，即电流的正方向。**参考方向是可以任意指定的，在电路分析过程中，可按参考方向计算电流：电流值为正，说明实际方向与参考方向相同；反之，实际方向与参考方向相反**（参考方向的来源有两种：一种是在题目中已经标注好的；另一种是自己标注在图上的。参考方向一旦定下来了，那么在整个计算过程中就保持不变了）。

2. 电压

a、b 两点间的电压 u_{ab} 为

$$u_{\mathrm{ab}} = \frac{\mathrm{d}W_{\mathrm{ab}}}{\mathrm{d}q} \tag{1-1}$$

a、b 两点间的电压 u_{ab} 即为 a、b 两点间的电位差，即

$$u_{\mathrm{ab}} = \varphi_{\mathrm{a}} - \varphi_{\mathrm{b}} \tag{1-2}$$

规定电压的方向为电位降的方向。与电流一样，在电路分析过程中，也需要指定电压的参考方向。电压的参考方向为预先假定的电位降方向。如果电压 $u_{\mathrm{ab}} > 0$，则说明实际方向与参考方向相同，即 a 点（正极性）电位比 b 点（负极性）电位高；反之，实际方向与参考方向相反。

3. 电压、电流的关联参考方向

在电路分析过程中，参考方向的概念是最基本的知识，同时又是最容易出错的，贯穿电路分析的始终。对二端口电路而言，当任意假定电流和电压的参考方向后，若电流参考方向的箭头由电压参考方向的"+"极性端指向"−"极性端，则称该二端口电路的电压、电流参考方向为关联参考方向；非关联参考方向表示所选电流参考方向的箭头由电压参考方向的"−"极性端指向"+"极性端。

在分析电路时应注意以下几点：

① 必须首先指定电压、电流的参考方向，并在电路图中标注出来；

② 电压、电流的参考方向虽然可以任意假定，但无论假定怎样的参考方向，都不会改变电压、电流的实际方向，需要特别提出的是，参考方向一经指定，就不能再改变了，要从数学角度来理解和掌握，摒弃感性理解，以数学分析确定关系；

③ 电位是针对一个点的概念，在任何时候，都可以从电位的概念来理解、简化电路，比如可以将电位相同的点用同一个字母标注，进而简化电路，该思路也是节点电压法的由来，用途广泛；

④ 电压是针对回路而言的，任意端口的电压都是一个端口的回路电压。

4. 功率

在单位时间内，二端元件或电路吸收的能量均被称为电功率，简称功率，用 p 表示，即

$$p = \frac{\mathrm{d}W}{\mathrm{d}t} = \frac{\mathrm{d}W}{\mathrm{d}q} \times \frac{\mathrm{d}q}{\mathrm{d}t} = ui \tag{1-3}$$

3

当 u、i 为关联参考方向时，$p=ui$ 表示二端元件或电路的功率：当 $p>0$ 时，二端元件或电路吸收功率；当 $p<0$ 时，二端元件或电路发出功率。

当 u、i 为非关联参考方向时，$p=ui$ 表示二端元件或电路的功率：当 $p>0$ 时，二端元件或电路发出功率；当 $p<0$ 时，二端元件或电路吸收功率。

1.2.2　电路元件及其电压、电流关系

电阻、独立电源、受控源是常用的电阻性元件。元件的电压、电流关系是指流过元件的电流和元件两端电压之间的关系，是元件对端电压、电流的约束关系，也是电路分析时最重要的基础之一。

1. 电路元件的有关概念

根据特性曲线的形状，电路元件可分为线性时不变元件、非线性时不变元件、线性时变元件、非线性时变元件等 4 类。

在任何时候，当电路元件从外部吸收的能量满足

$$W(-\infty,t)=\int_{-\infty}^{t}p\mathrm{d}t'=\int_{-\infty}^{t}ui\mathrm{d}t'\geqslant 0 \tag{1-4}$$

时，被称为无源元件；否则，被称为有源元件。式（1-4）中，u、i 为关联参考方向，并对 u、i 取所有的可能组合。

2. 电阻元件

（1）线性时不变电阻元件

当电压和电流取关联参考方向时，线性时不变电阻元件的电压、电流关系满足欧姆定律，即

$$u=Ri \text{ 或 } i=Gu \tag{1-5}$$

若电压和电流取非关联参考方向，则线性时不变电阻元件的电压、电流关系为

$$u=-Ri \text{ 或 } i=-Gu \tag{1-6}$$

当电压和电流取关联参考方向时，线性时不变电阻元件吸收的功率为

$$p=ui=i^2R=u^2G \tag{1-7}$$

若电压和电流取非关联参考方向，则线性时不变电阻元件吸收的功率为

$$p=-ui=i^2R=u^2G \tag{1-8}$$

（2）非线性电阻元件

电阻元件的电压和电流之间的特性曲线不是过原点的直线，属非线性电阻元件。最常见的非线性电阻元件为理想二极管。

3. 独立电源

（1）独立电压源

一个二端元件，如果在与任意电路连接时，能够维持两端电压为恒定值，则称此元件为独立电压源。

如果 $u_S=0$，则该电压源虽然对外电路而言相当于短路，但自身是不允许短路的。

独立电压源有两个基本特性：

① 端电压由自身决定，与所连接的外电路无关，与流经电流的大小及方向无关；

② 流经的电流由端电压与外接电路共同决定，支路电流需要先求出与相连的其他支路的电流后，再利用 KCL 方程求得。

（2）独立电流源

一个二端元件，如果在与任意电路连接时，输出电流总能保持为恒定值，则称此元件为独立电流源。

如果 $i_S = 0$，则该独立电流源虽然对外电路而言相当于断路，但自身的输出端口是不允许断路的。

独立电流源有两个基本特性：

① 输出电流由自身决定，与所连接的外电路无关，与端电压的大小及方向无关；

② 端电压由输出电流与外接电路共同决定，端电压需要先求出与相连的任一闭合回路中其他支路的电压后，再利用 KVL 方程求得。

4. 受控源

受控电源简称受控源，描述的是电路中一个支路的电压或电流受另一个支路的电压或电流的控制关系。受控源包含控制支路和输出支路，依据控制量和输出量是电压或电流，可将受控源分为 4 种类型：电压控制电压源（VCVS）、电压控制电流源（VCCS）、电流控制电压源（CCVS）、电流控制电流源（CCCS）。

受控源的特性方程就是输出量与控制量之间的函数关系。

1.2.3　电路的图及其有关的名词

电路的拓扑图简称电路的图，能够清晰地描述电路的拓扑结构，即各支路的连接关系。本章只介绍电路的图的基本概念。

（1）连通图

若一个图的任意两个节点之间至少存在一个由支路构成的路径，则称此图为连通图。

（2）树

树是连通图的连通子图，包含原图的所有节点，不包含任何回路。当选定一个连通图的树后，构成树的那些支路就被称为树支，不在树上的那些支路被称为连支。一个连通图虽然有多种不同的树，但任何一个树的树支数均为 $n-1$（n 为图的全部节点数），连支数均为 $b_l = b-(n-1)$（b 为图的全部支路数）。

（3）回路和网孔

回路是一个图的连通子图，在连通子图的每个节点上都确切地连接着该连通子图的两个支路，独立回路数为 $l = b-(n-1)$。

网孔是平面图中的一种特殊回路，在这种回路的界定面内是一个空的区域。一个平面图中的网孔数（独立网孔数）为 $m = b-(n-1)$。

1.2.4　基尔霍夫定律

基尔霍夫定律是分析一切集总参数电路的基本依据，包括基尔霍夫电流定律（KCL）和基尔霍夫电压定律（KVL）。基尔霍夫定律仅与电路元件的相互连接有关，与电路元件的性质无关。基尔霍夫定律与元件的电压、电流关系一样，是电路分析的基础。

1. 基尔霍夫电流定律（KCL）

对任一集总参数电路中的任一节点或封闭面，在任一时刻 t，均有

$$\sum_{k=1}^{m} i_k = 0 \quad \text{或} \quad \sum_{k=1}^{m} i_k = 0$$
<small>（流入为正）　　　　（流出为正）</small>

式中，m 为连接所有节点或封闭面上的全部支路数。

需要注意的问题：

① 列写 KCL 方程的关键是正确写出 KCL 方程中相应项的正、负号。在列写 KCL 方程之前，必须先在电路图中标注各支路电流的参考方向，电流是流入节点还是流出节点，均是根据电流的参考方向判断的。

② KCL 不仅适用于电路中的节点，还适用于包围几个节点的封闭面。

2. 基尔霍夫电压定律（KVL）

对任一集总参数电路中的任一回路，在任一时刻 t，沿回路的各支路电压代数和等于 0，即

$$\sum_{k=1}^{m} u_k = 0 \quad \text{或} \quad \sum_{k=1}^{m} u_k = 0$$
<small>（流入为正）　　　　（流出为正）</small>

式中，m 为所有回路中包含的全部支路数。

需要注意的问题：

① 列写 KVL 方程的关键是正确写出 KVL 方程中相应项的正、负号。在列写 KVL 方程之前，除必须先在电路图中标注各支路电压的参考方向外，还要指定回路的绕行方向，依据回路的绕行方向与支路电压的参考方向是否一致，判断 KVL 方程中相应项之前的正、负号。

② KVL 不仅适用于电路中的真实回路，还适用于虚拟回路。

第 2 章

电阻电路的等效变换

2.1 知识框图及重点和难点

本章在介绍电路中独立 KCL、KVL 方程的基础上，重点介绍了支路电流分析法，可用支路电流分析法求解简单的电阻电路。

本章要求学生能够深刻理解等效电路的概念，熟练掌握电阻元件的串、并联和Y-△形等效变换，以及含受控源电路的等效变换方法。其中，最重要的知识点是戴维南和诺顿支路的等效变换。本章的难点是在电路分析过程中如何正确应用等效变换方法化简电路，关键点是在化简电路的过程中，明确化简电路是暂时不需要求解的电路，等效是对没有变化电路的等效。对于有对称关系的特殊电路，要充分利用电路的对称性进行等效变换。学生感到最困难的知识点是含受控源电路的等效变换。

求解一端口电路的入端电阻是本章的另一个重点和难点，要求学生能够用等效变换方法熟练并正确地求解一些简单的一端口电路的入端电阻。

电阻电路的等效变换知识框图如图 2-1 所示。

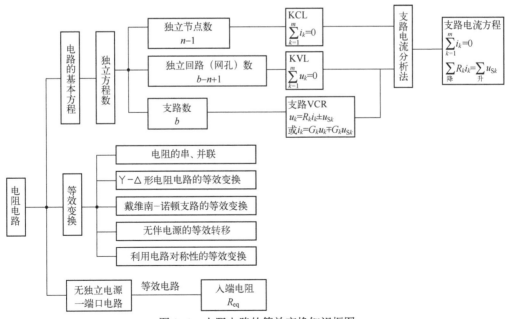

图 2-1 电阻电路的等效变换知识框图

2.2 内容提要及学习指导

2.2.1 KCL、KVL 独立方程

在有 n 个节点和 b 个支路的电路中，对任意选取的 $n-1$ 个节点列写的 KCL 方程是独立方程，选取 $b-n+1$ 个独立回路列写的 KVL 方程也是独立方程。其中，对平面电路通常选网孔作为独立回路，对特殊情况或非平面电路选单连支回路组成的基本回路为独立回路。因此，KCL、KVL 独立方程的个数分别为 $n-1$ 和 $b-n+1$。

2.2.2 支路电流分析法

1. 支路电流分析法的实质

支路电流分析法是以支路电流为待求变量，分别对 $n-1$ 个独立节点和 $b-n+1$ 个独立回路建立 KCL、KVL 方程，只是在 KVL 方程中各元件的电压要用支路电流表示。

2. 支路电流方程的一般形式

$$\text{KCL：} \sum i_k = 0, \quad n-1 \text{ 个}$$

$$\text{KVL：} \sum_{\text{降}} R_k i_k = \sum_{\text{升}} u_{Sk}, \quad b-n+1 \text{ 个}$$

KVL 方程左边是回路中所有电阻元件上电压降的代数和，即当支路电流 i_k 的参考方向与回路绕行方向一致时，$R_k i_k$ 前取正号，反之取负号。KVL 方程右边是回路中所有电压源电压升的代数和，即当回路绕行方向由 "–" 极性端指向 "+" 极性端时，u_{Sk} 前取正号，反之取负号。

3. 受控源支路的处理

当电路中含受控源支路时，首先将受控源视为独立电源，按常规方法列写支路电流方程，然后将受控源的控制量用支路电流表示并代入方程，消去受控源的控制量，即可得到支路电流方程的标准形式。

4. 无伴电流源支路的处理

有两种处理方法：

① 增设未知量，即增设无伴电流源的端电压作为待求变量列写方程；

② 选独立回路时，使无伴电流源支路只在一个独立回路中出现，该回路的电流（已知量）由无伴电流源决定，不需要列写 KVL 方程。

2.2.3 电路的等效变换

1. 等效变换的概念

两个内部结构、参数不相同的电路，当它们对外连接的端钮具有相同的电压、电流关系时，则这两个电路是等效的，用其中一个电路替代另一个电路后，外电路中的电流、电压保持不变。

2. 等效变换的目的及含义

在电路分析过程中，电路等效变换的概念是非常重要的，是常用的电路分析方法。电路等效变换的目的是将不需要求解的电路部分化简，达到简化分析的目的。

注意：等效是指对外电路等效，对内电路并不等效，当求解内部变量时，应还原到最初电路进行求解。

2.2.4　电阻的等效变换

1. 电阻的串联与并联

（1）串联

等效电阻为

$$R_{eq} = R_1 + R_2 + \cdots + R_n = \sum_{k=1}^{n} R_k \tag{2-1}$$

分压关系为

$$u_k = R_k i = \frac{R_k}{R_{eq}} u = \frac{R_k}{\sum\limits_{j=1}^{n} R_j} u \tag{2-2}$$

当 $n = 2$，即两个电阻串联时，有

$$u_1 = \frac{R_1}{R_1 + R_2} u, \qquad u_2 = \frac{R_2}{R_1 + R_2} u \tag{2-3}$$

（2）并联

等效电阻为

$$\frac{1}{R_{eq}} = \frac{1}{R_1} + \frac{1}{R_2} + \cdots + \frac{1}{R_n} = \sum_{k=1}^{n} \frac{1}{R_k} \tag{2-4}$$

$$G_{eq} = G_1 + G_2 + \cdots + G_n = \sum_{k=1}^{n} G_k \tag{2-5}$$

分流关系为

$$i_k = G_k u = \frac{G_k}{G_{eq}} i = \frac{G_k}{\sum\limits_{j=1}^{n} G_j} i \tag{2-6}$$

当 $n = 2$ 时，有

$$i_1 = \frac{G_1}{G_1 + G_2} i, \qquad i_2 = \frac{G_2}{G_1 + G_2} i \tag{2-7}$$

2. 电阻的丫-△形等效变换

（1）△→丫形

等效电阻为

$$R_i = \frac{\text{接在 } i \text{ 端的两个电阻之积}}{\triangle \text{形连接的三个电阻之和}}$$

（2）丫→△形

等效电阻为

$$R_{ij} = \frac{电阻两两乘积之和}{接在与 R 相对端钮的电阻}$$

若三个电阻相等（也称对称），则有 $R_{\triangle} = 3R_{Y}$。

Y-△形等效变换属于三端电路等效变换，变换时要正确连接各对应端钮。

2.2.5 电源的等效变换

1. 电压源的串联

若干电压源串联可等效为一个电压源，等效电压源的电压等于若干电压源电压的代数和，需要注意电压源电压的参考极性。

2. 电流源的并联

若干电流源并联可等效为一个电流源，等效电流源的电流等于若干电流源电流的代数和，需要注意电流源电流的参考方向。

3. 电压源与任意元件并联

电压源与任意元件（**广义元件**）并联，对电压源端钮 a、b 以外的电路而言，可以等效为与电压源电压相同的电压源。

4. 电流源与任意元件串联

电流源与任意元件（**广义元件**）串联，对电流源端钮 a、b 以外的电路而言，可以等效为与电流源电流相同的电流源。

5. 戴维南支路与诺顿支路的等效变换

戴维南支路与诺顿支路的等效变换如图 2-2 所示。图中箭头上的等式表示等效变换时的元件参数关系，除了参数关系，还必须注意电压源电压与电流源电流的参考方向。

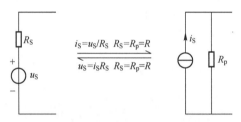

图 2-2　戴维南支路与诺顿支路的等效变换

2.2.6 入端电阻

对于不含**独立电源**的无源二端口电阻电路，在电压、电流为关联参考方向时，将端口电压与端口电流的比值定义为该二端口电阻电路的入端电阻，也称输入电阻。无源二端口电阻电路的入端电阻与其等效电阻是相等的，可以通过求解等效电阻的方法来求解输入电阻。求解无源二端口电阻电路的入端电阻通常有 3 种方法。

1. 等效变换法

对于只含有电阻元件的无源二端口电阻电路，多采用等效变换法求解入端电阻。对有对称性的特殊电路，可利用对称性简化分析过程（**轴线对称和面对称等特殊求解方法**），即利用对称性寻找等电位点，将等电位点短接或将等电位点上的支路（因为该支路电流为 0）断开。

2. 施加电源法

含有受控源的无源二端口电阻电路多采用施加电源法求解入端电阻。

3. 结合戴维南支路求解

利用求解戴维南支路中的一步法，将戴维南支路中的等效参数直接求出，进而求解入端电阻。

第 1、2 章习题

习题【1】　习题【1】图中，O 点为 0 电位点，P 点的电位为_____，Q 点的电位为_____。

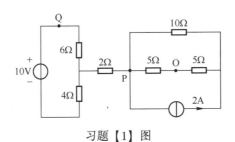

习题【1】图

习题【2】　习题【2】图中，已知 $R_1 = 1\Omega$，$R_2 = 1\Omega$，试求 R_2 和两个电流源的功率：$P_{R_2} =$ _____，$P_{1A} =$ _____，$P_{3A} =$ _____。

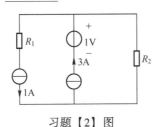

习题【2】图

习题【3】　化简习题【3】图所示电路。

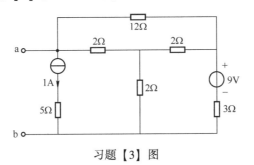

习题【3】图

习题【4】　习题【4】图中，求：

（1）如果电阻 $R = 4\Omega$，计算电压 U 和电流 I；

（2）如果电压 $U = -4V$，计算电阻 R。

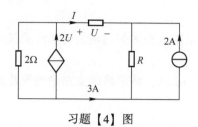

习题【4】图

习题【5】 习题【5】图中，求 1A 电流源上的电压 U（g 已知，$g \neq 1$）。

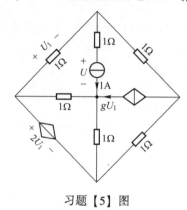

习题【5】图

习题【6】 习题【6】图中，求电压 u_3。

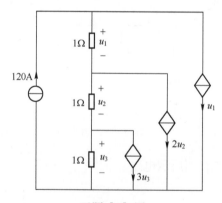

习题【6】图

习题【7】 习题【7】图中，已知 $I_1 = 3A$，试求 I_3。

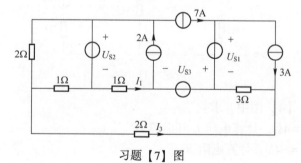

习题【7】图

习题【8】 习题【8】图中，求端口 a、b 的等效电阻 R_{ab}。

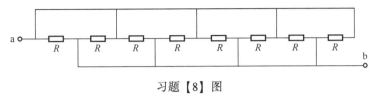

习题【8】图

习题【9】 习题【9】图中，求电压 U 和电流 I。

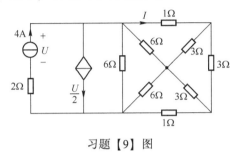

习题【9】图

习题【10】 习题【10】图中，试求电流 i_1 和 i_2。

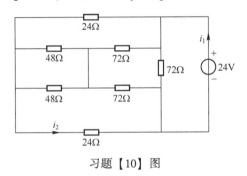

习题【10】图

习题【11】 试求习题【11】图中 a、b 端口的等效电阻，$R_1 = 1\,\Omega$，$R_2 = 2\,\Omega$，$R_3 = 2\,\Omega$，$R_4 = 3\,\Omega$，$R_5 = 6\,\Omega$，$R_6 = 6\,\Omega$。

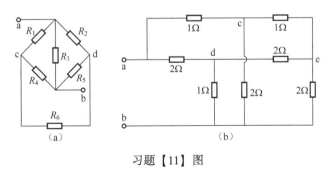

习题【11】图

习题【12】 习题【12】图中，将控制量为 I_1 的电流控制电压源变换为控制量为 U 的电压控制电压源，大小为 μU。若要保持电路中的响应不变，求控制系数 μ 的大小。

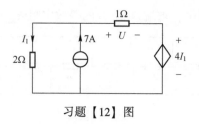

习题【12】图

习题【13】 习题【13】图中，电阻 R（$R \neq 0$）是可调的。试问受控源系数 α 为何值时，电阻上的电压 U_R 为定值，并求此时的 U_R。

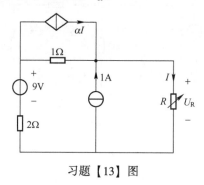

习题【13】图

习题【14】 习题【14】图中，已知 R 从 $0 \to \infty$ 时，各支路电流不变，试确定电压源 u_S。

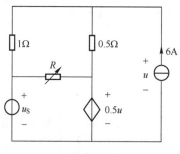

习题【14】图

习题【15】 习题【15】图中，试求：

（1）无限长链形网络的输入电阻 R_{ab}；

（2）若要使每一个环节的末端电压是始端电压的 $1/2$，求 R_1/R_2。

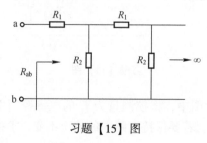

习题【15】图

习题【16】　习题【16】图中，已知 $U_S = 20\text{V}$，$I_1 = 4\text{A}$，R_1 两端电压 $U_1 = 25\text{V}$，求电路中 R_1、R_2、R_3 所吸收总功率的最小值。

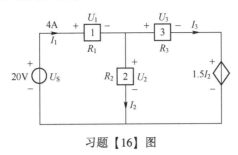

习题【16】图

习题【17】　习题【17】图中，已知 $U_1 = 2\text{V}$，a、b 两点是等电位点，求电阻 R 和流过受控源的电流 I。

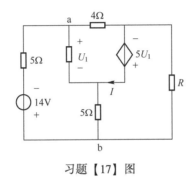

习题【17】图

习题【18】　习题【18】图中，已知各电阻均为 1Ω，求端口等效电阻 R_{ab}。

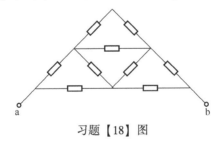

习题【18】图

习题【19】　习题【19】图中，已知电阻均为 1Ω，求等效电阻 R_{AB} 和 R_{AC}

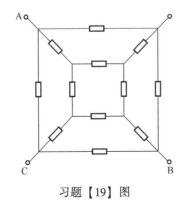

习题【19】图

15

习题【20】 试求习题【20】图中的等效电阻 R_{ab}、R_{af}、R_{ae}（图中电阻均为 R）。

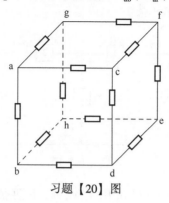

习题【20】图

习题【21】 习题【21】图中，已知 $I=1A$，求电阻 R。

习题【22】 习题【22】图中，求电流 i_1、i_2、i_3 和 i_4。

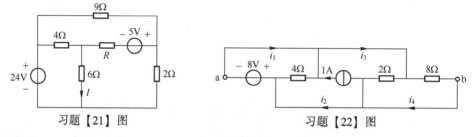

习题【21】图   习题【22】图

习题【23】（综合提高题） 习题【23】图中，试求电流 I。

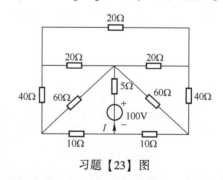

习题【23】图

习题【24】（综合提高题） 习题【24】图中，$U=-2V$ 时，电阻 R 为何值。

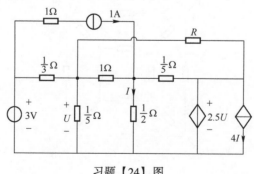

习题【24】图

习题【25】（综合提高题）　习题【25】图中，若 $U_{ab} = 114V$，求流过支路 ce 和 df 的电流。

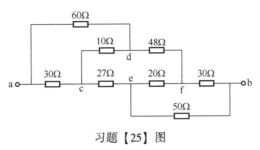

习题【25】图

第3章

电阻电路的一般分析方法

3.1 知识框图及重点和难点

　　电阻电路的一般分析方法是指不改变电路的结构，通过选择合适的电路变量作为解变量，列写电路方程进行分析的方法，即通过列写的电路方程得到解变量，依据 KCL、KVL、VCR 方程求得支路电压、电流，进而求得其他电路变量。本章介绍的节点分析法和回路分析法（包括网孔分析法）是电阻电路的一般分析方法。本章的重点是要求学生能够熟练且准确地运用节点分析法和回路分析法（包括网孔分析法）列写电路方程；难点一是列写含有无伴电源及受控源的电路方程；难点二是如何选择合适的分析方法。当需要求解多个支路的电流、电压或多个元件的功率时，选用节点分析法还是选用回路分析法，首先取决于列写电路方程的个数，其次取决于求解的变量，在电路方程的个数相当时，如果是求解电压，则多选用节点分析法，如果是求解电流，则多选用回路分析法（**一般来说，在直流电路中，节点分析法好于回路分析法，在电路运算时正好相反**）。电阻电路的一般分析方法知识框图如图 3-1 所示。

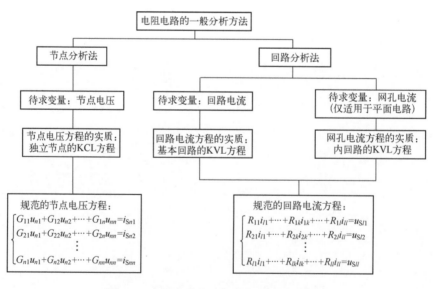

图 3-1　电阻电路的一般分析方法知识框图

3.2　内容提要及学习指导

3.2.1　图论基本概念

本章要求学生对电路图应有基本的理解，掌握回路、支路、集合的概念，懂得利用回路分析支路电压、端口电压的方法，了解在电路图中 KCL 和 KVL 独立方程的概念，能够对具有 n 个节点和 b 个支路的电路列出独立方程。

（1）KCL 独立方程

一个具有 n 个节点和 b 个支路的电路，KCL 独立方程的个数为 $n-1$，即在求解电路变量时，可选取 $n-1$ 个节点列出 KCL 方程。

（2）KVL 独立方程

一个具有 n 个节点和 b 个支路的电路，KVL 独立方程的个数为基本回路的个数，即 $b-(n-1)$，在求解电路变量时，可选取 $b-(n-1)$ 个基本回路列出 KVL 方程。

3.2.2　支路电流法

以支路电流为电路变量列写电路方程求解的方法被称为支路电流法，步骤一般为：

① 选定各支路电流的参考方向；

② 根据 KCL 对 $n-1$ 个独立节点列写支路电流方程；

③ 选取 $b-(n-1)$ 个基本回路，指定回路绕行方向，列写 KVL 方程；

④ 联立方程，计算并求解。

注意：支路电流法在实际电路计算中很少使用，是在无其他方法时的候选方法。

3.2.3　节点分析法

节点分析法是以节点电压为电路变量，列写电路方程进行求解的方法。以节点电压为电路变量的方程被称为节点电压方程。节点电压是参考节点电压为 0 时的电压。节点电压方程的实质是列写节点的 KCL 方程。在 KCL 方程中，用节点电压表示支路电流后，得到的方程即为节点电压方程。有 n 个节点的电路就有 $n-1$ 个独立节点，$n-1$ 个节点电压方程。规范的节点电压方程（$n-1$ 个独立节点）为

$$\begin{cases} G_{11}u_{n1}+G_{12}u_{n2}+\cdots+G_{1n}u_{nn}=i_{Sn1} \\ G_{21}u_{n1}+G_{22}u_{n2}+\cdots+G_{2n}u_{nn}=i_{Sn2} \\ \quad\quad\quad\quad\vdots \\ G_{n1}u_{n1}+G_{n2}u_{n2}+\cdots+G_{nn}u_{nn}=i_{Snn} \end{cases} \tag{3-1}$$

在列写节点电压方程时，常根据自电导、互电导及注入节点电流的规则列写。自电导 G_{ii} 为连接在节点 i 上的所有支路电导（与电流源串联的电导除外）之和。如果电路中的电阻均为正，则自电导恒为正。

互电导 G_{ij} 为连接在节点 i 和 j 之间的所有支路电导（与电流源串联的电导除外）之和的负值，如果电路中的电阻均为正，则对于不含受控源的电路，互电导恒为负，而且 $G_{ij}=G_{ji}$。当节点 i 和 j 无直接相连的电导支路时，$G_{ij}=0$。

列写节点电压方程的一般步骤如下。

（1）不含无伴电压源支路

① 选定参考节点，将其余节点编号（通常在电路图中标出参考节点和节点电压）。

② 如果电路中含有受控源，则先将受控源视为独立电源，再列写节点电压方程。

③ 如果受控源的控制变量是非节点电压，则需要增补将控制量用节点电压表示的方程。

④ 消去节点电压方程中非节点电压的受控源控制变量，整理节点电压方程。

（2）含无伴电压源支路

当电路中含有无伴电压源支路时，则在含有无伴电压源支路节点的 KCL 方程中，无伴电压源支路电流无法用节点电压表示，给节点电压方程的列写带来困难，一般有三种处理方法：

① 在列写节点电压方程时，将无伴电压源支路电流作为解变量保留在方程中（相当于将无伴电压源支路视为电流源支路列写节点电压方程）后，补充用节点电压表示无伴电压源电压的附加方程，这样列写节点电压方程的解变量，除了节点电压，还包含无伴电压源支路电流。

② 如果电路中只有一个无伴电压源支路，则可将无伴电压源的一个端点选作参考节点，与该无伴电压源连接的另一个节点电压是已知的，不必列写该节点的电压方程。

③ 画出无伴电压源支路两个节点的封闭面，将与无伴电压源相关的两个节点的电压方程，换成封闭面的节点电压方程和用节点电压表示的无伴电压源电压方程。其中，封闭面的节点电压方程是该封闭面的 KCL 方程，列写时，将方程中的支路电流用节点电压表示（**事实上，广义 KCL、KVL 并不建议使用，容易出错**）。

3.2.4 回路电流法和网孔分析法

回路电流法是将独立回路电流作为解变量列写电路方程进行电路分析的方法。以回路电流为解变量列写的方程被称为回路电流方程。当选择的独立回路电流为连支电流时，独立回路为基本回路。对平面电路，常选择内网孔为独立回路，网孔电流为解变量，以内网孔为独立回路的回路电流法被称为网孔分析法。无论回路电流法还是网孔分析法，实质都是列写独立回路的 KVL 方程，在 KVL 方程中用连支电流或网孔电流表示支路电压后，得到的方程即为回路电流方程或网孔电流方程。回路电流规范方程为

$$\begin{cases} R_{11}i_{l1}+\cdots+R_{1k}i_{1k}+\cdots+R_{1l}i_{ll}=u_{Sl1} \\ R_{21}i_{l1}+\cdots+R_{2k}i_{2k}+\cdots+R_{2l}i_{ll}=u_{Sl2} \\ \quad\quad\quad\vdots \\ R_{l1}i_{l1}+\cdots+R_{lk}i_{lk}+\cdots+R_{ll}i_{ll}=u_{Sl} \end{cases} \quad (3-2)$$

在列写回路电流方程时，常根据自电阻、互电阻及回路电压源的规则列写。自电阻 R_{ii} 为在回路 i 上所有支路电阻之和。如果电路中的电阻均为正，则自电阻恒为正。

互电阻 R_{ij} 为在回路 i 和回路 j 之间公共支路上的所有电阻之和，当两个回路电流与公共支路上电流的参考方向一致时，互电阻取正值，相反时，互电阻取负值。对于不含有受控源的电路，$R_{ij}=R_{ji}$。当回路 i 与回路 j 之间无公共支路或公共支路无电阻时，$R_{ij}=0$。

考试时都是考查平面电路，对平面电路而言，由于内网孔为自然独立回路，因此在进行实际电路计算时，一般选用网孔分析法。

3.2.5　含无伴电流源支路的分析方法

在列写含无伴电流源（无伴受控电流源）支路的 KVL 方程时，无伴电流源支路的电压无法用回路电流表示，给回路电流方程的列写带来了困难，一般可采用下列两种方法进行处理：

① 首先将无伴电流源支路电压 u_v 作为解变量保留在方程（相当于将无伴电流源支路视为电压为 u_v 的电压源支路列写回路电流方程）中，然后补充用回路电流表示无伴电流源电流的附加方程，这样列写的方程包含了无伴电流源支路电压 u_v（在本质上是增加了一个变量，对应增加一个方程）。

② 如电路中只有一个无伴电流源支路，则可在选取独立回路时，使理想电流源支路只属于一个回路，回路电流为 I_s，对无伴电流源所在回路不必列写回路电流方程。

第 3 章习题

习题【1】　习题【1】图中，用网孔分析法求电流 I 和电压 U。

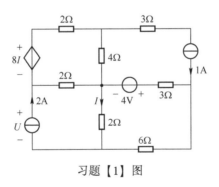

习题【1】图

习题【2】　习题【2】图中，4V 电压源吸收的功率为 8W，试求电流源 I_s。

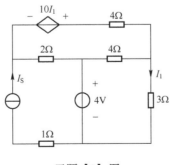

习题【2】图

习题【3】 用节点电压法求习题【3】图中各节点电压以及6V电压源发出的功率。

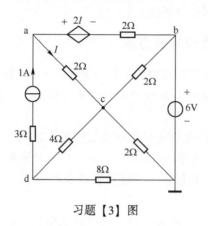

习题【3】图

习题【4】 习题【4】图中，求电流 I 和电流源发出的功率。

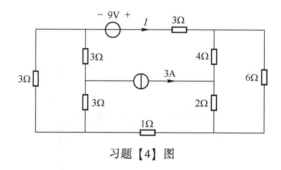

习题【4】图

习题【5】 某线性电阻电路的节点电压方程为

$$\begin{bmatrix} 1.6 & -0.5 & -1 \\ -0.5 & 1.6 & -0.1 \\ -1 & -0.1 & 3.1 \end{bmatrix} \begin{bmatrix} u_{n1} \\ u_{n2} \\ u_{n3} \end{bmatrix} = \begin{bmatrix} 1 \\ 0 \\ -1 \end{bmatrix}$$

试画出最简单的电路。

习题【6】 习题【6】图中，已知 $U_{ab}=0$，求电阻 R 以及4A电流源发出的功率。

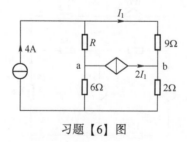

习题【6】图

习题【7】 习题【7】图中，欲使 $\dfrac{I_1}{I_2}=1.5$，用节点电压法求电压 U_S。

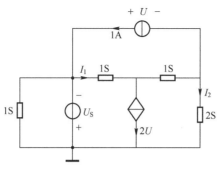

习题【7】图

习题【8】 某线性电阻电路的节点电压方程为

$$\begin{bmatrix} 1.6 & 1 & -1 \\ -0.5 & 1.6 & -0.1 \\ -1 & -0.1 & 3.1 \end{bmatrix}\begin{bmatrix} U_{n1} \\ U_{n2} \\ U_{n3} \end{bmatrix} = \begin{bmatrix} 1 \\ 0 \\ -1 \end{bmatrix}$$

试画出最简单的电路。

习题【9】 习题【9】图中，已知电流 $i_0 = 0\mathrm{A}$，求电压源 u_{dc}。

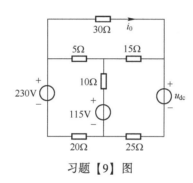

习题【9】图

习题【10】 使用节点电压法求习题【10】图中的电压 U。

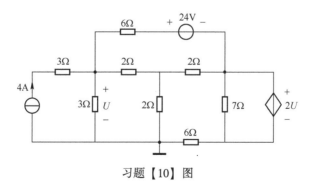

习题【10】图

习题【11】 习题【11】图中，电压源 E_s 与 R 均为已知，当 R_2 从 $0 \to \infty$ 变化时，各支路电流不变，试确定电阻 R_1 并求电流 I。

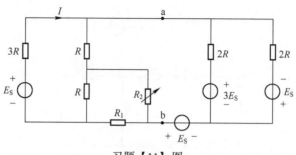

习题【11】图

习题【12】（综合提高题） 习题【12】图中，已知电流源 $I_S = 2A$，电压源 $U_S = 4V$，电阻 $R_1 = R_2 = R_3 = R_4 = R_5 = 1\Omega$，控制系数 $g = 4S$，若使电压源 U_S 支路的电流为 0A，求 R_X。

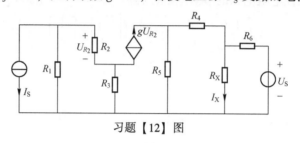

习题【12】图

习题【13】（综合提高题） 习题【13】图中，欲使电压源 u_S 的电流为 0，求电阻 R_1 和 R_2。

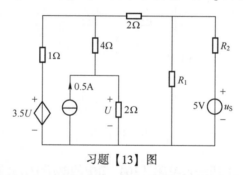

习题【13】图

习题【14】（综合提高题） 习题【14】图中，已知 $R_1 = R_2 = R_3 = R_4 = 10\Omega$，电流源 $I_S = 1A$，电压源 $U_S = 20V$，受控源电压 $U_{CS} = 2U$，求：

（1）当 $R_5 = 10\Omega$ 时，电源发出的功率；

（2）若电流源 I_S 发出的功率为 0~20W，则 R_5 为多少（$R_5 \geq 0$）。

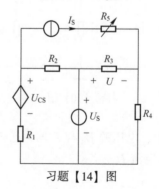

习题【14】图

习题【15】　习题【15】图中，用节点电压法求 U_1、U_4。

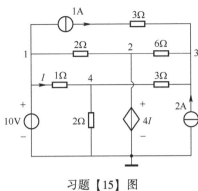

习题【15】图

习题【16】（综合提高题）　已知某电路的节点电压方程为

$$\begin{bmatrix} 8 & -3 & -2 & -4 \\ -3 & 6 & -1 & 0 \\ -2 & -1 & 7 & -1 \\ -4 & 0 & -1 & 1 \end{bmatrix} \begin{bmatrix} U_{n1} \\ U_{n2} \\ U_{n3} \\ U_{n4} \end{bmatrix} = \begin{bmatrix} 2 \\ 3 \\ 1 \\ 2 \end{bmatrix}$$

试列出同时存在下述三种情况的节点电压方程：

（1）在节点①和参考节点上跨接一个 VCCS，受控源方程 $i_d = 2(U_{n1} - U_{n2})$，方向由参考节点指向节点①；

（2）在节点②和节点③之间跨接一个 2A 的独立电流源，方向由节点③指向节点②；

（3）在节点③和节点④之间跨接一个 1Ω 的电阻。

第 **4** 章

电 路 定 理

4.1 知识框图及重点和难点

本章将介绍叠加定理、戴维南和诺顿定理、替代定理、特勒根定理、互易定理、对偶定理等电路定理。

叠加定理概述了线性电路的线性性和叠加性两个重要性质，是分析线性电路的有效工具。学生应深刻理解叠加定理的内涵。熟练运用叠加定理分析线性电路是本章的重点和难点之一。

戴维南和诺顿定理在电路分析过程中应用非常广泛，是本章的另一个重点内容。戴维南和诺顿定理给出了求有源线性一端口等效电路的方法，熟练应用戴维南和诺顿定理简化电路可使电路分析更加简捷，深刻理解和应用戴维南和诺顿定理中的等效概念对电路进行分析是本章的另一个难点。

替代定理也是对电路进行分析的一种有效方法。学习时，学生需要结合等效和等效变换的概念加深理解。

特勒根定理和互易定理主要描述的是两个拓扑结构完全相同的电路的电压、电流关系。特勒根定理是集总参数电路普遍适用的基本电路定理。互易定理仅适用于互易双口网络，是特勒根定理在互易双口网络中的推论。在电源和电路响应端口互易的特殊情况下，互易定理更强调激励和响应的关系。在应用特勒根定理和互易定理时要注意，在拓扑结构相同的两个电路中，电压和电流的参考方向对定理表达式中相应项（正、负）的影响。

本章最难的内容是电路定理的综合应用。图 4-1 为电路定理的知识框图。

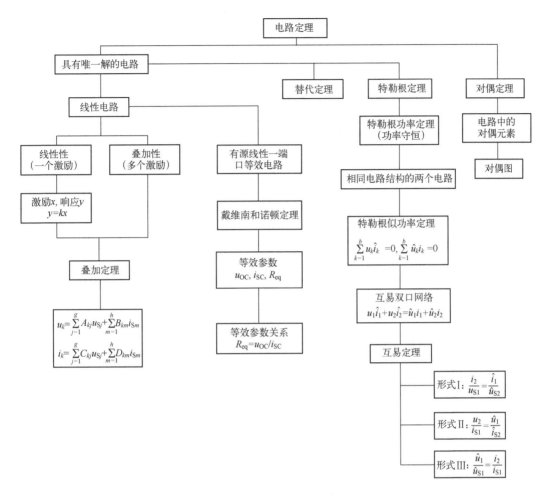

图 4-1　电路定理的知识框图

4.2　内容提要及学习指导

4.2.1　线性电路的线性性与叠加定理

1. 线性电路的线性性（也称齐次性定理）

在只有一个激励 x（独立电压源或独立电流源）的线性电路中，取电路任意支路的电压或电流为电路的响应 y，当激励 x 增大 a 倍或减小为原来的 $1/a$ 时，响应 y 也增大 a 倍或减小为原来的 $1/a$，即若 $x \to y$，则有 $ax \to ay$。

2. 叠加定理

在一个具有唯一解的线性电路中，由独立电源共同作用时产生的响应电流或电压，等于独立电源单独作用时的响应电流或电压的代数和。若电路中有 g 个独立电压源、h 个独立电流源，则

$$u_k = A_{k1}u_{S1} + A_{k2}u_{S2} + \cdots + A_{kg}u_{Sg} + B_{k1}i_{S1} + B_{k2}i_{S2} + \cdots + B_{kh}i_{Sh} = \sum_{j=1}^{g} A_{kj}u_{Sj} + \sum_{m=1}^{h} B_{km}i_{Sm}$$

$$\text{或}\quad i_k = C_{k1}u_{S1} + C_{k2}u_{S2} + \cdots + C_{kg}u_{Sg} + D_{k1}i_{S1} + D_{k2}i_{S2} + \cdots + D_{kh}i_{Sh} = \sum_{j=1}^{g} C_{kj}u_{Sj} + \sum_{m=1}^{h} D_{km}i_{Sm}$$

3. 定理的应用

（1）线性电路的线性性与叠加定理仅适用于有唯一解的线性电路。

（2）采用叠加定理求解的指导思想是将含有多个独立电源的复杂线性电路，分解成由单个独立电源单独作用或分组作用的多个简单的线性电路。不作用的独立电压源被视为短路、不作用的独立电流源被视为开路是分解后电路简化的主要原因。如果电路中含有受控源，则在使用叠加定理时，受控源一般不像独立电源那样能够独立作用，需要将其视为一般的负载。

（3）在采用叠加定理求解时要注意，当各独立电源单独作用时，若响应电压或电流的参考方向一致时，取正号，不一致时，取负号。

（4）叠加定理中的电路响应仅是指电流和电压，功率是不满足叠加定理的。

4.2.2 替代定理

1. 定理的内容

在任意具有唯一解的电路中，若支路 k 的电压和电流分别为 u_k 和 i_k，那么支路 k 可以用一个电压等于 u_k 的电压源（极性与支路电压极性相同）替代，或用一个电流等于 i_k 的电流源（方向与支路电流方向相同）替代，若替代后的电路仍有唯一解，则替代后电路中各支路的电压和电流与替代前电路中相应的电压和电流分别相等。

2. 定理的应用

（1）替代定理适用于**任意具有唯一解**的集总参数电路，不仅适用于线性电路，也适用于非线性电路。

（2）替代的含义是，保证替代后支路的电流或电压与替代前支路的电流或电压分别相等。

（3）替代后的支路与其他支路之间**不存在耦合关系**，如被替代的支路不能是受控电源的控制支路。

4.2.3 戴维南和诺顿定理

1. 戴维南定理

任意一个有源线性一端口电阻性网络，对外电路而言，都可以用一个电压源和一个电阻串联的戴维南支路等效：电压源的电压等于有源线性一端口电阻性网络的开路电压 u_{OC}；电阻等于有源线性一端口电阻性网络中，将所有独立电源置 0 后的入端等效电阻 R_{eq}。

2. 诺顿定理

任意一个有源线性一端口电阻性网络，对外电路而言，都可以用一个电流源和一个电阻并联的诺顿支路等效：电流源的电流等于有源线性一端口电阻性网络的短路电流 i_{SC}；电阻等于有源线性一端口电阻性网络中，将所有独立电源置 0 后的入端等效电阻 R_{eq}。

3. 定理的应用

（1）戴维南和诺顿定理揭示了有源线性一端口电阻性网络一定存在等效的戴维南支路或诺顿支路的重要结论，应用前提是线性电路，**在应用于非线性电路时，一般对非线性元件以外的部分进行戴维南等效。**

（2）应用戴维南和诺顿定理分析电路的关键是求解一端口电阻性网络的等效参数，即求解开路电压或短路电流及入端等效电阻 R_{eq}。求解入端等效电阻 R_{eq} 一般有两种方法。

① 将有源线性一端口电阻性网络中的所有独立电源置 0，求对应的无源线性一端口电阻性网络的入端等效电阻 R_{eq}。若无源线性一端口电阻性网络不含有受控源，则通常采用将串并联化简或进行 Y 形与 △ 形等效变换等方法求解。若无源线性一端口电阻性网络含有受控源，则采用外加电源法求解。

② 如果开路电压 u_{OC} 和短路电流 i_{SC} 都较易求解，则可先求解 u_{OC} 和 i_{SC}，再通过 $R_{eq} = u_{OC}/i_{SC}$ 求解入端等效电阻。

③ **一步法求解：假定端口流入电流 i，利用回路电压降表示端口电压 $u = u_{OC} + R_{eq}i$，即可直接求解入端等效电阻。**

（3）戴维南和诺顿定理常用于分析局部电路的响应问题，即将不需要求解的电路部分（往往是变化的那部分）用戴维南支路或诺顿支路等效，可以简化分析。

（4）应用戴维南和诺顿定理时，**等效电路部分与其他电路部分不能存在电量耦合关系。**

4.2.4　特勒根定理

1. 特勒根功率定理

对任意集总参数电路，如果有 n 个节点、b 个支路，则在任意时刻 t，各支路吸收功率的代数和恒等于 0，即 $\sum_{k=1}^{b} u_k i_k = 0$。

2. 特勒根似功率定理

对于两个具有相同拓扑结构的电路 N 和 $\hat{N}$，均有 n 个节点、b 个支路，对应节点、支路编号分别相同，各支路电压和电流取关联参考方向，有

$$\sum_{k=1}^{b} u_k \hat{i}_k = 0, \quad \sum_{k=1}^{b} \hat{u}_k i_k = 0 \tag{4-1}$$

3. 特勒根似功率定理的端口形式

特勒根似功率定理的端口形式如图 4-2 所示。若 N_R 网络对各支路电压、电流有 $\sum_{k=1}^{2} \hat{u}_k i_k -$

$\sum_{k=1}^{2} u_k \hat{i}_k = 0$，则 N_R 为互易双口网络。对互易双口网络，由特勒根似功率定理可导出端口形式公式。

4. 定理的应用

（1）特勒根定理适用于任意集总参数电路，无论线性的、非线性的还是时变的、时不变的电路都适用。

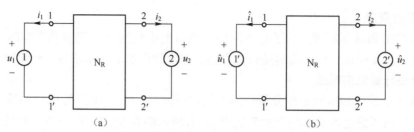

图 4-2　特勒根似功率定理的端口形式

（2）在电路分析过程中，由于特勒根似功率定理给出了两个有向图相同电路中的电压、电流关系，因此应用价值更大。在应用时，要特别注意相同有向图中同一支路电压、电流参考方向的关系。通常，在关联参考方向下，公式中的对应项取正号，在非关联参考方向下，公式中的对应项取负号。**特勒根似功率定理的端口形式特别重要，可以直接导出互易定理。**

（3）在用特勒根定理进行实际计算时，应尽可能多地将支路构建新的网络，多构造开路、短路。

4.2.5　互易定理

1. 定理的内容

在只含有一个独立电源的线性电阻性电路中，将独立电源置 0 后，在保证电路拓扑结构不变的情况下，激励和响应互换位置，响应与激励的比例不变。

互易定理有三种形式。

形式 I

激励为电压源，响应为短路电流，有

$$\frac{i_2}{u_{S1}} = \frac{\hat{i}_1}{\hat{u}_{S2}} \qquad (4-2)$$

形式 II

激励为电流源，响应为开路电压，有

$$\frac{u_2}{i_{S1}} = \frac{\hat{u}_1}{\hat{i}_{S2}} \qquad (4-3)$$

形式 III

激励为电流源，响应为短路电流，互易后，激励为电压源，响应为开路电压，有

$$\frac{i_2}{i_{S1}} = \frac{\hat{u}_1}{\hat{u}_{S2}} \qquad (4-4)$$

2. 定理的应用

（1）互易定理的适用范围很窄，只适用于互易双口网络。在电阻性电路中，互易双口网络指的是只含有线性电阻的网络。

（2）**应用互易定理时，要注意端口电压、电流的参考方向，必须全为关联参考方向或全为非关联参考方向，否则需加负号。**

（3）**互易定理的三种形式，在本质上是特勒根定理列表法在二端口电路中的应用，可以扩展到 N 端口电路。**

4.2.6　最大功率传输定理

最大功率传输定理：当负载电阻 R_L 与一个线性有源网络 N 相连时，若 R_L 与 N 的戴维南等效电阻 R_{eq} 相等，则 R_L 可从 N 中获得最大功率 P_{Lmax}，即

$$P_{Lmax} = \frac{U_{OC}^2}{4R_{eq}}$$

式中，U_{OC} 为 N 的开路电压。

第 4 章习题

习题【1】　试用叠加定理求解习题【1】图中的电压 u。

习题【2】　习题【2】图中，N 为线性无源电阻性网络，当 3A 电流源断开时，2A 电流源输出功率为 28W，$u_2 = 8V$；当 2A 电流源断开时，3A 电流源输出功率为 54W，$u_1 = 12V$。求两个电流源共同作用时，每个电流源的输出功率。

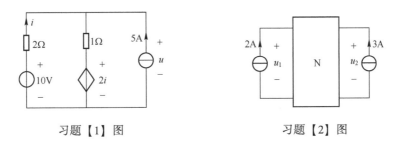

习题【1】图　　　　　　　习题【2】图

习题【3】　求习题【3】图中各电路在 a、b 端的戴维南等效电路或诺顿等效电路。

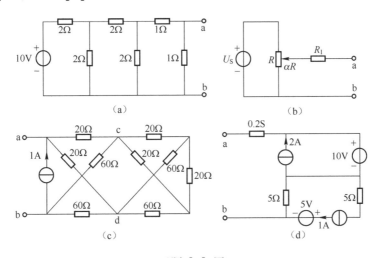

习题【3】图

习题【4】　习题【4】图中，若要求 u 不受电压源 E_S 的影响，则 α 应为何值？

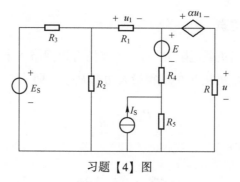

习题【4】图

习题【5】 习题【5】图中，已知 N_S 为有源线性网络，输出电流为 20A，求支路电流 I。

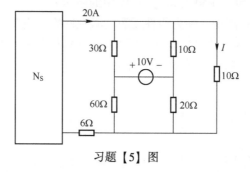

习题【5】图

习题【6】 习题【6】图中，$U_S = 16V$，在 U_S、I_{S1}、I_{S2} 电源的共同作用下，$U = 20V$，试问在电流源 I_{S1} 和 I_{S2} 保持不变的情况下，若要 $U = 0V$，U_S 应为何值。

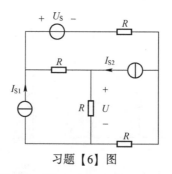

习题【6】图

习题【7】 习题【7】图中，当断开开关 S 时，$I = 5A$，求闭合开关 S 后，I 为多少?

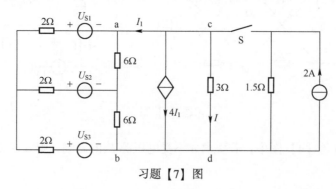

习题【7】图

习题【8】 习题【8】图中，N$_S$ 为有源线性电阻性网络，当 $U_S = 0$V、$I_S = 0$A 时，$U_2 = 3$V；当 $U_S = 0$V、$I_S = 1$A 时，$U_2 = 9$V；当 $U_S = 1$V、$I_S = 0$A 时，$U_2 = 12$V。试求当 $U_S = 2$V、$I_S = 3$A 时，5A 电流源发出的功率。

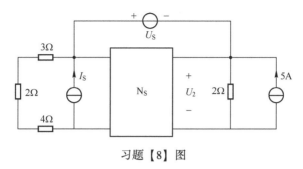

习题【8】图

习题【9】 习题【9】图中，$R_1 = R_4 = 3\Omega$，$R_2 = R_3 = 6\Omega$，$R_L = 1\Omega$，电流源 $I_S = 1$A，电压源 $U_S = 15$V，受控源 $U_{CS} = 3I$，用戴维南定理求电流 I。

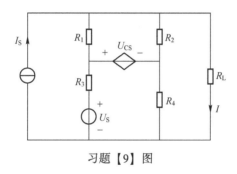

习题【9】图

习题【10】 习题【10】图中，电阻 R 可变，试问当 R 为何值时可获得最大功率？并求此最大功率。

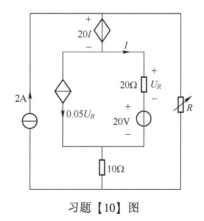

习题【10】图

习题【11】 习题【11】图中，图（a）中的 N$_S$ 为有源线性电阻网络，已知仅电压源 U_{S2} 可以改变。当 $U_{S2} = 4$V 时，电压源 U_{S2} 吸收的功率为 8W；当 $U_{S2} = 6$V 时，电压源 U_{S2} 吸收的功率为 9W。若将 U_{S2} 换成 8Ω 电阻［见图（b）］，试求 8Ω 电阻吸收的功率为多少？

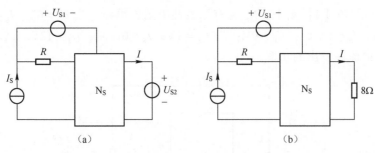

（a）　　　　　　　　　　　　（b）

习题【11】图

习题【12】　习题【12】图中，已知图（a）中的 $U=0V$，图（b）中的 $U=16V$，求电阻 R_1 和 R_2。

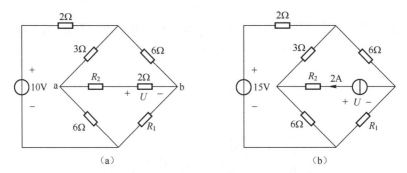

（a）　　　　　　　　　　　　（b）

习题【12】图

习题【13】　在习题【13】图所示二端口电路中，当 $R=\infty$ 时，$u_1=3V$，$u_2=2V$；当 $R=0\Omega$ 时，$i_1=10mA$，$u_2=6V$。试求当 $R=500\Omega$ 时，i_1、u_2 分别为多少？

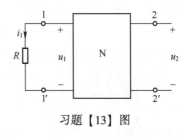

习题【13】图

习题【14】　习题【14】图中，已知 N_S 为有源线性网络，当 $R=18\Omega$ 时，$I_1=4A$，$I_2=1A$，$I_3=5A$；当 $R=8\Omega$ 时，$I_1=3A$，$I_2=2A$，$I_3=10A$，求欲使 $I_1=0A$，电阻 R 应为何值？此时 I_2 等于多少？

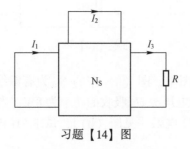

习题【14】图

习题【15】 习题【15】图中，已知 $R_3 = 5\Omega$ 时，$I_3 = 3A$，$I_4 = 4A$；$R_3 = 15\Omega$ 时，$I_3 = 1.5A$，$I_4 = 1A$，试问：

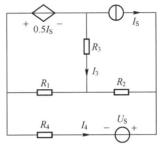

习题【15】图

（1）R_3 为何值时有最大功率，最大功率为多少？

（2）R_3 为何值时，R_4 的功率最小？

习题【16】 习题【16】图中，已知当 $R_1 = 0$ 时，电压表 V 的读数为 10V；当 $R_2 = 0$ 时，电流表 A 的读数为 2A；当 R_1、R_2 均为无穷大时，电压表 V 的读数为 6V。试求当 $R_1 = 3\Omega$、$R_2 = 6\Omega$ 时，电压表 V 与电流表 A 的读数各为多少。

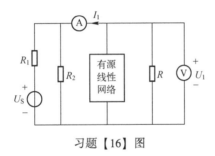

习题【16】图

习题【17】 习题【17】图中，已知 N_S 为有源一端口网络，当 $R = 0\Omega$ 时，$I = 5A$；当 $R = \infty$ 时，$U = 15V$，求：

（1）当 R 为何值时，R 可获得最大功率，并求此最大功率；

（2）假如 N_S 的内阻是 7.5Ω，求 r 的值。

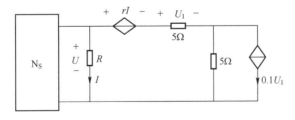

习题【17】图

习题【18】 习题【18】图中，N_S 为有源线性网络，已知将其内部独立电源置 0 后的输入电阻为 R_0，当 A、B 端口短路时，N_S 内部某支路 k 的电流为 i_{kSC}；当 A、B 端口开路时，支路 k 的电流为 i_{kOC}，求当 A、B 端口接电阻 R_L 时，支路 k 的电流 i_k。

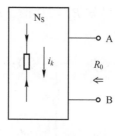

习题【18】图

习题【19】 习题【19】图中，N 为有源线性网络，已知图（a）中，当 $I_S = 2A$、$U_1 = 8V$ 时，$I_2 = 3A$；当 $I_S = 4A$、$U_1 = 12V$ 时，$I_2 = 4A$，求图（b）中的 U_1。

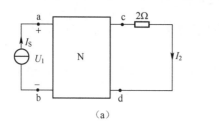
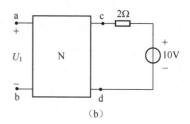

习题【19】图

习题【20】 习题【20】图中，网络 N 仅由电阻组成，根据图（a）和图（b）的已知情况，求图（c）中的电流 I_1 和 I_2。

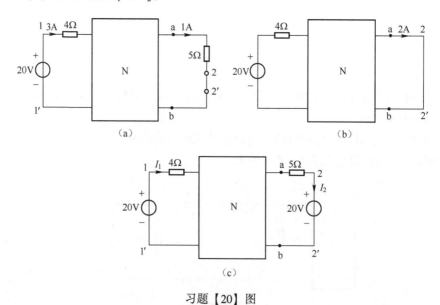

习题【20】图

习题【21】 习题【21】图中，N 为电阻性网络，图（a）中的 $U_1 = 30V$、$U_2 = 20V$，求图（b）中的 $\hat{U}_1$ 为多少？

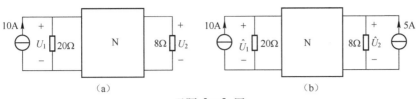

习题【21】图

习题【22】（综合提高题）　习题【22】图中，N 为无源线性网络，图（a）中，当 $U_{S1} = 2V$ 时，右侧端口电流 $i_1 = 2A$，若去掉左侧 2V 电压源，在右侧 2Ω 电阻两端并联一个 5A 电流源，求图（b）中的电流 i。

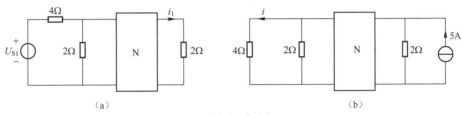

习题【22】图

习题【23】（综合提高题）　习题【23】图中，已知无源线性网络 N_0 在三种外接电路情况下的响应分别如图（a）、图（b）、图（c）所示，求图（d）中 R_L 为何值时可获得最大功率？功率为多少？此时 30V 电压源输出多少功率？

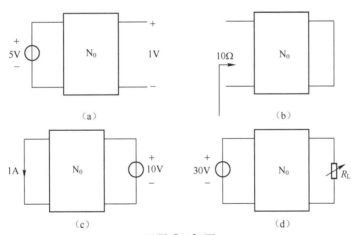

习题【23】图

习题【24】（综合提高题）　习题【24】图中，N_S 为有源线性网络，$R_L = 4Ω$，已知当 $U_S = 12V$ 时，$I_1 = 3A$，$I_2 = 2A$；当 $U_S = 10V$ 时，$I_1 = 2A$，$I_2 = 1A$。求：

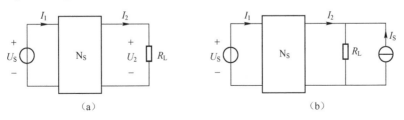

习题【24】图

（1）当电压源 $U_s = 8V$ 时的 U_2；

（2）当电压源 $U_s = 8V$、外接电路中 $I_s = 3A$ 时的 I_1。

习题【25】 习题【25】图中，已知 N_s 为有源线性网络，当 a、b 端开路时，$U_{ab} = 10V$，$I_1 = 1A$，$I_2 = 5A$；当 a、b 端接一电阻 $R = 6\Omega$ 时，$I_1 = 2A$，$I_2 = 4A$；当 a、b 端接一电阻 $R = 4\Omega$ 时，R 可获得最大功率，当 R 为何值时，$I_1 = I_2$，并求 I_1、I_2。

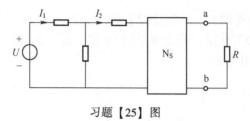

习题【25】图

习题【26】（综合提高题） 习题【26】图中，已知 $R_2 = 3\Omega$，$R_3 = 4\Omega$，$R_4 = R_5 = 1\Omega$，$R_6 = 2\Omega$，I_s、U_1、U_2、U_3 均未知，当 $R = 2\Omega$ 时，$I = 1A$，求当 $R = 4\Omega$ 时的 I。

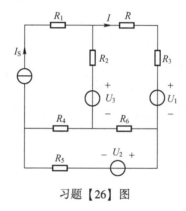

习题【26】图

习题【27】（综合提高题） 习题【27】图中，已知电压源 $U_{S4} = 20V$，$R_1 = R_3 = R_5 = R_7 = 20\Omega$，$R_2 = R_4 = 10\Omega$，受控源系数 $\beta = 2$，当 $R_S(R_S \geq 0)$ 变化时，电流 I_7 不变，求控制系数 α。

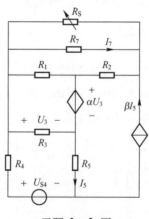

习题【27】图

习题【28】（综合提高题）　习题【28】图中，已知 N_S 为有源网络，$R_1 = R_2 = R_3 = 20\Omega$，$R_4 = 10\Omega$，受控源系数 $\alpha = 0.5$，电流源 $I_{S1} = 1A$，当断开开关时，开关两端电压 $U_{ab} = 25V$，当闭合开关时，流过开关的电流 $I_K = \dfrac{10}{3}A$，试求 N_S 的戴维南等效电路参数。

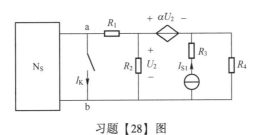

习题【28】图

第 5 章

含运算放大器的电阻电路

5.1　知识框图及重点和难点

学生在学习本章的知识时，首先要了解运算放大器（简称运放）的外特性，在此基础上重点掌握运算放大器在线性工作区时的电路模型，熟练运用运算放大器的电路模型分析含有运算放大器的电路。含运算放大器的电阻电路知识框图如图 5-1 所示。

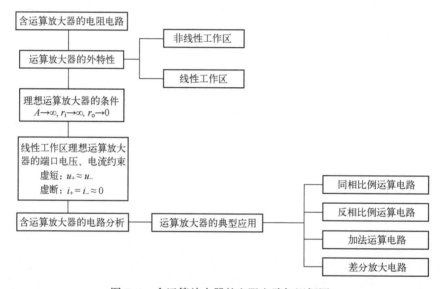

图 5-1　含运算放大器的电阻电路知识框图

在实际电路分析过程中，一般将运算放大器视为理想运算放大器。分析含有理想运算放大器的电阻电路是本章的重点内容。深刻理解理想运算放大器输入端虚短和虚断的概念，熟练应用虚短和虚断的概念分析理想运算放大器电路是本章的难点。

5.2　内容提要及学习指导

5.2.1　运算放大器

运算放大器对外等效为一个四端元件（不能忽略接地端，部分题目中没有画出），电路图形符号如图 5-2 所示。

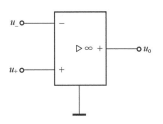

图 5-2　运算放大器的电路图形符号

理想运算放大器的参数：开环放大倍数 $A \to \infty$，输入电阻 $r_i \to \infty$，输出电阻 $r_o \to 0$。理想运算放大器的电路模型如图 5-3 所示。以下讨论的运算放大器均为理想运算放大器。

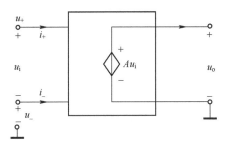

图 5-3　理想运算放大器的电路模型

理想运算放大器的外特性如下：

① 虚短。理想运算放大器两个输入端之间的电压很小，可视为 0，两个输入端之间近乎短路，即

$$u_i \approx 0, \quad u_+ = u_- \tag{5-1}$$

② 虚断。理想运算放大器两个输入端之间的电流近似为 0，即

$$i_+ = i_- \approx 0 \tag{5-2}$$

5.2.2　含运算放大器电阻电路的分析

利用理想运算放大器的虚短和虚断两个外特性，分析含运算放大器电阻电路的步骤如下：

第一步：按照虚短的外特性，标出各节点的电压；

第二步：按照虚断的外特性，列写节点电压方程。因为运算放大器的输出电流无法用节点电压表示，所以不需要列写运算放大器输出端的节点电压方程。

第 5 章习题

习题【1】　含运算放大器的电路如习题【1】图所示，求输入端电流 i 与输入端电压 u_i 的关系表达式（u_i、R_1 和 R_2 已知）。

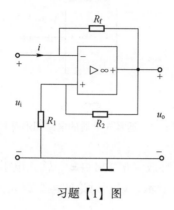

习题【1】图

习题【2】 含运算放大器的电路如习题【2】图所示，求电流 I_0。

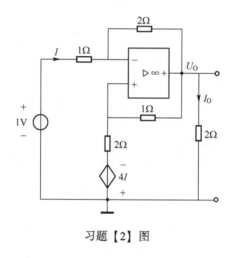

习题【2】图

习题【3】 习题【3】图为反相加法器，试求其输出电压 u_0。

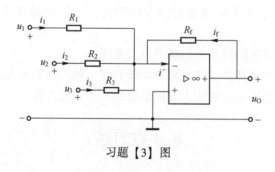

习题【3】图

习题【4】 求习题【4】图中的输出电压 U_0。

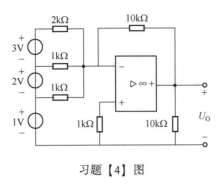

习题【4】图

习题【5】 习题【5】图中，已知各输入电压：$u_{i1}=1V$，$u_{i2}=2V$，$u_{i3}=3V$，求输出电压 U_0。

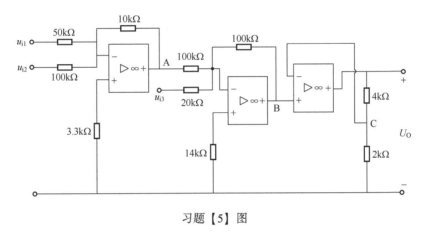

习题【5】图

习题【6】 习题【6】图中，求电压 U。

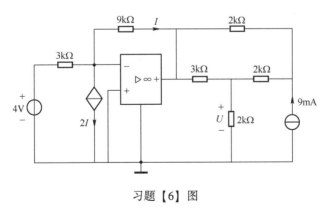

习题【6】图

习题【7】 习题【7】图中，若输出电压的变化范围为 $-12V<U_0<12V$，试确定电源 U_s 的取值范围。

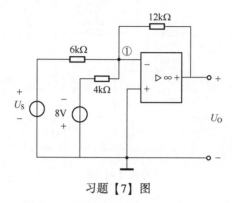

习题【7】图

习题【8】 习题【8】图所示电路含有两个理想运算放大器，求 U_0/U_i。

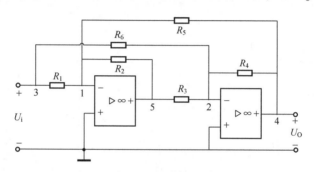

习题【8】图

习题【9】 求习题【9】图中两个单口电路的输入端电阻。

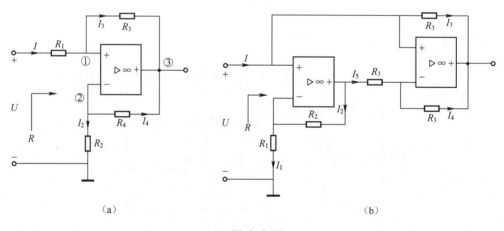

（a）　　　　　　　　　　　　（b）

习题【9】图

习题【10】 习题【10】图中，试证明

$$U_0 = \frac{R_2}{R_1}\left(1 + \frac{2R_3}{R_4}\right)(U_2 - U_1)$$

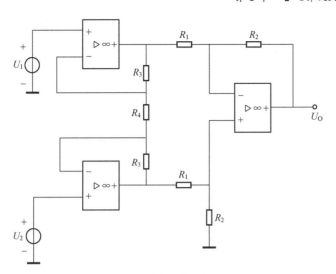

习题【10】图

习题【11】　习题【11】图中，试证明：若满足 $R_1R_4 = R_2R_3$，则电流 i_L 仅取决于输入电压 U_1，与负载电阻 R_L 无关。

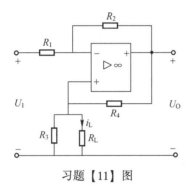

习题【11】图

习题【12】（综合提高题）　习题【12】图中，求含理想运算放大器电路的短路导纳参数，即 Y 参数矩阵。

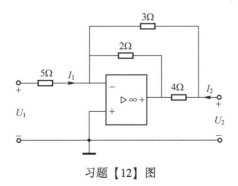

习题【12】图

习题【13】（综合提高题）　习题【13】图中，已知 $R = 5\text{k}\Omega$，$C = 1\mu\text{F}$，$u_s(t) = 5\sqrt{2}\sin(1000t)\text{V}$，试利用节点电压法计算电压 $u_R(t)$。

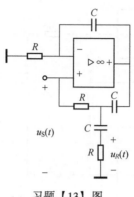

习题【13】图

习题【14】（综合提高题）　习题【14】图中，已知 $u_{S1} = 6\sqrt{2}\cos(1000t - 30°)\,V$，$U_{S2} = 15V$，求：

（1）电流 i 及其有效值；

（2）负载消耗的有功功率。

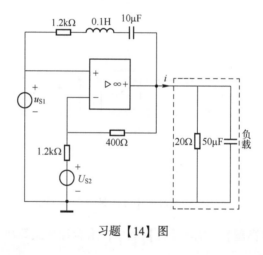

习题【14】图

习题【15】（综合提高题）　习题【15】图中，已知在 $t = 0$ 时将电压源 $u_1(t) = 5V$ 接入电路，试求电路的零状态响应 $u_2(t)$。

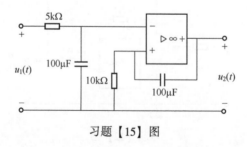

习题【15】图

习题【16】（综合提高题）　含理想运算放大器的电路如习题【16】图所示，设输入电压 $U_i = 1.5V$，试分别计算以下三种情况下的输出电压 U_0：

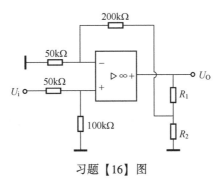

习题【16】图

（1）$R_1 = 0\text{k}\Omega$，$R_2 = 2\text{k}\Omega$；

（2）$R_1 = R_2 = 2\text{k}\Omega$；

（3）$R_1 = 2\text{k}\Omega$，$R_2 = 0\text{k}\Omega$。

第 **6** 章

动态元件与动态电路

6.1 知识框图及重点和难点

本章涉及三部分内容：

① 单位阶跃函数和单位冲激函数的特性及波形的函数表示法；

② 储能元件的特性——**串联、并联**；

③ 动态电路时域分析法。

熟练掌握储能元件的特性是掌握动态电路时域分析法的基础，最终目标是掌握动态电路时域分析法。为了描述动态电路的激励和响应，学生还需要熟悉单位阶跃函数和单位冲激函数的特性，掌握用其表达任意分段波形，并能对分段波形函数进行微分和积分运算。

单位阶跃函数和单位冲激函数是两个基本奇异函数，可以在定义域（$-\infty$，$+\infty$）中表达任意分段波形。基本奇异函数知识框图如图 6-1 所示。学习时：

① 熟练掌握通过阶跃函数对连续波形的截取，将任意分段波形用包含 $\varepsilon(t)$ 和 $\delta(t)$ 的奇异函数表示；

② 熟练掌握由奇异函数画出分段波形；

③ 掌握奇异函数的微分和积分运算规则；

④ **用奇异函数思维分析动态电路。**

储能元件包含电容元件和电感元件。储能元件知识框图如图 6-2 所示。学生应熟练掌握电容元件和电感元件的特性，特别是线性时不变电容元件的 u-i 关系、电压连续性、直流稳态特性，线性时不变电感元件的 u-i 关系、电流连续性、直流稳态特性。应用电荷守恒定律和磁链守恒定律确定电容电压和电感电流在换路时的跳变量是本章的难点（**在本质上是 KCL、KVL 方程在 0 时刻的积分**）。理解电荷守恒定律和磁链守恒定律并能够正确应用，有利于理解某些理想化动态电路的物理过程。

动态电路时域分析知识框图如图 6-3 所示。学习的重点在于建立动态电路时域分析思路，掌握通过适当的 KCL、KVL 方程建立一阶电路和二阶电路的微分方程，利用支路电压或电流的初始值，求解一阶电路和二阶电路常系数线性微分方程，难点是确定待求量的初始值。在一般情况下，$t=0$ 换路时，$u_C(0_-)$ 或 $i_L(0_-)$ 不变。在纯电容回路（回路中可以包含电压源）中，当 $t=0_+$ 时，电容电压要满足一个新的 KVL 方程，电容流过的电

48

流会出现跳变，即流过冲激电流。同样，由于换路会导致电路出现纯电感割集，当 $t=0_+$ 时，电感电流要满足一个新的 KCL 方程，电感上的电压会出现跳变，即承受冲激电压，因此换路时状态不连续，需要通过电荷守恒定律和磁链守恒定律确定电路的初始状态。一旦确定了电路的初始状态，就可通过 $t=0_+$ 时刻的电路（电容可替代为 $u_C(0_+)$ 的电压源，电感可替代为 $i_L(0_+)$ 的电流源）来获得其他电量的初始值。

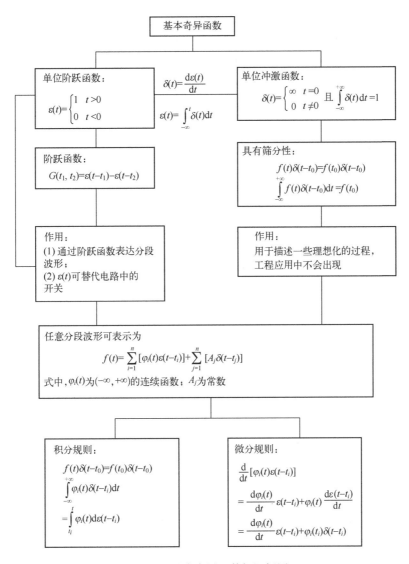

图 6-1　基本奇异函数知识框图

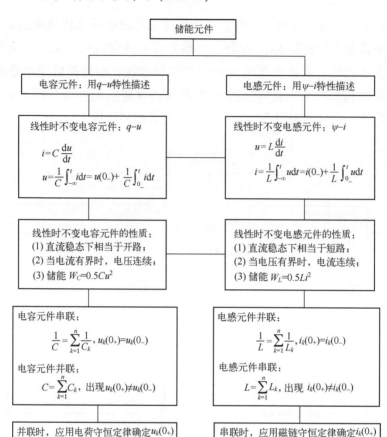

图 6-2　储能元件知识框图

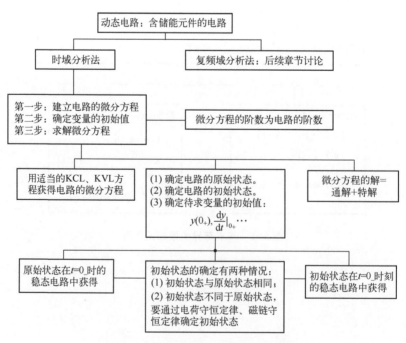

图 6-3　动态电路时域分析知识框图

6.2　内容提要及学习指导

6.2.1　基本奇异函数及其波形表示

1. 单位阶跃函数 $\varepsilon(t)$

单位阶跃函数的定义为

$$\varepsilon(t)=\begin{cases}0 & t<0\\1 & t>0\end{cases} \tag{6-1}$$

将单位阶跃函数延迟 t_0，则该单位阶跃函数被称为延迟单位阶跃函数，表达式为

$$\varepsilon(t-t_0)=\begin{cases}0 & t<t_0\\1 & t>t_0\end{cases} \tag{6-2}$$

一般可定义为

$$\varepsilon(x)=\begin{cases}0 & x<0\\1 & x>0\end{cases} \tag{6-3}$$

式中，x 为变量，是 t 的任意函数。

单位阶跃函数的重要功能是截取波形。两个单位阶跃函数之差或两个单位阶跃函数之积可构成阶跃函数，即

$$G(t_1,t_2)=\varepsilon(t-t_1)-\varepsilon(t-t_2) \tag{6-4}$$

借助阶跃函数，可以在连续波形上截取任意一段波形。其中，两个单位阶跃函数之差的形式更常用。

2. 单位冲激函数 $\delta(t)$

单位冲激函数的定义为

$$\delta(t)=\begin{cases}0 & t\neq 0\\\infty & t=0\end{cases} \tag{6-5}$$

$t=0$ 时，奇异性满足 $\int_{0_-}^{0_+}\delta(t)\mathrm{d}t=1$，即从 0_- 到 0_+ 波形所围的面积为 1。

$A\delta(t-t_0)$ 表示在 t_0 时刻出现的冲激强度为 A 的冲激函数。

$\delta(t)$ 可用单位脉冲 $P_\triangle(t)$ 当 $\triangle\to 0$ 时的极限来表示，即

$$\delta(t)=\lim_{\triangle\to 0}P_\triangle(t)=\lim_{\triangle\to 0}\frac{1}{\triangle}\left[\varepsilon(t)-\varepsilon(t-\triangle)\right] \tag{6-6}$$

$\delta(t)$ 的一个重要性质是筛分性，即

$$f(t)\delta(t-t_0)=f(t_0)\delta(t-t_0) \tag{6-7}$$

进行积分可得

$$\int_{-\infty}^{+\infty}f(t)\delta(t-t_0)\mathrm{d}t=f(t_0)$$

式中，$f(t)$ 为连续函数。

3. 波形表示

由已知波形写出函数表达式被称为波形表示，即先用单位阶跃函数构成的阶跃函数分段

截取波形，再通过叠加得到函数表达式，遵循以下步骤：

  ① 确定分段点，利用单位阶跃函数构成的阶跃函数表示分段点；

  ② 利用阶跃函数表示每一段波形；

  ③ 联立①②表示整个函数，并化简为最基本的奇异函数形式用于后续计算。

6.2.2　电容元件与电感元件

1. 线性时不变电容元件与线性时不变电感元件的特性方程和主要性质（见表 6-1）

表 6-1　线性时不变电容元件与线性时不变电感元件的特性方程和主要性质

	线性时不变电容元件	线性时不变电感元件
特性方程和主要性质	 $u_C(0_-)=U_0$	 $i_L(0_-)=I_0$
电容元件的库-伏特性方程、电感元件的韦-安特性方程	$q=Cu_C$	$\psi=Li_L$
电压与电流关系（VCR）	$i_C=C\dfrac{\mathrm{d}u_C}{\mathrm{d}t}$ $u_C=\dfrac{1}{C}\displaystyle\int_{-\infty}^{t}i_C\mathrm{d}t=u_C(t_0)+\dfrac{1}{C}\displaystyle\int_{t_0}^{t}i_C\mathrm{d}t$	$u_L=L\dfrac{\mathrm{d}i_L}{\mathrm{d}t}$ $i_L=\dfrac{1}{L}\displaystyle\int_{-\infty}^{t}u_L\mathrm{d}t=i_L(t_0)+\dfrac{1}{L}\displaystyle\int_{t_0}^{t}u_L\mathrm{d}t$
非 0 初始状态的等效电路	$u_C(0_-)$，C(0初始)	$i_L(0_-)$，L(0初始)
动态特性	$i_C=C\dfrac{\mathrm{d}u_C}{\mathrm{d}t}$，电容元件的电流与电压随时间的变化率成正比，当电压为常量时，$i_C=C\dfrac{\mathrm{d}u_C}{\mathrm{d}t}=0$，电容元件被视为开路	$u_L=L\dfrac{\mathrm{d}i_L}{\mathrm{d}t}$，电感元件的电压与电流随时间的变化率成正比，当电流为常量时，$u_L=L\dfrac{\mathrm{d}i_L}{\mathrm{d}t}=0$，电感元件被视为短路
u_C、i_L 的连续性与跳变	若从 $0_-\rightarrow0_+$，i_C 中不含 $\delta(t)$ 函数，则电容电压连续，$u_C(0_+)=u_C(0_-)$；反之，电容电压会发生跳变，且有 $u_C(0_+)=u_C(0_-)+\dfrac{1}{C}\displaystyle\int_{0_-}^{0_+}i_C\mathrm{d}t$	若从 $0_-\rightarrow0_+$，u_L 中不含 $\delta(t)$ 函数，则电感电流连续，$i_L(0_+)=i_L(0_-)$；反之，电感电流会发生跳变，且有 $i_L(0_+)=i_L(0_-)+\dfrac{1}{L}\displaystyle\int_{0_-}^{0_+}u_L\mathrm{d}t$
记忆性	$u_C=\dfrac{1}{C}\displaystyle\int_{-\infty}^{t}i_C\mathrm{d}t=u_C(0_-)+\dfrac{1}{C}\displaystyle\int_{0_-}^{t}i_C\mathrm{d}t$，说明 t 时刻的电压 u_C 与 t 时刻以前电流作用的整个历程有关，称为电容元件的记忆性	$i_L=\dfrac{1}{L}\displaystyle\int_{-\infty}^{t}u_L\mathrm{d}t=i_L(0_-)+\dfrac{1}{L}\displaystyle\int_{0_-}^{t}u_L\mathrm{d}t$，说明 t 时刻的电流 i_L 与 t 时刻以前电压作用的整个历程有关，称为电感元件的记忆性
储能性	$W_C=\dfrac{1}{2}Cu_C^2$	$W_L=\dfrac{1}{2}Li_L^2$

2. 电容元件串联或并联

当多个线性时不变电容元件串联或并联时，从端口而言，都可以用一个线性时不变电容元件来等效，等效电容元件的电容量与初始电压可依据端口 $u-i$ 关系相同的等效原则来确定。

（1）电容元件串联

n 个线性时不变电容元件在串联前，各电容元件已有电压 $u_k(0_-)$，且电压、电流取关联参考方向，串联后，等效参数为

$$\frac{1}{C} = \sum_{k=1}^{n} \frac{1}{C_k}, \quad u(0_+) = \sum_{k=1}^{n} u_k(0_-) \tag{6-8}$$

若各电容元件没有初始储能，则电容电压的分压关系为

$$u_k = \frac{C}{C_k} u, \quad k = 1, 2, \cdots, n \tag{6-9}$$

（2）电容元件并联

若 n 个线性时不变电容元件并联，且电压、电流取关联参考方向，则等效参数根据各电容元件是否具有初始储能有如下三种形式。

① 若各电容元件均无初始储能，则等效参数为

$$C = \sum_{k=1}^{n} C_k, \quad k = 1, 2, \cdots, n \tag{6-10}$$

此时，并联电容电流满足正比分流关系，即

$$i_k = \frac{C_k}{C} i \tag{6-11}$$

② 若各电容元件有初始储能，且 $u_1(0_-) = u_2(0_-) = \cdots = u_n(0_-) = U_0 \neq 0$，则等效参数为

$$C = \sum_{k=1}^{n} C_k, \quad u(0_+) = u_k(0_-) = U_0 \tag{6-12}$$

③ 若各电容元件有初始储能，且 $u_1(0_-) \neq u_2(0_-) \neq \cdots \neq u_n(0_-) \neq 0$，则等效参数为

$$C = \sum_{k=1}^{n} C_k, \quad u(0_+) = \frac{\sum_{k=1}^{n} C_k u_k(0_-)}{\sum_{k=1}^{n} C_k} \tag{6-13}$$

3. 电感元件串联或并联

当多个线性时不变电感元件串联或并联时，从端口而言，都可以用一个线性时不变电感元件来等效，等效电感元件的电感量与初始电流可依据端口 $u-i$ 关系相同的等效原则来确定。

（1）电感元件串联

若 n 个线性时不变电感元件串联，且电压、电流取关联参考方向，则等效参数根据各电感元件是否具有初始储能有如下三种形式。

① 若各电感元件均无初始储能，则等效参数为

$$L = \sum_{k=1}^{n} L_k \tag{6-14}$$

此时，串联电感电压满足正比分压关系，即

$$u_k = \frac{L_k}{L}u \tag{6-15}$$

② 若各电感元件有初始储能，且 $i_1(0_-) = i_2(0_-) = \cdots = i_n(0_-) = I_0 \neq 0$，则等效参数为

$$L = \sum_{k=1}^{n} L_k, \quad i(0_+) = i_k(0_-) = I_0 \tag{6-16}$$

③ 若各电感元件有初始储能，且 $i_1(0_-) \neq i_2(0_-) \neq \cdots \neq i_n(0_-) \neq 0$，则等效参数为

$$L = \sum_{k=1}^{n} L_k, \quad i(0_+) = \frac{\sum\limits_{k=1}^{n} L_k i_k(0_-)}{\sum\limits_{k=1}^{n} L_k} \tag{6-17}$$

（2）电感元件并联

n 个线性时不变电感元件在并联前，各电感元件已有电流 $i_k(0_-)$，且电压、电流取关联参考方向，并联后，等效参数为

$$\frac{1}{L} = \sum_{k=1}^{n} \frac{1}{L_k}, \quad i(0_+) = \sum_{k=1}^{n} i_k(0_-) \tag{6-18}$$

当各电感元件的初始电流为 0 时，则

$$i_k = \frac{L}{L_k}i, \quad k = 1, 2, \cdots, n \tag{6-19}$$

被称为初始电流为 0 时的 n 个电感元件的并联分流公式。

注意：电容元件、电感元件的串联、并联特性在直流条件下也是成立的。

6.2.3　动态电路

1. 动态电路的微分方程

对动态电路进行时域分析仍然是根据 KCL、KVL、VCR 方程建立状态变量与输入量之间的关系方程。n 阶线性时不变动态电路的微分方程有如下的一般形式，即

$$a_n \frac{d^n y(t)}{dt^n} + a_{n-1} \frac{d^{n-1} y(t)}{dt^{n-1}} + \cdots + a_1 \frac{dy(t)}{dt} = f(t) \tag{6-20}$$

式中，$a_1 \sim a_n$ 为常数；$y(t)$ 为状态变量（响应）；$f(t)$ 为关于输入量（激励）的函数。

2. 动态电路的初始条件

电路经过换路后，从原始状态变换到初始状态，在电容元件上没有冲激电流、电感元件上没有冲激电压的前提下，状态变量是连续的。若换路发生在 $t = 0$ 时刻，则电路的初始值按如下步骤确定。

① 在 $t = 0_-$ 时刻的等效电路中计算 $u_C(0_-)$、$i_L(0_-)$。

② 在 $t = 0_+$ 时刻，根据换路定则

$$u_C(0_+) = u_C(0_-), \quad i_L(0_+) = i_L(0_-) \tag{6-21}$$

求初始值 $u_C(0_+)$、$i_L(0_+)$。

③ 确定其他非状态变量 $y(0_+)$。

在 $t = 0_+$ 时刻的换路电路中，将电容元件用输出为 $u_C(0_+)$ 的电压源替代，电感元件用输出为 $i_L(0_+)$ 的电流源替代，得到 0_+ 时刻的等效电路，即可计算待求变量的初始值 $y(0_+)$。

3. 动态电路发生跳变的三种情况

在由动态元件构成的暂态电路中，由于三种情况均会发生跳变，因此状态变量在 0_- 时刻的值和在 0_+ 时刻的值不相等：

① 电路中存在冲激激励（采用定义式结合 $0_- \sim 0_+$ 时刻的电路进行计算）；

② 换路后构成纯电容回路（在换路前后，一般采用电荷守恒定律，取两个电容元件的共有电荷，在本质上是 KCL 方程在 $0_- \sim 0_+$ 时刻的积分）；

③ 换路后构成纯电感割集（节点）（一般采用回路磁链守恒定律，在本质上是 KVL 方程在 $0_- \sim 0_+$ 时刻的积分）。

易错点：在常见电路中，只有电容电压 u_C、电容电荷量 q 以及电感电流 i_L 和电感磁链 ψ 为状态变量，其他均不是状态变量，不满足换路定则。

第 **7** 章

一阶电路和二阶电路的时域分析

7.1　知识框图及重点和难点

本章应用第 6 章所讨论的动态电路时域分析法分析两类常见的动态电路：一阶电路和二阶电路，通过具体电路在各种情况下的响应过程理解暂态过程的物理本质。学习本章要实现两个目标：一是进一步巩固应用动态电路时域分析法计算电路的响应；二是掌握各类动态电路暂态过程的物理本质，深刻理解一阶电路和二阶电路各类响应的变化规律，并能将这些规律推广到二阶以上的高阶电路中。本章涉及的基本概念较多。理解和掌握这些基本概念是学习本章的重点。本章提出了基于时域分析法求解一阶电路响应的特殊方法——三要素法，能够获得直流电源激励下一阶电路的各类响应，是分析一阶电路的重要方法。学习本章要熟练掌握三要素法和微分方程法。分析一阶电路的知识框图如图 7-1 所示。

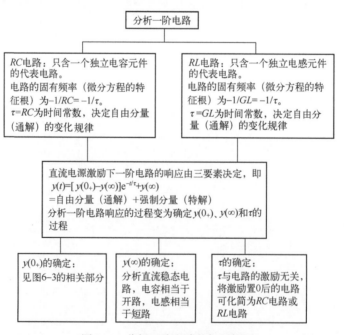

图 7-1　分析一阶电路的知识框图

由于电路的原始储能和电源都是暂态过程的激励，因此电路的响应可依激励的不同进行如图 7-2 所示的分解。

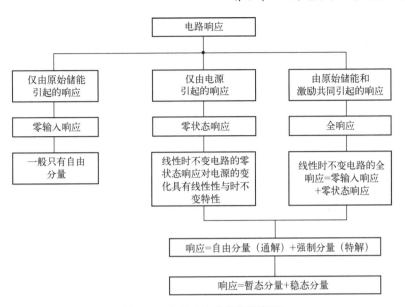

图 7-2　电路响应分解知识框图

　　对电路的冲激响应进行分析是学习本章的难点。单位冲激响应和单位阶跃响应均为特殊的零状态响应，依照零状态响应的线性性与时不变特性，可由单位冲激响应获得单位阶跃响应。由于单位冲激响应很容易转换为零输入响应来分析，因此应该掌握这种分析方法来分析一阶电路和二阶电路的冲激响应。单位冲激响应的计算方法知识框图如图 7-3 所示。

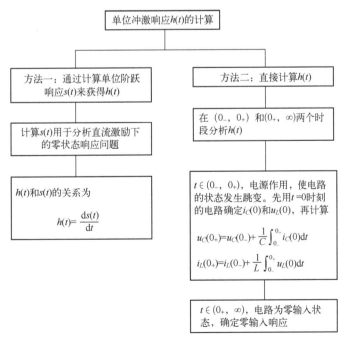

图 7-3　单位冲激响应的计算方法知识框图

7.2 内容提要及学习指导

时域分析法也被称为经典分析法，即根据基尔霍夫定律及元件的 u–i 关系列写电路的微分方程，并求解微分方程。时域分析法是一阶电路、二阶电路等低阶电路的常用分析方法。

7.2.1 一阶电路

1. 一阶电路的类型及时间常数

能用一阶微分方程描述的电路被称为一阶电路。一阶电路是最简单的动态电路。按储能元件的性质，一阶电路可分为 RC 电路和 RL 电路两种类型。

一阶电路过渡过程的长短由时间常数决定。在工程应用中，通常认为电路经过 $3\sim5\tau$，过渡过程结束。

RC 电路的时间常数为

$$\tau = R_{eq}C_{eq} \tag{7-1}$$

RL 电路的时间常数为

$$\tau = \frac{L_{eq}}{R_{eq}} = G_{eq}L_{eq} \tag{7-2}$$

2. 一阶电路的全响应

由电路的初始状态和输入状态共同引起的响应被称为全响应。若换路发生在 $t=0$ 时刻，初始值 $y(0_+)=y_0$，用 $y(t)$ 表示响应，$f(t)$ 表示激励，则一阶电路的全响应对应微分方程的一般形式为

$$\begin{cases} a\dfrac{dy(t)}{dt}+by(t)=f(t) & (t>0) \\ y(0_+)=y_0 \end{cases} \tag{7-3}$$

式中，a、b 由电路的结构及元件的参数决定。

全响应的两种分解方式如下。

方式一：全响应=自由分量+强制分量。

利用这种分解方式求解响应的实质就是直接求解非齐次微分方程的过程。方程解的一般形式为

$$y(t) = y_p(t) + Ke^{st}$$

式中，$y_p(t)$ 为方程的特解，变化规律取决于外施激励，为强制分量；Ke^{st} 为方程的通解；s 为电路的固有频率，是齐次方程 $a\dfrac{dy(t)}{dt}+by(t)=0$ 的特征根，即 $as+b=0$，$s=-\dfrac{b}{a}$，且 s 与 τ 之间的关系为 $\tau=-\dfrac{1}{s}$；K 为积分常数，由电路的初始值 $y(0_+)$ 确定。

方式二：在线性电路中，由线性电路的叠加性可以将全响应分解为

全响应=零输入响应+零状态响应

应该注意，全响应不是输入的线性函数，不满足叠加性。

3. 零输入响应和零状态响应

（1）零输入响应

电路没有电源参与，仅由电感或电容原始储能引起的响应被称为零输入响应。零输入响应实质上是储能元件通过电阻释放能量的过程。在零输入电路中，电路微分方程为齐次微分方程。假设任意零输入响应为 $y(t)$，初始值为 $y(0_+)$，时间常数为 τ，响应 $y(t)$ 的终值为 0，则零输入响应的一般形式为

$$y(t)=y(0_+)\mathrm{e}^{-\frac{t}{\tau}}(t>0) \tag{7-4}$$

在线性电路中，零输入响应是初始状态的线性函数。

注意：如果在换路瞬间，电路中的串联电容元件具有原始储能或并联电感元件具有原始储能，则电容元件的电压、电感元件的电流不满足式（7-4），即过渡过程结束后，电容电压、电感电流不能衰减到 0。

（2）零状态响应

电路的原始状态为 0，仅由外部激励（电源）引起的响应被称为零状态响应。显然，零状态响应的变化规律与激励的形式有关。在零状态电路中，描述电路的微分方程与式（7-3）相同，$y(0_+)=y(0_-)=0$。

若假设任意零状态响应为 $y(t)$，激励为常量时的稳态值 $y(\infty)$，则此类零状态响应的一般形式为

$$y(t)=y(\infty)\left(1-\mathrm{e}^{-\frac{t}{\tau}}\right)(t>0) \tag{7-5}$$

若激励为任意时间的函数，一阶电路的稳态响应为 $y_\mathrm{p}(t)$，则零状态响应为

$$y(t)=y_\mathrm{p}(t)-y_\mathrm{p}(0_+)\mathrm{e}^{-\frac{t}{\tau}}(t>0) \tag{7-6}$$

式中，$y_\mathrm{p}(t)$ 为电路换路后达到稳态时的响应。

当电路达到稳态时，$y_\mathrm{p}(t)=y(\infty)$ 响应的形式为

$$y(t)=y(\infty)\left(1-\mathrm{e}^{-\frac{t}{\tau}}\right)\varepsilon(t) \tag{7-7}$$

若激励为单位阶跃函数，则被称为单位阶跃响应。

由此可得，激励阶跃函数 $K\varepsilon(t)$ 被称为阶跃响应。

当激励为正弦函数时，描述一阶电路微分方程的一般形式为

$$a\frac{\mathrm{d}y}{\mathrm{d}t}+by=A_\mathrm{m}\sin(\omega t+\varphi) \tag{7-8}$$

式中，a、b 为常数，由电路的参数和结构决定。

特解 $y_\mathrm{p}(t)$ 为强制分量，与电路激励有相同的形式，即

$$y_\mathrm{p}(t)=B_\mathrm{m}\sin(\omega t+\theta) \tag{7-9}$$

特解满足一阶微分方程，代入一阶微分方程可确定系数 B_m 和 θ。

自由分量为通解，变化规律为

$$y_\mathrm{h}(t)=-y_\mathrm{p}(0)\mathrm{e}^{-\frac{t}{\tau}}=-B_\mathrm{m}\sin(\theta)\mathrm{e}^{-\frac{t}{\tau}} \tag{7-10}$$

因此，正弦电源激励的零状态响应为

$$y(t)=B_\mathrm{m}\left[\sin(\omega+\theta)-\sin(\theta)\mathrm{e}^{-\frac{t}{\tau}}\right] \tag{7-11}$$

由式（7-11）可知，暂态分量与 θ 有关，当电路的参数与电源的角频率 ω 给定时，θ 就取决于电源的初相位 φ。由于 φ 与开关闭合的时刻有关，因此称 φ 为合闸角。在工程应用中，通过控制合闸角，可控制暂态分量的大小。

当 $\theta = 0$ 时，电路的暂态分量为 0，表明换路后无暂态过程，电路立即进入稳态。

当 $\theta = \pm\pi/2$ 时，如果满足 $\tau \gg T$（T 为正弦电源的周期），那么在接入正弦电源后，经过 $T/2$ 的时间，响应将出现极大值，接近稳态响应的 2 倍。这种现象被称为过电压现象。在工程应用中，应对过电压现象予以充分重视，避免由过电压带来的危害。

4. 零状态响应的线性性与时不变特性

线性时不变电路的零状态响应具有线性性和时不变特性。

线性性即零状态响应与输入函数之间满足齐次性和可加性，若激励为 $x_1(t)$、零状态响应为 $y_1(t)$，激励为 $x_2(t)$、零状态响应为 $y_2(t)$，K_1、K_2 为常数，则

（1）齐次性，$K_1 x_1(t)$ 作用下的零状态响应为 $K_1 y_1(t)$；

（2）可加性，$K_1 x_1(t)$ 和 $K_2 x_2(t)$ 共同作用下的零状态响应为 $K_1 y_1(t) + K_2 y_2(t)$。

时不变特性表现为，若 $y(t) = Kx(t)$，则 $y(t-t_0) = Kx(t-t_0)$。

零状态响应的线性性和时不变特性还可以推广到激励导数或积分作用下的零状态响应。

由线性常系数微分方程不难得到：$\dfrac{\mathrm{d}x_1(t)}{\mathrm{d}t}$ 作用下的零状态响应为 $\dfrac{\mathrm{d}y_1(t)}{\mathrm{d}t}$；$\displaystyle\int_{0_-}^{t} x_1(t)\,\mathrm{d}t$ 作用下的零状态响应为 $\displaystyle\int_{0_-}^{t} y_1(t)\,\mathrm{d}t$。需要强调的是，线性性和时不变特性是任何阶次线性时不变电路在任意激励下零状态响应的共同性质。

5. 一阶电路的三要素法

根据前述讨论，全响应可以分解为

$$全响应 = 自由分量 + 强制分量$$

即方程解的一般形式为

$$y(t) = y_p + K e^{st} \quad (t>0) \tag{7-12}$$

假设响应的初始条件为 $y(0_+)$，将 $t = 0_+$ 代入，得

$$y(0_+) = y_p(0_+) + K e^0 \tag{7-13}$$

求得积分常数为

$$K = y(0_+) - y_p(0_+) \tag{7-14}$$

从而求得响应的表达式为

$$y(t) = y_p(t) + (y(0_+) - y_p(0_+)) e^{-\frac{t}{\tau}} \quad (t>0) \tag{7-15}$$

式（7-15）被称为一阶电路的三要素公式，初始值 $y(0_+)$、稳态值 $y_p(t)$ 和时间常数 τ 被称为三要素。利用上述公式直接写出响应表达式的方法被称为三要素法。特别是对于直流电源激励，特解 $y_p(t)$ 就是稳态值，即 $y_p(t) = y(\infty)$，有

$$y(t) = y(\infty) + [y(0_+) - y(\infty)] e^{-\frac{t}{\tau}} \tag{7-16}$$

被称为常量输入时求解一阶电路响应的三要素法。

利用三要素法求解直流电源激励下一阶电路响应的一般过程为：

（1）画出 $t = 0_-$ 时刻的等效电路，确定 $u_C(0_-)$ 与 $i_L(0_-)$；

（2）画出 $t=0_+$ 时刻的等效电路，若电路中无冲激分量，则根据换路定则 $u_C(0_+)=u_C(0_-)$，可用电压为 $u_C(0_+)$ 的独立电压源替代电容元件，根据 $i_L(0_+)=i_L(0_-)$，可用电流为 $i_L(0_+)$ 的独立电流源替代电感元件，电路中其他部分保持不变，可计算初始值 $y(0_+)$；

（3）画出 $t\to\infty$ 的等效电路，对于直流电源激励，当电路达到稳态时，电容元件相当于开路，电感元件相当于短路，电路中其他部分保持不变，可计算稳态值 $y(\infty)$；

（4）换路后的电路，以储能元件为端口看进去，将独立电源置 0，可简化成无源电阻网络，得到求解 R_{eq} 的等效电路，求解等效电阻 R_{eq} 后，根据 $\tau=L_{eq}/R_{eq}$ 或 $\tau=C_{eq}\cdot R_{eq}$ 即可计算时间常数 τ；

（5）通过计算得到三要素 $y(0_+)$、$y(\infty)$ 和 τ 后，直接代入三要素法一般表达式，即可求出响应 $y(t)$。

7.2.2　冲激响应和阶跃响应

冲激电源作用下的零状态响应被称为冲激响应。单位冲激电源作用下的零状态响应被称为单位冲激响应，常用 $h(t)$ 表示。

在时域分析过程中，冲激响应的分析方法主要有两种。

（1）利用 $h(t)=ds(t)/dt$ 计算。根据单位冲激响应 $h(t)$ 是单位阶跃响应 $s(t)$ 的一阶导数，可以先将单位冲激激励用相应的单位阶跃激励来替代，求出电路的单位阶跃响应 $s(t)$，再对 $s(t)$ 进行求导，即可求得相应的 $h(t)$。

（2）转化为求零输入响应。当冲激电源作用于零状态电路时，会使电路的状态发生跳变，即 $u_C(0_+)\neq u_C(0_-)$，$i_L(0_+)\neq i_L(0_-)$。当 $t=0_+$ 时，冲激电源已为 0，电路响应在本质上是由 $u_C(0_+)$、$i_L(0_+)$ 引起的零输入响应。由此可见，该方法的关键是确定电路在冲激电源作用下所建立的初始状态。具体计算方法如下。

① 画出 $t=0$ 时刻的等效电路，即将电感元件开路（因为 $i_L(0_-)=0$），计算电感元件两端的开路电压 $u_L(0)$；将电容元件短路（因为 $u_C(0_-)=0$），计算电容元件的短路电流 $i_C(0)$。在关联参考方向下，根据元件的伏安特性，确定电路在冲激电源作用下建立的初始状态，有

$$i_L(0_+)=i_L(0_-)+\frac{1}{L}\int_{0_-}^{0_+}u_L(0)dt \tag{7-17}$$

$$u_C(0_+)=u_C(0_-)+\frac{1}{C}\int_{0_-}^{0_+}i_C(0)dt \tag{7-18}$$

② 在 $t>0_+$ 时刻的等效电路中，将电压源视为短路、电流源视为开路，计算冲激响应 $u_C(t)$、$i_L(t)$ 分别为

$$u_C(t)=u_C(0_+)e^{-\frac{t}{\tau}}\varepsilon(t) \tag{7-19}$$

$$i_L(t)=i_L(0_+)e^{-\frac{t}{\tau}}\varepsilon(t) \tag{7-20}$$

电路对单位阶跃函数的零状态响应为单位阶跃响应，可以采用常规零状态响应求解，也可以采用微分方程中的比较系数求解。

7.2.3　二阶电路

二阶电路全响应一般通过二阶非齐次微分方程求解，有

$$
\left.\begin{array}{c}
\dfrac{\mathrm{d}^2 y(t)}{\mathrm{d}t^2}+a\dfrac{\mathrm{d}y(t)}{\mathrm{d}t}+by(t)=cx(t)\\[3mm]
y(0_+)=A\\[3mm]
\dfrac{\mathrm{d}y(0_+)}{\mathrm{d}t}=B
\end{array}\right\}
$$

求解二阶电路全响应可采用下述三种方法：

① 直接求解微分方程；

② 根据全响应=零输入响应+零状态响应求解；

③ 根据全响应=自由分量+强制分量求解，是最常用的方法。

值得一提的是，在实际求解过程中，采用运算法往往比采用时域分析法更快捷、更准确。

7.2.4　三要素扩展及高阶电路时域分析法

对动态电路进行分析在本质上是对微分方程进行求解，可利用微分方程的思想，结合电路本身的特点对三要素进行扩展，以一阶电路为例，微分方程为

$$
\left.\begin{array}{c}
\dfrac{\mathrm{d}y(t)}{\mathrm{d}t}+ay(t)=0\\[3mm]
y(0_+)=y_0
\end{array}\right\}
$$

结合三要素，解的形式一定满足

$$
y=A+Be^{-\frac{t}{\tau}}\quad(A=a\sin(\omega t+\varphi)\text{ 或者 }b\text{ 或者 }ce^{-st})
$$

其中，A 为强制分量，由电源决定，与电源的形式一样，可以先写出解的形式，再利用待定系数法确定参数，即 A 为 $t=\infty$ 时的响应值，就是稳态值，$y(0_+)=A|_{t=0_+}+B$ 是电路的初始值。这种自创的方法被称为 $A+B$ 法，可以极大地降低计算难度。

同样，该方法也可以扩展到分析二阶电路和高阶电路。在二阶电路中，特征根 s_1、s_2 由电路的结构确定，由于与电源和初始值无关，因此可以将电源、初始值全部去掉，建立特征方程，根据特征方程解的不同形式，结合微分方程，就可以得到二阶电路的响应为

$$
\begin{cases}
y(t)=A+Be^{s_1t}+Ce^{s_2t}\quad\text{（两个实根）}\\[2mm]
y(t)=A+Be^{-\alpha t}\sin(\beta t)+Ce^{-\alpha t}\cos(\beta t)\\[2mm]
\qquad=A+Ke^{-\alpha t}\sin(\beta t+\varphi)\quad\text{（两个共轭复根，}s_1\text{、}s_2=-\alpha\pm \mathrm{j}\beta\text{）}\\[2mm]
y(t)=A+Be^{st}+Cte^{st}\quad\text{（两个重根）}
\end{cases}
$$

利用待定系数法、稳态值、初始值、初始值的导数进行求解。这种方法被称为无源电路法，具体步骤如下：

① 将所有的电源和初始值去掉，得到无源电路；

② 利用无源电路建立特征方程，求解特征根（一阶电路的特征根为时间常数）；

③ 列写 u_C、i_L 的响应形式；

④ 返回有源电路，利用 $t=\infty$ 时的响应值求 A，利用初始值和初始值的导数求 B 和 C。

第 6、7 章习题

习题【1】 求习题【1】图（a）中的等效电感 L_{eq} 和习题【1】图（b）中的等效电容 C_{eq}。

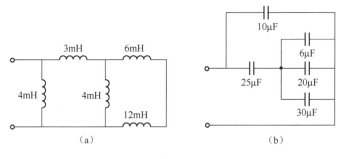

（a）　　　　　　　　　（b）

习题【1】图

习题【2】 求习题【2】图中的电流 i。

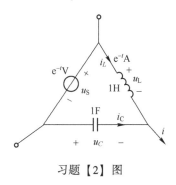

习题【2】图

习题【3】 习题【3】图中，电路已经稳定，在 $t=0$ 时闭合开关 S，则 $u_C(0_+)=$ _____ V，$i_C(0_+)=$ _____ A，$u_L(0_+)=$ _____ V，$i_L(0_+)=$ _____ A，$i(0_+)=$ _____ A。

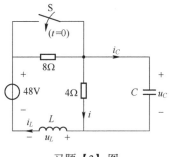

习题【3】图

习题【4】 习题【4】图中，在 $t<0$ 时电路处于稳态，$R_1=2\Omega$，$R_2=3\Omega$，$R_3=2\Omega$，$R_4=4\Omega$，$R_5=\frac{8}{3}\Omega$，$C=1\text{F}$，$U_S=8\text{V}$，在 $t=0$ 时断开开关，求 $t>0$ 时的响应 u_C。

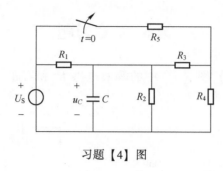

习题【4】图

习题【5】 习题【5】图中，已知在闭合开关 S 前电路已达稳态，当 $t=0$ 时，将开关 S 闭合，求闭合 S 后的电容电压 u_C。

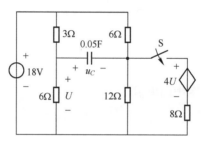

习题【5】图

习题【6】 习题【6】图中，在未闭合开关 S 前，电路处于稳态，流过继电器线圈（R、L 串联）的电流使继电器触点（图中未画出）吸合。当闭合开关 S 使流过继电器线圈的电流下降至某一特定值 I_1 时，继电器触点断开，试问在闭合开关 S 后需要经历多长时间继电器触点才断开？

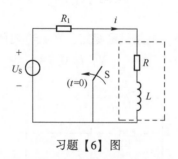

习题【6】图

习题【7】 习题【7】图中，在断开开关 S 前，电路已达稳态，在 $t=0$ 时断开开关 S，求响应 i、i_L。

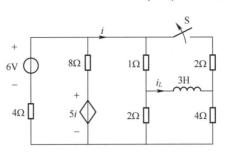

习题【7】图

习题【8】　习题【8】图中，求单位冲激响应 i_L。

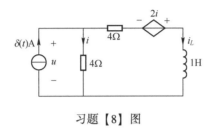

习题【8】图

习题【9】　习题【9】图中，图（a）所示电路中电压 u 的波形如图（b）所示，试求电流 i（电感无初始值）。

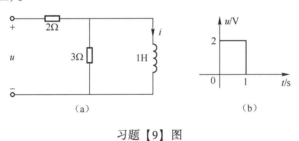

习题【9】图

习题【10】　习题【10】图中，$u_C(0_-)=2\text{V}$，u_S 的波形如习题【10】图（b）所示，求 i。

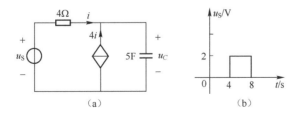

习题【10】图

习题【11】　习题【11】图中，电路在 $t=0$ 时断开开关，求：
（1）受控源系数 β 在什么范围内时，换路后的响应最终是稳定的；
（2）当时间常数 $\tau=20\text{ms}$ 时，求受控源系数 β 和电感电流 i_L。

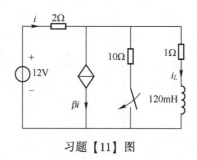

习题【11】图

习题【12】 习题【12】图中，$i_L(0_-)=0\mathrm{A}$，当 $t=0$ 时，闭合开关 S_1，经过 $t=1\mathrm{ms}$ 后，再闭合开关 S_2，求端口电压 u_{ab}。

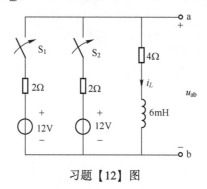

习题【12】图

习题【13】 习题【13】图中，在闭合开关 S 前，电路已达稳态，在 $t=0$ 时，将开关 S 闭合，求闭合开关 S 后的电流 i。

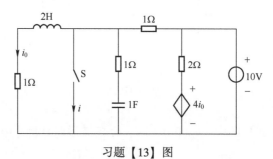

习题【13】图

习题【14】 习题【14】图中，断开开关 S 前，电路已达稳态，在 $t=0$ 时将开关 S 断开，求电容电压 u_C、电感电流 i_L 和电压 u_0。

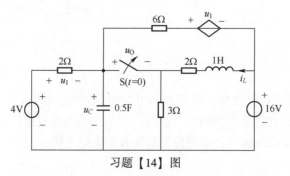

习题【14】图

习题【15】　习题【15】图中，已知 $R_1 = 6\Omega$，$R_2 = 2\Omega$，$R_3 = 8\Omega$，$R_4 = R_5 = 4\Omega$，$C = 500\mu F$，$L = 0.01H$，$I_{S1} = 4A$，$I_{S2} = 3A$，在 $t < 0$ 时，电路已达稳态，在 $t = 0$ 时，将开关 S 断开，求 u_C、i_L 和 u。

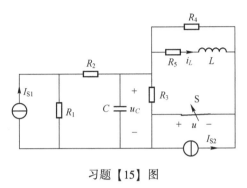

习题【15】图

习题【16】　习题【16】图中，电路处于稳态，在 $t = 0$ 时闭合开关 S，试求换路后的电流 i。

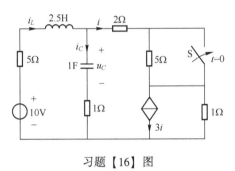

习题【16】图

习题【17】　习题【17】图中，电压源 $u_S = 10\sin(4t+\theta)\,\text{V}$，电感无初始储能，在 $t = 0$ 时，闭合开关 S，若电路不产生过渡过程，则电压源的 θ 为多少？

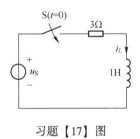

习题【17】图

习题【18】　习题【18】图中，N 为线性无源电阻网络，U_S 为直流电压源，i_S 为正弦电流源，$u_C(0_+) = u_C(0_-)$。对 $t \geq 0$，响应 $u_C = 100 - 60e^{-0.1t} + 40\sqrt{2}\sin(t+45°)\,\text{V}$。若电容初始电压不变，求：

（1）c、d 端开路时的响应 u_C；

（2）a、b 端短路时的响应 u_C。

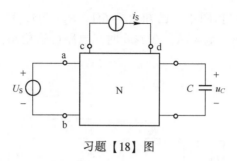

习题【18】图

习题【19】 习题【19】图中，当 $u_S = \varepsilon(t)$ V、$i_S = 0$A 时，响应 $u_C^{(1)} = \left(2\mathrm{e}^{-2t} + \dfrac{1}{2}\right)$ V；当 $u_S = 0$V、$i_S = \varepsilon(t)$A 时，响应 $u_C^{(2)} = \left(\dfrac{1}{2}\mathrm{e}^{-2t} + 2\right)$ V。求：

（1）R_1、R_2、C；

（2）若电压源 u_S 和电流源 i_S 在 $t = 0$ 时刻共同作用，求电容响应 u_C。

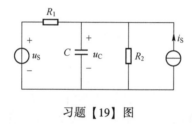

习题【19】图

习题【20】 习题【20】图中，断开开关 S，电路已达稳态，在 $t = 0$ 时，试求 i_L 和 u_C。

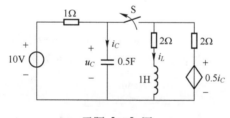

习题【20】图

习题【21】 习题【21】图中，已知 $R = 1\Omega$，$C_1 = 1$F，$C_2 = 2$F，$U_S = 6$V，换路前电路已达稳态，在 $t = 0$ 时，闭合开关 S，用时域分析法求换路后的电压 u_{C_1}、u_{C_2} 和电流 i_{C_1}、i_{C_2}。

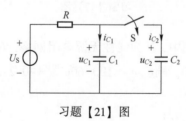

习题【21】图

习题【22】 习题【22】图中，在开关S动作前，电路已处于稳态，已知 $L_1=1\mathrm{H}$，$L_2=2\mathrm{H}$，$R_1=1\Omega$，$R_2=0.5\Omega$，$u_\mathrm{S}=1\mathrm{V}$，当 $t=0$ 时，开关S由1合向2，求换路后的 u_O。

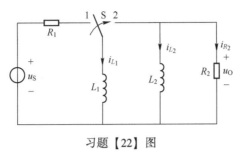

习题【22】图

习题【23】 习题【23】图中，换路前电路已达稳态，$t=0$ 时，断开开关S，求换路后的响应 i_{L_1}、i_{L_2}。已知 $I_\mathrm{S}=10\mathrm{A}$，$R_1=R_2=10\Omega$，$R_3=20\Omega$，$L_1=3\mathrm{H}$，$L_2=2\mathrm{H}$。

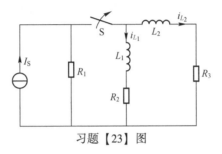

习题【23】图

习题【24】 习题【24】图中，已知在闭合开关S前电路已达稳定，$R_1=R_3=3\Omega$，$R_2=6\Omega$，直流电压源 $U_{\mathrm{S1}}=10\mathrm{V}$ 和 $U_{\mathrm{S2}}=5\mathrm{V}$，$L=2\mathrm{H}$，正弦电源 $u_\mathrm{S}=2\sin2t\mathrm{V}$，当 $t=0$ 时，闭合开关S，试求换路后的电感电流 i_L。

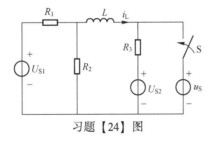

习题【24】图

习题【25】（综合提高题） 习题【25】图中，$C_1=50\mu\mathrm{F}$，$C_2=100\mu\mathrm{F}$，$R_1=100\Omega$，$R_2=200\Omega$，电路无初始值，求 $t=0$ 时刻在闭合开关S之后的 u_{C_1}、u_{C_2}、i_{C_1}、i_{C_2}。

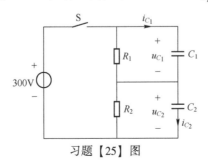

习题【25】图

习题【26】（综合提高题）　习题【26】图中，N 为线性无源电阻二端口网络，$T = \begin{bmatrix} 1 & 2 \\ 0.1 & 1.2 \end{bmatrix}$。已知电感无初始能量，$R_1 = 10\Omega$，$R_2 = 3\Omega$，$L = 0.1\mathrm{H}$，$u_S = 10\varepsilon(t)\mathrm{V}$，求响应 i_L、u_L。

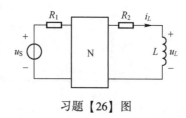

习题【26】图

习题【27】（综合提高题）　习题【27】图中，N_0 为线性无源零状态网络：当 2-2′端连接电阻 R、$u_S = \varepsilon(t)$时，有 $u = \left(\dfrac{2}{3}\right)(1-\mathrm{e}^{-1.5t})\varepsilon(t)\mathrm{V}$；当 2-2′端连接电容 $C = 2\mathrm{F}$、$u_S = \varepsilon(t)$时，有 $u = (1-\mathrm{e}^{-\frac{1}{3}t})\varepsilon(t)\mathrm{V}$，试求：

（1）画出 N_0 的最简等效电路或最简电路，并计算参数值；

（2）若将 R、C 并联在 2-2′端，计算 2-2′端的电压 u。

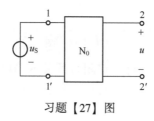

习题【27】图

第 8 章

正弦稳态电路分析

8.1 知识框图及重点和难点

正弦稳态电路分析运用相量的概念，避开直接运用三角函数计算，使计算大大简化。本章讲述的核心是相量法。其中，正弦量的相量表示、正弦量的时域运算与相量运算的对应关系，KCL、KVL、VCR 方程的相量形式，相量图、复阻抗和复导纳，以及正弦稳态电路的有功功率、无功功率、视在功率、复功率均为本章讲述的重点和难点。正弦稳态电路分析知识框图如图 8-1 所示。

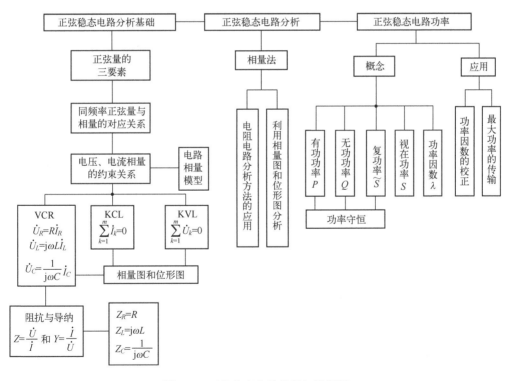

图 8-1　正弦稳态电路分析知识框图

8.2　内容提要及学习指导

8.2.1　正弦量及其相量表示

1. 正弦量的三要素

设正弦量 $i(t) = I_{\mathrm{m}}\sin(\omega t + \varphi_{\mathrm{i}})\,\mathrm{A}$，正弦量由幅值 I_{m}、角频率 ω 和初相位 φ_{i} 三要素完全确定。

2. 正弦量的有效值

周期电量的有效值是一个在效应上与周期电量在一个周期内的平均效应相等的直流量。正弦量的有效值被定义为

$$I = \sqrt{\frac{1}{T}\int_0^T i^2 \mathrm{d}t}$$

若 $i(t) = I_{\mathrm{m}}\sin(\omega t + \varphi_{\mathrm{i}})\,\mathrm{A}$，则 $I = I_{\mathrm{m}}/\sqrt{2}\,\mathrm{A}$，即正弦量的有效值与最大值之间为 $\sqrt{2}$ 倍的关系。

3. 同频率正弦量的相位差

同频率的两个正弦量为

$$u(t) = U_{\mathrm{m}}\sin(\omega t + \varphi_u),\quad i(t) = I_{\mathrm{m}}\sin(\omega t + \varphi_i)$$

二者的相位差为

$$\varphi = (\omega t + \varphi_u) - (\omega t + \varphi_i) = \varphi_u - \varphi_i \tag{8-1}$$

若 $\varphi > 0$，则 u 超前 i 的相位差为 φ。若 $\varphi < 0$，则 u 滞后 i 的相位差为 φ。若 $\varphi = 0$，则 u 与 i 同相。其中，相位差的取值范围规定为 $-\pi \leqslant \varphi \leqslant \pi$。

4. 正弦量的相量表示

令 $\dot{U}_{\mathrm{m}} = U_{\mathrm{m}}\mathrm{e}^{\mathrm{j}\varphi_u} = \sqrt{2}\,U\mathrm{e}^{\mathrm{j}\varphi_u} = \sqrt{2}\,\dot{U}$，则

$$u(t) = \mathrm{Re}(U_{\mathrm{m}}\mathrm{e}^{\mathrm{j}\omega t}) = \mathrm{Re}\left[\sqrt{2}\,U\mathrm{e}^{\mathrm{j}\omega t}\right] = \sqrt{2}\,U\cos(\omega t + \varphi_u) \tag{8-2}$$

所以，正弦量与相量一一对应，有

$$u(t) = \sqrt{2}\,U\cos(\omega t + \varphi_u) \tag{8-3}$$

在 $\dot{U} = U\mathrm{e}^{\mathrm{j}\varphi_u} = U\angle\varphi_u$ 中，$\dot{U}$ 是与 $u(t)$ 对应的有效值相量，若已知 $u(t) = \sqrt{2}\,U\cos(\omega t + \varphi_u)$，则 $\dot{U} = U\mathrm{e}^{\mathrm{j}\varphi_u} = U\angle\varphi_u$；反之，若已知 $\dot{U} = U\mathrm{e}^{\mathrm{j}\varphi_u} = U\angle\varphi_u$，则 $u(t) = \sqrt{2}\,U\cos(\omega t + \varphi_u)$。

5. 用相量表示正弦量的运算规则

正弦量用相量表示后，运算规则与复数运算相同。若相量用相量图表示，则相量相加符合平行四边形法则。

正弦量（相量）的常用性质如下。

叠加性质为

$$i(t) = i_1(t) \pm i_2(t) \rightarrow \dot{I} = \dot{I}_1 + \dot{I}_2 \tag{8-4}$$

比例性质为

$$ki(t) \rightarrow k\,\dot{I} \tag{8-5}$$

微分性质为

$$L \frac{\mathrm{d}i(t)}{\mathrm{d}t} \to \mathrm{j}\omega L \, \dot{I} \tag{8-6}$$

积分性质为

$$\frac{1}{C} \int_0^t i(t)\,\mathrm{d}t \to \frac{1}{\mathrm{j}\omega C} \dot{I} \tag{8-7}$$

8.2.2 KCL、KVL、VCR 方程的相量形式

KCL、KVL 方程的相量形式为

$$\text{KCL:} \sum \dot{I} = 0 \tag{8-8}$$

$$\text{KVL:} \sum \dot{U} = 0 \tag{8-9}$$

表 8-1 为 VCR 方程的相量形式。

表 8-1 VCR 方程的相量形式

元 件	相量模型	有效值关系	相 量 图
R	$\dot{U}_R = R\dot{I}_R$	$U_R = RI_R$	$\dot{U}_R$ 与 $\dot{I}_R$ 同向
L	$\dot{U}_L = \mathrm{j}\omega L\dot{I}_L$	$U_L = \omega L I_L = X_L I_L$	$\dot{U}_L$ 超前 $\dot{I}_L$ 90°
C	$\dot{U}_C = \dfrac{1}{\mathrm{j}\omega C}\dot{I}_C$	$U_C = \dfrac{1}{\omega C}I_C = X_C I_C$	$\dot{I}_C$ 超前 $\dot{U}_C$ 90°
RL 串联	$\dot{U} = (R+\mathrm{j}\omega L)\dot{I}$	$U = \sqrt{R^2+(\omega L)^2} \times I$	$\dot{I}$ 滞后 $\dot{U}$，电路呈感性
RC 串联	$\dot{U} = \left(R+\dfrac{1}{\mathrm{j}\omega C}\right)\dot{I}$	$U = \sqrt{R^2+\left(\dfrac{1}{\omega C}\right)^2} \times I$	$\dot{I}$ 超前 $\dot{U}$，电路呈容性

8.2.3　分析与计算方法

1. 阻抗和导纳

一个无源二端口电路，电压、电流关系的相量形式为 $\dot{U}=\dot{I}Z$ 或 $\dot{I}=Y\dot{U}$，被称为欧姆定律的相量形式。其中，Z 为复阻抗，简称阻抗；Y 为复导纳，简称导纳。Z 和 Y 只是用于计算的复数，并不代表正弦量，故不是相量。**复阻抗一般常用 $Z=R\pm jX$ 替代，R 和 X 都为欧姆量纲，输入电流 $\dot{I}$ 时，两者的分电压 $\dot{U}_R$、$\dot{U}_X$ 相互垂直。**

2. 分析方法

将时域电路模型转换成电路相量模型，即电路中的正弦激励及电压、电流用相量表示，各元件参数用复阻抗表示，电阻电路的分析方法对电路相量模型均适用，方法的选择及应用要点均与电阻电路相似。

3. 利用相量图、位形图分析正弦稳态电路

正弦稳态电路的基本定律可以用相量形式的 KCL、KVL、VCR 方程来描述，也可以用相量图来描述。如果在反映相量形式 KVL 方程的相量图中，电压相量首尾相连的顺序与电路中元件相连的顺序一致，那么这样的相量图就被称为电压位形图，简称位形图。由于 KCL 方程无法反映元件连接的顺序，因此电流只有相量图。先将电路的相量方程变为相量图或位形图，再通过几何关系分析电路，可避开复数运算，这种方法被称为相量图或位形图分析法。对于某些电路，采用这种方法往往比解析法简单明了，特别是在待求解电路中含有未知参数时更适宜。

利用相量图、位形图分析正弦稳态电路的步骤如下：

（1）选定一个参考相量，简单串联电路一般以 $\dot{I}$ 为参考相量，简单并联电路一般以 $\dot{U}$ 为参考相量，**对于比较复杂的正弦稳态电路，一般可以选择端口最末端支路的串并联特性确定参考相量：并联时取并联电压，串联时取串联电流，**便于用相量形式的 KCL、KVL、VCR 方程逐一在复平面上绘出其他相量。

（2）初绘相量图（位形图），在尚未得出电路的计算结果时，只能先定性绘出一个初步的相量图（位形图），再根据题目的已知条件对该图进行修正，即可得到符合相量形式的 KCL、KVL、VCR 方程和已知条件的相量图（位形图）。

（3）根据相量图（位形图）中的相量及其之间的角度，结合基本定律即可对电路进行分析和计算。

8.2.4　正弦稳态电路功率

1. 二端口电路吸收的功率（u、i 为关联参考方向）

（1）有功功率为

$$P=\frac{1}{T}\int_0^T ui\,dt=UI\cos\varphi \tag{8-10}$$

式中，$\varphi=\varphi_u-\varphi_i$ 为端口电压与电流的相位差。

（2）无功功率为

$$Q=UI\sin\varphi \tag{8-11}$$

（3）视在功率为

$$S = UI \tag{8-12}$$

（4）复功率为

$$\widetilde{S} = \dot{U}\dot{I}^* = P + jQ \tag{8-13}$$

式中，$\dot{I}^*$ 为 I 的共轭复数，$\dot{I}^* = I\angle -\varphi_i$。

对无源二端口网络，若 $Z = R + jX$，$Y = G + jB$，则

$$P = I^2 R = U^2 G, \quad Q = I^2 X = -U^2 B \tag{8-14}$$

注意：有功功率为平均功率，反映电路能量的消耗；无功功率为瞬时功率，周期积分为 0。

2. 复功率守恒

在一个正弦稳态电路中，所有支路吸收的复功率的和恒等于 0，有

$$\sum_{k=1}^{b} \widetilde{S}_k = 0 \tag{8-15}$$

式中，包括有功功率守恒 $\sum_{k=1}^{b} P_k = 0$ 和无功功率守恒 $\sum_{k=1}^{b} Q_k = 0$。

3. 功率因数的提高

无源二端口网络，端口电压为 U，电源角频率为 ω，有功功率为 P，功率因数为 $\cos\varphi_1$（滞后），并联电容 C 可使功率因数提高到 $\cos\varphi_2$（滞后），则并联电容为

$$C = \frac{P(\tan\varphi_1 - \tan\varphi_2)}{\omega U^2} \tag{8-16}$$

4. 最大功率

在讨论负载 $Z_L = R_L + jX_L = |Z_L|\angle\varphi_L$ 从有源一端口网络获得最大功率问题时，可将网络等效为戴维南支路，即开路电压源 U_{OC} 和等效阻抗 $Z_{eq} = R_{eq} + jX_{eq} = |Z_{eq}|\angle\varphi_{eq}$ 的串联。要使负载获得最大功率，可分为以下三种情况。

（1）Z_L 的实部和虚部均存在并可调节，则 $Z_L = Z_{eq}^*$，即 $R_L - jX_L = R_{eq} - jX_{eq}$ 时，负载获得最大功率，被称为共轭匹配。此时，负载获得的最大功率为

$$P_{Lmax} = \frac{U_{OC}^2}{4R_{eq}} \tag{8-17}$$

（2）当负载 $Z_L = Z_L\angle\varphi_L$，阻抗模值可调，阻抗角不可改变时，获得最大功率的条件为 $|Z_L| = |Z_{eq}|$，被称为共模匹配。此时，负载获得的最大功率为

$$P_{Lmax} = \frac{U_{OC}^2 \cos\varphi_L}{2|Z_{eq}| + 2(R_{eq}\cos\varphi_L + X_{eq}\sin\varphi_L)} \tag{8-18}$$

（3）若 Z_L 为纯电阻负载，$Z_L = R_L$，可调节，则 $R_L = |Z_{eq}|$ 时，负载获得最大功率，最大功率为

$$P_{Lmax} = \frac{U_{OC}^2}{2(|Z_{eq}| + R_{eq})} \tag{8-19}$$

第 8 章习题

习题【1】 习题【1】图中，已知阻抗 Z_1 两端的电压有效值 $U_1 = 100\text{V}$，Z_1 吸收的平均功率 $P = 400\text{W}$，功率因数 $\cos\varphi = 0.8$（感性），试求输入电压 U 与电流 I。

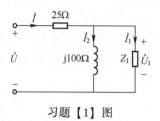

习题【1】图

习题【2】 测量线圈参数的电路如习题【2】图所示，已知 $U_S = 120\text{V}$，$f = 50\text{Hz}$，$X_C = 48\Omega$（容抗），闭合开关 S 与断开开关 S，电流表的读数均为 4A，求参数 R、L。

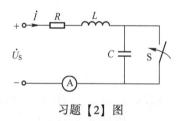

习题【2】图

习题【3】 习题【3】图中，当外加电压源 $U_S = 100\text{V}$、$f = 50\text{Hz}$ 时，各支路电流的有效值相等，即 $I = I_1 = I_2$，电路消耗的功率为 866W，当 $f = 25\text{Hz}$ 时，求电路消耗的功率。

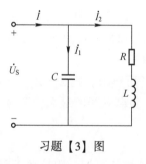

习题【3】图

习题【4】 如习题【4】图所示等效电路模型，已知 $R_1 = X_1 = 8\Omega$，$R_2 = X_2 = 3\Omega$，$R_m = X_m = 6\Omega$，外加正弦电压有效值 $U_S = 220\text{V}$，频率 $f = 50\text{Hz}$，求：

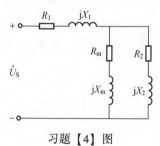

习题【4】图

（1）负载功率和功率因数；

（2）若在电源端并联电容，则功率因数提高到 0.9，电容 C 为多少。

习题【5】　习题【5】图中，已知 $\dot{U}_{\mathrm{S}} = 100\angle 0°\mathrm{V}$，$\dot{I}$ 与 $\dot{U}_{\mathrm{S}}$ 同相位，两个电压表的读数均为 86.6V，求 ωL、R、$\dfrac{1}{\omega C}$ 和 I。

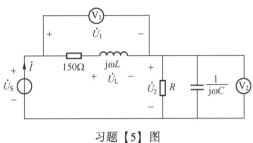

习题【5】图

习题【6】　习题【6】图中，已知 $C = 250\mu\mathrm{F}$，$g_{\mathrm{m}} = 0.025\mathrm{S}$，电压源 $\dot{U}_{\mathrm{S}} = 20\angle 0°\mathrm{V}$，$\omega = 100\mathrm{rad/s}$，$Z_{\mathrm{L}}$ 为何值时可获得最大功率，并求该最大功率。

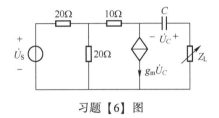

习题【6】图

习题【7】　习题【7】图中，已知 $R_1 = R_2 = 10\Omega$，$L = 0.25\mathrm{H}$，$C = 1\mathrm{mF}$，电压表 V 的读数为 20V，功率表 W 的读数为 120W，试求电压源发出的复功率 $\tilde{S}$。

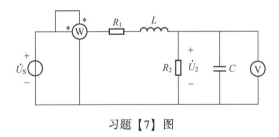

习题【7】图

习题【8】　习题【8】图中，已知电压源 $U_{\mathrm{S}} = 200\mathrm{V}$，频率为 50Hz，$I = 1\mathrm{A}$，电阻 R 吸收的功率为 120W，求：

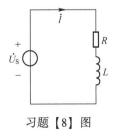

习题【8】图

（1）R、L 和由 R、L 串联构成负载的功率因数；

（2）若要使功率因数提高到 1，需要在电源两端并联多大的电容？并求此时电容的无功功率。

习题【9】 习题【9】图中，$\dot{U}_S = 100\angle 0°\text{V}$，$\dot{I}_S = 2\angle 0°\text{A}$，$R_1 = 65\Omega$，$R_2 = 45\Omega$，$\omega L = 30\Omega$，$1/\omega C = 90\Omega$，$\beta = 2$，求电压源 $\dot{U}_S$ 和电流源 $\dot{I}_S$ 发出的复功率。

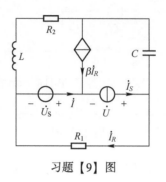

习题【9】图

习题【10】 习题【10】图中，已知 R 可调，电源电压 $\dot{U}$ 不变，当 R 改变时，欲使电流 $\dot{I}$ 的有效值不变，试求电路元件参数应满足什么约束关系？

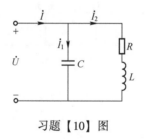

习题【10】图

习题【11】 习题【11】图中，闭合开关 S 时，电流表的读数为 10A，功率表的读数为 1000W，当断开开关 S 时，电流表的读数为 12A，功率表的读数为 1600W，试求 Z_1 和 Z_2。

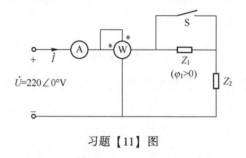

习题【11】图

习题【12】 习题【12】图中，已知 $u_S = 10\sqrt{2}\sin 100t\text{V}$，$R = 4\Omega$，$L = 0.03\text{H}$，$C = 250\mu\text{F}$，电阻 r 可调，试问 r 为何值时，u_{cd} 的有效值最大，求出此时 u_{cd} 的表达式。

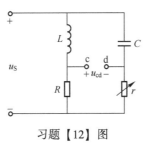

习题【12】图

习题【13】 习题【13】图中，若 $\dot{U}_{AB}$、$\dot{U}_{BC}$、$\dot{U}_{CA}$ 构成一组对称电压，试确定电路参数之间的约束条件。

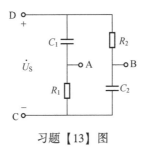

习题【13】图

习题【14】 习题【14】图中，$R_1 = 10\Omega$，当调节电容 $C_1 = 0.5C_2$ 时，电压表 V 的读数最小，$U_{\min} = 0.4U_S$，试求解参数 R、X。

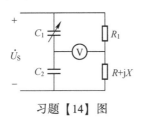

习题【14】图

习题【15】 习题【15】图中，已知 $u_S = 100\sqrt{2}\cos(10000t + 30°)$ V，$R_3 = 100\Omega$，$C = 1\mu F$，电流表 A_1 的读数为 0，试求 R_2 和 L 及电流表 A_2 的读数。

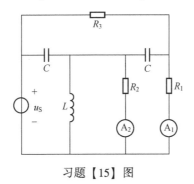

习题【15】图

习题【16】 习题【16】图中，已知 $u_S(t) = \sqrt{2}U\sin(\omega t + \varphi)$ V，改变电源的角频率，功率表 W 的读数保持不变，试求：

（1）R、L、C 满足的约束关系；

（2）用 U、R 表示功率表的读数。

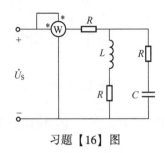

习题【16】图

习题【17】 习题【17】图中，负载的有功功率 $P = 3630\text{W}$，三个电压表的读数均为 220V，试求 R、L、C。

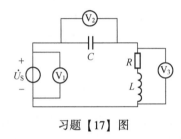

习题【17】图

习题【18】 习题【18】图中，已知 $\dot{U}_1$ 和 $\dot{U}_2$ 同相位，试求电路的角频率 ω。

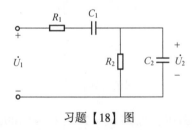

习题【18】图

习题【19】 习题【19】图中，右侧为电源 $\dot{U}_\text{S}$、输出电压 $\dot{U}_0$，若要使得 $\dot{U}_\text{S}$ 超前 $\dot{U}_0$ 90°，求电路的角频率。

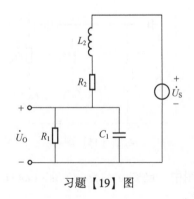

习题【19】图

习题【20】 习题【20】图中，电源电压 $\dot{U}_{S1}$、$\dot{U}_{S2}$ 的有效值均为 150V，角频率均为 1000rad/s，EL 为氖灯，电阻可以认为无穷大，氖灯两端电压达 100V 时发亮。试证明 $\dot{U}_{S1}$ 超前 $\dot{U}_{S2}$ 60°时，氖灯发亮；当 $\dot{U}_{S1}$ 滞后 $\dot{U}_{S2}$ 60°时，氖灯不亮。

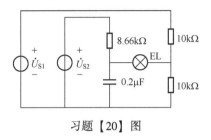

习题【20】图

习题【21】 习题【21】图中，电流源和电压源的角频率 $\omega = 100\text{rad/s}$，$Z_1 = 3+j3\Omega$，$Z_2 = 6+j6\Omega$，开关 S 处于断开状态时，电压表 V 的读数为 10V。若闭合开关 S，将电容 C 接入电路，则通过调节 C 可以改变 Z_1 获得的有功功率。求 C 为多少时，Z_1 可以获得最大有功功率，此时电压表 V 的读数为多少？

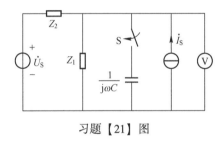

习题【21】图

习题【22】 习题【22】图中，求可变负载电阻 R_L 为多大时，吸收功率最大，最大功率为多少。

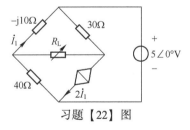

习题【22】图

习题【23】 习题【23】图中，已知 $U = 120\text{V}$，$R_1 = 20\Omega$，$R_2 = 10\Omega$，$X_1 = 40\Omega$，$X_2 = 20\Omega$，试求：

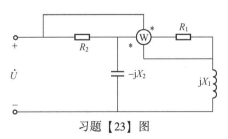

习题【23】图

（1）电源输出的有功功率和无功功率；

（2）功率表 W 的读数。

习题【24】（综合提高题） 习题【24】图中，已知 $\dot{U}_S = 100\angle 0°\,V$，$R = 10\Omega$，$C = 1000\mu F$，$L = \dfrac{1}{15}H$，电源角频率 ω 可调，要使 R 获得最大功率，ω 应为多少？并求此时的最大功率。

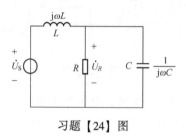

习题【24】图

习题【25】（综合提高题） 习题【25】图中，已知 $i_S = 6\sqrt{2}\sin\omega t\,A$，$u_S = 36\sqrt{2}\cos\omega t\,V$，$L_2 = 2L_1$，$C_1 = 2C_2$，$\omega = \dfrac{1}{\sqrt{L_1 C_1}}$，求 i_1、i_2、i_3、i_4。

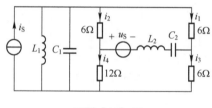

习题【25】图

习题【26】（综合提高题） 习题【26】图中，当 U 为 20V 的直流电源时，电流 $I = 4A$；当 U 为 100V 的正弦交流电源时，电流 $I = 2A$，电路的有功功率 $P = 80W$，且 $\dot{U}_1$ 与 $\dot{U}_2$ 同相位，试求电路参数 R、X、g、b。

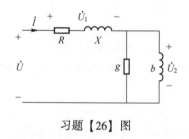

习题【26】图

习题【27】（综合提高题） 习题【27】图中，N 为有源线性网络，当 $u_S = 0V$ 时，$i = 3\sin\omega t\,A$；当 $u_S = 3\sin(\omega t + 30°)\,V$ 时，$i = 3\sqrt{2}\sin(\omega t + 45°)\,A$。求当 $u_S = 4\sin(\omega t + 30°)\,V$ 时，i 为何值。

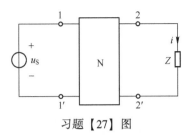

习题【27】图

习题【28】（综合提高题）　习题【28】图中，电路为感性，$U_S = U_1 = 100\text{V}$，$U_2 = 51.76\text{V}$，感抗 $X_L = 50\Omega$，电源提供的平均功率 $P = 50\text{W}$，求：

（1）X_{C_1} 和 Z_2；

（2）若电路的功率因数为 0.9，求 X_{C_2} 多少？

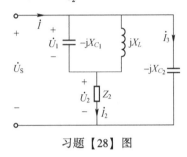

习题【28】图

习题【29】（综合提高题）　习题【29】图中，调节电感 L 时，电流 i 的有效值不变，求 R_1 和 R_2 应满足的关系，并求出 $u_S = U_m\sin\omega t$ V 时，i 的有效值表达式中初始相位的取值范围。

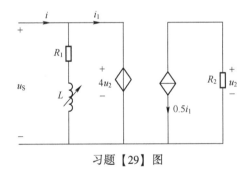

习题【29】图

习题【30】（综合提高题）　习题【30】图中，当 $C = 100\mu\text{F}$ 时，电流表 A 的读数最小，$I_{\min} = 1\text{A}$，此时电路的平均功率为 100W，试求参数 R、L。

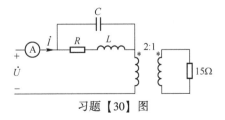

习题【30】图

第**9**章

含耦合元件的正弦稳态电路

9.1 知识框图及重点和难点

　　本章主要介绍耦合电感的磁耦合现象，涉及互感、同名端、耦合系数等概念。根据耦合电感的同名端和电流的参考方向判断电压的正负极性端是学习本章首先遇到的重点和难点。本章要求熟练掌握耦合电感的特性及含耦合电感的电路分析和计算。本章还介绍了磁耦合现象在工程中的应用，分析了在工程中常用的变压器——空心变压器和理想变压器的工作原理，概括说明了变压器的工程应用。分析含有变压器的电路也是本章的重点内容。图 9-1 为含耦合元件的正弦稳态电路知识框图。

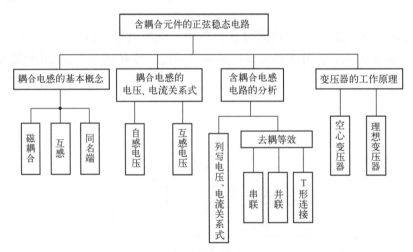

图 9-1　含耦合元件的正弦稳态电路知识框图

9.2 内容提要及学习指导

9.2.1 耦合电感的特性

　　线圈即为电感。在同一磁路上的两个线圈，当一个线圈的一端与另一个线圈的一端所产生的互感磁链与自感磁链方向一致时，这两端就被称为同名端。如图 9-2 所示，在同名端标记及电压、电流参考方向下，耦合线圈的电压、电流关系式为

$$\begin{cases} u_1 = \dfrac{\mathrm{d}\psi_1}{\mathrm{d}t} = L_1 \dfrac{\mathrm{d}i_1}{\mathrm{d}t} + M \dfrac{\mathrm{d}i_2}{\mathrm{d}t} \\[2mm] u_2 = \dfrac{\mathrm{d}\psi_2}{\mathrm{d}t} = M \dfrac{\mathrm{d}i_1}{\mathrm{d}t} + L_2 \dfrac{\mathrm{d}i_2}{\mathrm{d}t} \end{cases} \tag{9-1}$$

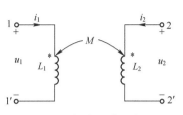

耦合线圈的端电压包括自感电压和互感电压。对线圈 L_1 的端电压 u_1，$L_1 \mathrm{d}i_1/\mathrm{d}t$ 是自感电压，在 u_1、i_1 取关联参考方向时，自感电压前取"+"，由于两个线圈的电流均从同名端流入，因此互感磁链与自感磁链的方向一致，互感电压 $M \mathrm{d}i_2/\mathrm{d}t$ 前也取"+"，同理可分析线圈 L_2 的端电压 u_2。若图 9-2 中，耦合线圈的 1-2′端为同名端，则在电压、电流参考方向不变的前提下，互感电压前取"-"。

图 9-2　耦合电感示意图

互感电压前的"+""-"也可根据电流的参考方向和同名端的标记来判断：当电流 i_1 从 L_1 的同名端流入时，L_2 上所产生的互感电压"+"极性端在 L_2 的同名端。

9.2.2　含耦合电感电路的分析

一般通过列写耦合电感的电压、电流关系式来分析含耦合电感的电路，或者利用耦合电感的特殊电气连接形式，如串联、并联、T 形连接等进行去耦等效，对电路进行分析，**在去耦过程中，一定要考虑节点发生偏移的问题。**

在列写耦合电感的电压、电流关系式时需要注意，耦合电感的端电压包含自感电压和互感电压。对于初学者，为了防止漏写互感电压，正确判断互感电压的"+""-"，可以将互感电压用受控电压源表示，建立含受控电压源的等效电路，如图 9-3 所示。

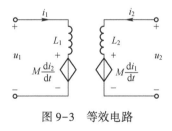

图 9-3　等效电路

由图可知，受控电压源表示耦合电感的互感电压，受控电压源的"+""-"极性端需要根据耦合线圈的同名端和电流的参考方向确定，L_1、L_2 不是原来的耦合线圈 L_1、L_2 了，不具有耦合作用了。

利用耦合电感的特殊电气连接形式，如串联、并联、T 形连接等的去耦等效分析方法如下。

1. 串联

两个耦合电感的串联有两种方式：顺串和反串。

顺串：两个耦合电感的非同名端相连，如图 9-4（a）所示。两个耦合电感顺串后的端电压为

$$u = u_1 + u_2 = \left(L_1 \frac{\mathrm{d}i}{\mathrm{d}t} + M \frac{\mathrm{d}i}{\mathrm{d}t} \right) + \left(L_2 \frac{\mathrm{d}i}{\mathrm{d}t} + M \frac{\mathrm{d}i}{\mathrm{d}t} \right) = \left(L_2 + L_1 + 2M \right) \frac{\mathrm{d}i}{\mathrm{d}t} \tag{9-2}$$

顺串的两个耦合电感可以等值为一个电感 L_{eq}，即 $L_{eq} = L_1 + L_2 + 2M$。

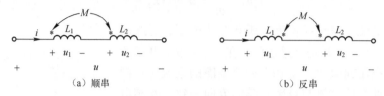

（a）顺串 （b）反串

图 9-4　串联方式

反串：两个耦合电感的同名端相连，如图 9-4（b）所示。两个耦合电感反串后的端电压为

$$u = u_1 + u_2 = \left(L_1 \frac{\mathrm{d}i}{\mathrm{d}t} - M \frac{\mathrm{d}i}{\mathrm{d}t} \right) + \left(L_2 \frac{\mathrm{d}i}{\mathrm{d}t} - M \frac{\mathrm{d}i}{\mathrm{d}t} \right) = \left(L_2 + L_1 - 2M \right) \frac{\mathrm{d}i}{\mathrm{d}t} \tag{9-3}$$

反串的两个耦合电感可以等值为一个电感 L_{eq}，即 $L_{eq} = L_1 + L_2 - 2M$。

2. T 形连接

两个耦合电感与另外一个支路共用一个节点，即可构成 T 形连接，由于同名端不同，因此 T 形连接方式如图 9-5 所示。图 9-5（a）为非同名端共用一个节点。图 9-5（b）为同名端共用一个节点。

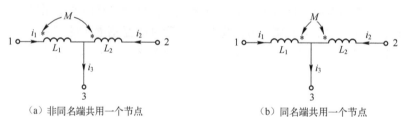

（a）非同名端共用一个节点 （b）同名端共用一个节点

图 9-5　T 形连接方式

根据如图 9-5 所示的电压、电流关系式，可以构造如图 9-6 所示的 T 形等效连接方式；图 9-6（a）是图 9-5（a）的等效电路；图 9-6（b）是图 9-5（b）的等效电路。

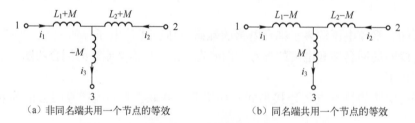

（a）非同名端共用一个节点的等效 （b）同名端共用一个节点的等效

图 9-6　T 形等效连接方式

3. 并联

两个耦合电感的并联：当同名端相连时，如图 9-7（a）所示；当非同名端相连时，如图 9-7（b）所示；利用 T 形连接等效，如图 9-8 所示。

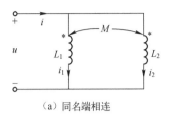
（a）同名端相连

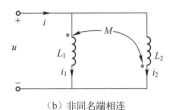
（b）非同名端相连

图 9-7　并联方式

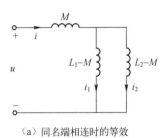
（a）同名端相连时的等效

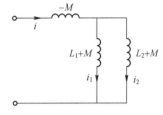
（b）非同名端相连时的等效

图 9-8　两个耦合电感并联时的 T 形等效

图 9-8（a）的等值电感为

$$L_{eq} = M + \frac{(L_1-M)(L_2-M)}{(L_1-M)+(L_2-M)} = \frac{L_1L_2-M^2}{L_1+L_2-2M} \tag{9-4}$$

图 9-8（b）的等值电感为

$$L_{eq} = -M + \frac{(L_1+M)(L_2+M)}{(L_1+M)+(L_2+M)} = \frac{L_1L_2+M^2}{L_1+L_2+2M} \tag{9-5}$$

9.2.3　空心变压器

空心变压器一般由一次侧和二次侧在电路上完全隔离的两个耦合电感构成，一次侧和二次侧的能量或信号是通过耦合传递的。虽然一次侧和二次侧没有电的联系，但由于耦合作用，一次侧的电流、电压会使闭合的二次侧产生电流、电压，反过来这个电流、电压又会影响一次侧的电流、电压。二次侧回路对一次侧回路的影响可以用反射阻抗来描述。例如，如图 9-9（a）所示的空心变压器电路可以用如图 9-9（b）（c）所示的一次侧等电路、二次侧等效电路来求解。二次侧对一次侧的影响用反射阻抗 Z_f 来表示。

利用回路电流法列写回路方程组为

$$\begin{cases} R_1 \dot{I}_1 + j\omega L_1 \dot{I}_1 + j\omega M \dot{I}_2 = \dot{U}_S \\ R_2 \dot{I}_2 + Z_L \dot{I}_2 + j\omega L_2 \dot{I}_2 + j\omega M \dot{I}_1 = 0 \end{cases} \tag{9-6}$$

求得最终结果为

$$\dot{I}_1 = \frac{R_2 + j\omega L_2 + Z_L}{(R_1 + j\omega L_1)(R_2 + j\omega L_2 + Z_L) + (\omega M)^2} \dot{U}_S \tag{9-7}$$

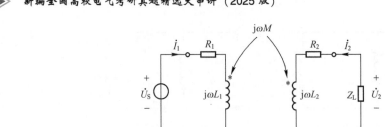

（a）空心变压器电路

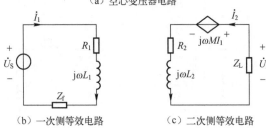

（b）一次侧等效电路　　　　（c）二次侧等效电路

图9-9　空心变压器等效电路

继而可以求得

$$Z_i = \frac{\dot{U}_S}{\dot{I}_1} = R_1 + j\omega L_1 + \frac{(\omega M)^2}{R_2 + j\omega L_2 + Z_L} = Z_1 + Z_f \tag{9-8}$$

注意：反射阻抗和同名端的位置无关。对于含有变压器的电路，采用反射阻抗思想进行电路分析是一种有效的求解方法。

9.2.4　全耦合变压器与理想变压器

全耦合变压器是一种特殊的互感元件，满足耦合系数

$$K = \frac{M}{\sqrt{L_1 L_2}} = 1 \tag{9-9}$$

两侧线圈匝数比满足 $n = \sqrt{L_1/L_2}$，在计算全耦合变压器时，可以根据这两个公式，结合反射阻抗进行折算。当全耦合变压器中的 L_1、$L_2 \to \infty$ 时，端口特性满足

$$\begin{cases} \dot{U}_2 = \frac{1}{n}\dot{U}_1 \\ \dot{I}_2 = -n\,\dot{I}_1 \end{cases} \tag{9-10}$$

即为理想变压器。在式（9-10）中，如果 $\dot{U}_1$ 和 $\dot{U}_2$ 同名端的极性相同，则 $\dot{U}_1$ 和 $\dot{U}_2$ 在关系式中取 "+"，反之取 "−"。

当理想变压器的二次侧接负载 Z_L 时，对一次侧来讲，相当于接一个 $n^2 Z_L$ 的阻抗，即理想变压器有阻抗变换作用。$n^2 Z_L$ 被称为二次侧对一次侧的反射阻抗。反射阻抗的计算与同名端无关。

第 **10** 章

正弦稳态电路的频率响应

10.1 知识框图及重点和难点

电路和系统的工作状态随频率变化被称为频率响应。正弦稳态电路的频率响应可用网络函数来描述。本章首先讲述正弦稳态电路网络函数的定义和求解方法，其次介绍谐振电路频率响应的特征，进而掌握滤波和滤波器的基本概念。

正弦稳态电路的频率响应知识框图如图 10-1 所示。

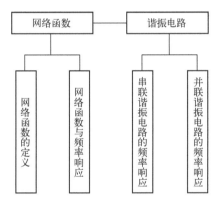

图 10-1　正弦稳态电路的频率响应知识框图

10.2 内容提要及学习指导

10.2.1 正弦稳态电路的网络函数

1. 定义

正弦稳态**单输入、单输出**电路，激励为 $E(\mathrm{j}\omega)$，响应为 $R(\mathrm{j}\omega)$，网络函数被定义为

$$H(\mathrm{j}\omega) = \frac{R(\mathrm{j}\omega)}{E(\mathrm{j}\omega)} \tag{10-1}$$

正弦稳态电路的网络函数只与电路本身的结构有关，与频率无关，是一个复数，满足复数的计算关系式。正弦稳态电路的网络函数可以拆分为两部分：$H(\mathrm{j}\omega) = |H(\mathrm{j}\omega)| \underline{/\varphi(\mathrm{j}\omega)}$，即幅频和相频。

2. 求解方法

正弦稳态电路的网络函数可采用正弦稳态电路的分析方法求解。

10.2.2　谐振电路频率响应

1. *RLC* 串联谐振电路

（1）串联谐振的定义。在电阻、电感、电容的串联电路中，出现端口电压与电流同相位或端口等效阻抗为纯电阻时，称该电路为 *RLC* 串联谐振电压，如图 10-2 所示。

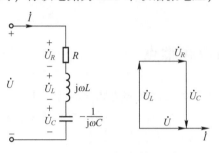

图 10-2　*RLC* 串联谐振电路

（2）串联谐振的条件。当电路发生串联谐振时，$X = \omega_0 L - \dfrac{1}{\omega_0 C} = 0$，谐振角频率 $\omega_0 = \dfrac{1}{\sqrt{LC}}$，谐振频率 $f_0 = \dfrac{1}{2\pi\sqrt{LC}}$ 为电路的固有频率或自由频率。

（3）串联谐振时的电压和电流。当电路发生串联谐振时，电感电压与电容电压大小相等，相位相反，$\dot{U}_L + \dot{U}_C = 0$，电源电压全部加在电阻上，$\dot{U} = \dot{U}_R$，串联谐振又称电压谐振，可能出现过电压，即 $U_L = U_C > U$（局部电压大于电源电压）。

（4）串联谐振电路的品质因数为

$$Q = \frac{\omega_0 L}{R} = \frac{1}{\omega_0 RC} = \frac{1}{R}\sqrt{\frac{L}{C}} = \frac{U_{L0}}{U} = \frac{U_{C0}}{U} \tag{10-2}$$

Q 值的大小可反映过电压的强弱。

（5）串联谐振电路中的能量。当电路发生串联谐振时，总无功功率为

$$Q = Q_L + Q_C = 0$$

总储能为

$$W_0 = W_{C0} + W_{L0} = LI_0^2 \cos^2 \omega_0 t + LI_0^2 \sin^2 \omega_0 t = LI_0^2 = 常数$$

2. *RLC* 并联谐振电路

RLC 并联谐振电路与 *RLC* 串联谐振电路互为对偶电路，可由 *RLC* 串联谐振电路得出 *RLC* 并联谐振电路的许多结论。对偶元件及对偶关系为

$$R \rightarrow G, \quad L \rightarrow C, \quad \dot{U} \rightarrow \dot{I}$$

（1）并联谐振的定义。在电阻、电感、电容的并联电路中，出现端口电流与电压同相位或端口等效导纳为纯电导时，称该电路为 *RLC* 并联谐振电路，如图 10-3 所示。

（2）并联谐振的条件。当电路发生并联谐振时，$\dfrac{1}{\omega_0 L} = \omega_0 C$，谐振角频率 $\omega_0 = \dfrac{1}{\sqrt{LC}}$。

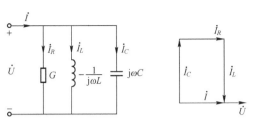

图 10-3　*RLC* 并联谐振电路

（3）并联谐振时的电压和电流。当电路发生并联谐振时，电感电流与电容电流大小相等，相位相反，$\dot{I}_L + \dot{I}_C = 0$，*L* 和 *C* 并联等效为断路，端口电流全部流经电阻，并联谐振又称电流谐振，可能出现过电流的现象。

（4）并联谐振电路的品质因数为

$$Q = \frac{\omega_0 C}{G} = \frac{1}{\omega_0 LG} = \frac{1}{R}\sqrt{\frac{C}{L}} = \frac{I_{L0}}{I} = \frac{I_{C0}}{I} \tag{10-3}$$

（5）并联谐振电路的能量。当电路发生并联谐振时，总无功功率为

$$Q_{总} = Q_L + Q_C = 0$$

总储能为

$$W_0 = W_{C0} + W_{L0} = CU_0^2 \sin^2 \omega_0 t + CU_0^2 \cos^2 \omega_0 t = CU_0^2 = 常数$$

第 9、10 章习题

习题【1】　习题【1】图中，试确定耦合线圈的同名端。

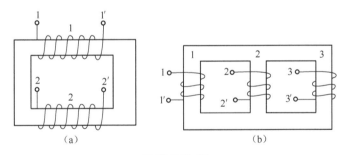

习题【1】图

习题【2】　习题【2】图中，已知 $L_1 = L_2 = 4\mathrm{H}$，电流计 G 的示数为 0，试计算互感 *M*。

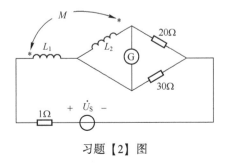

习题【2】图

习题【3】 习题【3】图中，已知 $u_S = 10\cos400t\text{V}$。若 C、D 两端开路，如习题【3】图（a）所示，则有 $i = 0.1\sin400t\text{A}$，$u_{CD} = 20\cos400t\text{V}$；若 C、D 两端短路，如习题【3】图（b）所示，则短路电流 $i_{SC} = 0.2\sin400t\text{A}$。试求 L_1、L_2 和 M。

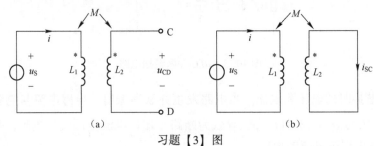

习题【3】图

习题【4】 电路如习题【4】图（a）所示，i_S 的波形如习题【4】图（b）所示，电压表的读数（有效值）为 25V，$M = 25\text{H}$，试画出 u_2 的波形图。

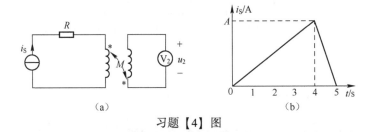

习题【4】图

习题【5】 习题【5】图中，若参数选择得合适，则阻抗 Z 无论如何变化（$Z \neq \infty$），电流 I 均保持不变，当 $U_S = 220\text{V}$、$f = 50\text{Hz}$ 时，若保持 $I = 10\text{A}$，则电感 L 与电容 C 应选择多大数值？

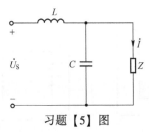

习题【5】图

习题【6】 习题【6】图中，已知 $\omega L_1 = \omega L_2 = 8\Omega$，$\omega M = 4\Omega$，$f = 10^3\text{Hz}$，$u_S = 10\sqrt{2}\cos\omega t\text{V}$，$\dot{U}_{R_L}$ 与输入电压 $\dot{U}_S$ 同相位，试求电容 C，并求 u_{R_L}。

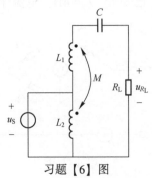

习题【6】图

习题【7】　习题【7】图中，当 $\dot{U}_\text{o}$ 与 $\dot{U}_\text{i}$ 同相时，角频率 ω 为多少？$\dot{U}_\text{o}/\dot{U}_\text{i}$ 为多少？

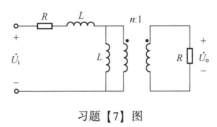

习题【7】图

习题【8】　习题【8】图中，已知电源角频率 $\omega = 1\text{rad}/\text{s}$，求：

（1）$\dot{U}_\text{s}$ 与 $\dot{I}$ 同相位的互感 M；

（2）整个电路发生谐振时，R_L 吸收的功率。

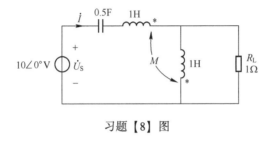

习题【8】图

习题【9】　习题【9】图为含理想变压器的正弦稳态电路，求 $\dot{I}$。

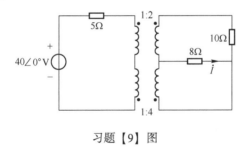

习题【9】图

习题【10】　习题【10】图中，求 $\dot{I}_1$、$\dot{I}_2$、$\dot{I}_3$。

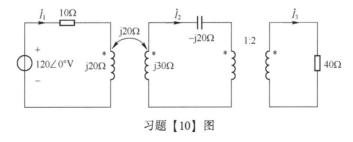

习题【10】图

习题【11】　习题【11】图中，电源 $u_\text{s} = \sqrt{2}\cos t\text{V}$，求 i。

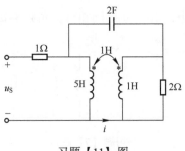

习题【11】图

习题【12】 习题【12】图中，试求：

（1）b、c 未短接时，a、b 间的等效电阻 R_{ab}；

（2）b、c 短接时，a、b 间的等效电阻 R_{ab}。

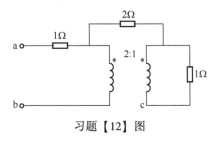

习题【12】图

习题【13】 含理想变压器的电路如习题【13】图所示，已知 $R_L = 2\Omega$，为了使负载 R_L 获得最大功率，试求变比 n 为多少，并计算最大功率。

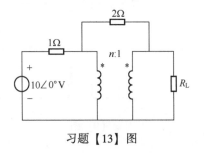

习题【13】图

习题【14】 习题【14】图中，$R = 1\Omega$，$X_C = 4\Omega$，$\dot{U}_S = 8\angle 0°\text{V}$，$Z$ 可以自由地改变，试问 Z 为何值时，可获得最大功率？该最大功率有多大。

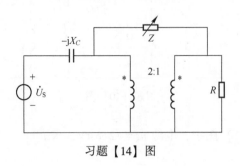

习题【14】图

习题【15】　习题【15】图中，已知 $C_1 = 1.2C_2$，$L_1 = 1\text{H}$，$L_2 = 1.1\text{H}$，功率表 W 的读数为 0，试求互感 M。

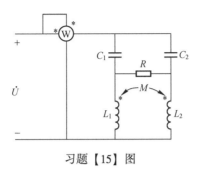

习题【15】图

习题【16】　习题【16】图中，已知 $R_1 = 1\Omega$，$R_2 = 2\Omega$，$L_1 = 1\text{H}$，$L_2 = 2\text{H}$，$L_3 = 0.03\text{H}$，$C = 3\text{F}$，电压表 V、V_3 的读数分别为 10V、0.5V，功率表 W 的读数为 100W，试确定电流表 A_3 的读数及互感系数 M。

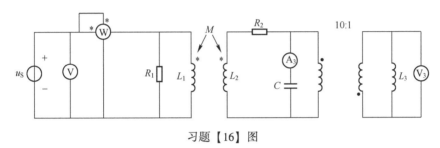

习题【16】图

习题【17】　习题【17】图中，已知 $u_S = 100\sqrt{2}\cos100t\text{V}$，$R = 10\Omega$，$L_1 = 0.2\text{H}$，$L_2 = 0.1\text{H}$，$M = 0.1\text{H}$，求：

（1）当断开关 S，C 为何值时电路发生谐振？并求此时的电压 u_1；

（2）当闭合开关 S，C 为何值时电路发生谐振？并求此时的电压 u_1。

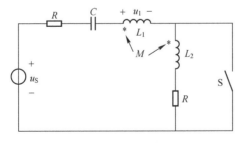

习题【17】图

习题【18】　习题【18】图中，已知 $\dot{U}_S = 100\angle0°\text{V}$，$\omega = 10^4\text{rad/s}$，$\omega L_1 = \omega L_2 = 10\Omega$，$\omega M = 6\Omega$，$R = 10\Omega$，试求电容 C 为何值时，电流 I 分别达到最大值和最小值？并求出这两种情况下对应的电流 I_2。

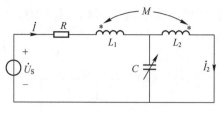

习题【18】图

习题【19】 习题【19】图中，ω 为何值时，功率表 W 的读数为 0。

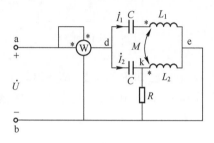

习题【19】图

习题【20】 习题【20】图中，已知 $R_1 = R_2$，$I_S = 9\text{A}$，三个电压表的读数相等，功率表的读数为 162W，求参数 R_1、R_2、X_L、X_C。

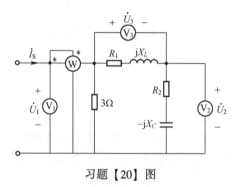

习题【20】图

习题【21】 习题【21】图中，计算 n_1、n_2 为何值时，$R_2 = 4\Omega$ 可以获得最大功率？最大功率为何值？

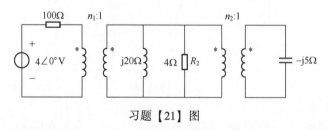

习题【21】图

习题【22】 习题【22】图中，$u_S = 100\sqrt{2}\cos(10t+30°)\text{V}$，求：
（1）若 Z_L 任意可调，确定 Z_L 获得的最大有功功率；
（2）若 $Z_L = R_L$，R_L 任意可调，则 R_L 为何值时获得的功率最大？

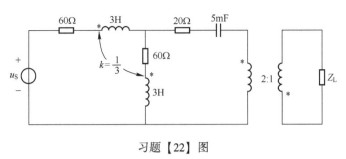

习题【22】图

习题【23】 习题【23】图中，已知 $L = 2\text{H}$，$M = 1\text{H}$，$R = 5\Omega$，当正弦电源角频率 $\omega = 10\text{rad/s}$ 时，求整个端口谐振时的电容 C。

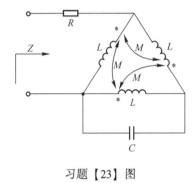

习题【23】图

习题【24】 习题【24】图中，电表为理想电表，$\dot{U}_S = 200\angle 0°\text{V}$，$\omega = 2\text{rad/s}$，$R = 2\Omega$，$C_1 = 0.05\text{F}$，$C_2 = 0.25\text{F}$，$L_1 = 4\text{H}$，$L_2 = 2\text{H}$，$M = 1\text{H}$，求电压表和电流表的读数。

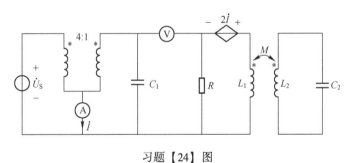

习题【24】图

习题【25】（综合提高题） 习题【25】图中，已知 3 个电流表的读数均为 1A，容抗 $\dfrac{1}{\omega C} = 15\Omega$，互感电抗 $\omega M = 5\Omega$，全电路吸收的有功功率 $P = 13.66\text{W}$，无功功率 $Q = 3.66\text{Var}$（感性），试求 R_1、R_2、ωL_1、ωL_2 及电源电压有效值 U_S。

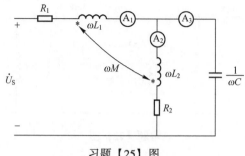

习题【25】图

习题【26】（综合提高题） 习题【26】图中，已知 $I_1 = I_2 = I$，$R_2 = 10\Omega$，互感阻抗 $X_M = \omega M = 10\Omega$，虚框内的电路谐振，求此时的 R_1、X_1。

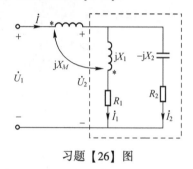

习题【26】图

第 **11** 章

三 相 电 路

11.1 知识框图及重点和难点

三相正弦稳态电路知识框图如图 11-1 所示。

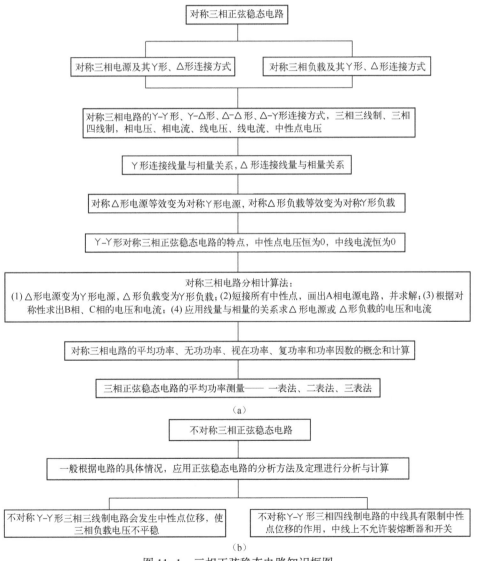

图 11-1 三相正弦稳态电路知识框图

本章要求学生清楚对称三相正弦电源、对称三相负载和对称三相电路的概念及其Y形和△形连接方式；理解线电压、线电流、相电压、相电流的含义；重点掌握对称三相正弦稳态电源为Y形和△形连接时，相量与线量的关系，并能应用这些关系进行Y形和△形的等效变换；熟练应用分相计算法，将对称三相电路简化为一相进行计算，并根据对称性、线量与相量的关系进一步求解未知电压与电流；了解对称三相正弦稳态电路瞬时功率平衡的特点；熟练掌握和应用对称三相正弦稳态电路的平均功率、无功功率和视在功率的计算方法；掌握三相正弦稳态电路平均功率的测量方法和计算方法，以及不对称三相正弦稳态电路的分析方法和计算方法。

11.2 内容提要及学习指导

11.2.1 对称三相电路

1. 对称三相电源

对称三相电源是由频率相同、振幅相同、相位依次相差 120°的正弦电源按一定方式连接起来的供电系统。

2. 对称三相电源的连接方式

对称三相电源有Y形和△形两种连接方式，如图 11-2 所示。由 A、B、C 端引出的导线被称为相线。N 为中性点，由 N 引出的导线被称为中性线，又称为零线。

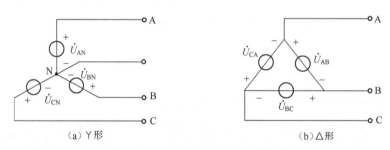

（a）Y形　　　　　　　　　　（b）△形

图 11-2　对称三相电源的连接方式

3. 对称三相负载

对称三相负载的阻抗相等，也有Y形和△形两种连接方式，如图 11-3 所示。

4. 对称三相电路的连接方式

由对称三相电源和对称三相负载构成的电路，被称为对称三相电路。对称三相电路的基本连接方式如下。

Y-Y形连接：电源和负载均为Y形连接。当电源中性点和负载中性点之间没有中性线时，被称为三相三线制连接方式；有中性线时，被称为三相四线制连接方式。

Y-△形连接：电源为Y形连接，负载为△形连接。

另外还有△-△形连接和△-Y形连接。

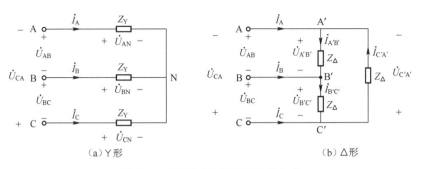

图 11-3 对称三相负载的连接方式

11.2.2 相量与线量

1. 相电压和相电流

无论电源和负载是Y形连接还是△形连接，每一相电源或负载上的电压和电流都被称为相电压和相电流，统称相量。

2. 线电压和线电流

无论电源和负载是Y形连接还是△形连接，相线之间的电压都被称为线电压，相线中流过的电流被称为线电流，统称线量。

3. 相量与线量之间的关系

（1）Y形连接

① 线电流等于相电流。

② 线电压的有效值等于相电压有效值的$\sqrt{3}$倍，相位超前 30°，表示为

$$\dot{U}_A = \sqrt{3}\,U_{CN} \angle 30°$$

$$\dot{U}_B = \sqrt{3}\,U_{AN} \angle 30°$$

$$\dot{U}_C = \sqrt{3}\,U_{BN} \angle 30°$$

(11-1)

（2）△形连接

① 线电压等于相电压。

② 线电流的有效值是相电流有效值的$\sqrt{3}$倍，相位滞后 30°，表示为

$$\dot{I}_A = \sqrt{3}\,I_{A'B'} \angle -30°$$

$$\dot{I}_B = \sqrt{3}\,I_{B'C'} \angle -30°$$

$$\dot{I}_C = \sqrt{3}\,I_{C'A'} \angle -30°$$

(11-3)

11.2.3 对称三相电路的分析和计算

1. Y-Y形对称三相电路的特点

① 在Y-Y形对称三相电路中，电源中性点 N 和负载中性点 N′ 之间的电压为 0，即 $\dot{U}_{N'N}=0$。在无中性线时，可以用一根理想导线将电源中性点 N 和负载中性点 N′ 短接，不影响电路的工作状态。在有中性线且中性线阻抗不为 0 时，将中性线用一根理想导线短接。

② 将 N 与 N′短接后，Y-Y 形对称三相电路中的各相工作状态仅取决于各相的电源和负载。

2. Y-Y 形对称三相电路的分相计算法

① 根据以上特点，画出一相电源电路，如 A 相进行计算。

② 根据对称性求出其他两相的相电压和相电流。

③ 根据线量与相量之间的关系求出线电压和线电流。

3. 其他连接方式对称三相电路的分析和计算

① 应用线量与相量之间的关系将△形电源变换为Y形电源。

② 将△形负载变换为Y形负载。

③ 用理想导线短接所有中性点。

④ 按分相计算法，计算一相的电压和电流。

⑤ 返回△形连接方式，根据线量与相量之间的关系和对称性，求出全部的线量和相量。

总结：在对称三相电路的分析和计算过程中，除了要关注特殊特性，比如可以简化为一相电路，还要关注普遍特性，比如对称三相正弦稳态电路，可以利用节点法、回路法，以及从负载角度（比如不考虑负载是△形或Y形连接）采用 KCL、KVL 方程进行运算，可以极大地提高解题速度。

11.2.4　不对称三相电路的分析和计算

三相电路中的电源和负载，只要有一部分不满足对称条件，就为不对称三相电路。不对称三相电路的特点是电源中性点和负载中性点之间的电压不为 0，即 $\dot{U}_{NN'} \neq 0$，中性点发生位移，有的相电压过高，有的相电压过低，负载不能正常工作。在分析和计算不对称三相电路时，可采用一般的正弦电路计算方法，如节点法、回路法等。对于一些简单的不对称三相电路，可以分成对称和不对称两部分，对称部分按一相计算，不对称部分按一般的正弦电路计算，最后将两部分的结果相加。

11.2.5　三相电路的功率及其测量

在对称三相电路中，有

$$P = 3P_A = 3P_B = 3P_C = 3U_{ph}I_{ph}\cos\varphi = \sqrt{3}\,U_l I_l \cos\varphi$$

$$Q = 3Q_A = 3Q_B = 3Q_C = 3U_{ph}I_{ph}\sin\varphi = \sqrt{3}\,U_l I_l \sin\varphi \qquad (11-4)$$

$$S = 3U_{ph}I_{ph} = \sqrt{3}\,U_l I_l = \sqrt{P^2 + Q^2}$$

式中，P 为有功功率；Q 为无功功率；S 为视在功率；U_{ph}、I_{ph} 分别为相电压、相电流的有效值；U_l、I_l 分别为线电压、线电流的有效值；φ 为相位差。

在不对称三相电路中，由于各相负载吸收的功率不同，因此三相电路吸收的有功功率、无功功率和复功率为各相负载吸收的功率之和。

对称三相四线制电路可以只用一个功率表测量功率，即 $P = 3P_A$。不对称三相四线制电路需要采用三个功率表分别测量各相功率，即 $P = P_A + P_B + P_C$。

三相三线制电路不论是否对称，均采用两个功率表测量功率，如图 11-4 所示。由图有

$$P = P_1 + P_2$$
$$= U_{AC}I_A\cos(\dot{U}_{AC}\dot{I}_A) + U_{BC}I_B\cos(\dot{U}_{BC}\dot{I}_B) \tag{11-5}$$
$$= U_{AC}I_A\cos\varphi_1 + U_{BC}I_B\cos\varphi_2$$

式中，φ_1 是线电压 $\dot{U}_{AC}$ 与线电流 $\dot{I}_A$ 的相位差；φ_2 是线电压 $\dot{U}_{BC}$ 与线电流 $\dot{I}_B$ 的相位差。

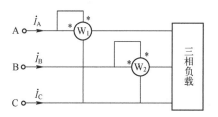

图 11-4　二表法测量功率接线图

对于对称三相电路，因电压、电流具有对称性，所以有

$$P = U_{AC}I_A\cos(\varphi - 30°) + U_{BC}I_B\cos(\varphi + 30°) = P_1 + P_2 \tag{11-6}$$

式中，φ 是任一相相电压与相电流的相位差。

显然，若 $\varphi > 60°$，则 $P_2 < 0$；若 $\varphi < -60°$，则 $P_1 < 0$，求代数和时分别取负值。

第 11 章习题

【习题1】　习题【1】图中，在线电压为 380V 的三相对称电路中，有两组三相负载，丫形连接负载 1 每相阻抗 $Z_1 = 12 + j16\Omega$，△形连接负载 2 每相阻抗 $Z_2 = 48 + j36\Omega$，每根传输导线的阻抗 $Z_L = 1 + j2\Omega$。试求各负载的相电流、传输导线的线电流、每相负载功率、三相电源功率。

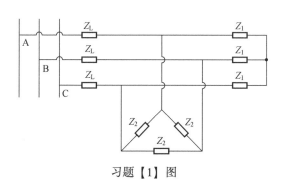

习题【1】图

习题【2】　如习题【2】图所示对称三相电路中，线电压为 380V，角频率为 100rad/s，三相负载（Z）吸收的总无功功率为 5700Var，负载功率因数为 0.5，若电路的功率因数为 $\dfrac{\sqrt{3}}{2}$，问电容 C 为多少？

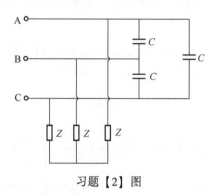

习题【2】图

习题【3】 对称三相三线制电路如习题【3】图所示，试证明：负载功率因数角 φ 可由两个功率表的读数 P_1 和 P_2 计算得到。

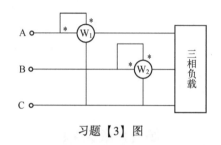

习题【3】图

习题【4】 习题【4】图为对称三相电路，试求两个功率表 W_1 和 W_2 的读数。其中，$\dot{U}_{AB} = 380\angle 0°V$，$R_1 = R_2 = R_3 = R_4 = X_C = 10\Omega$。

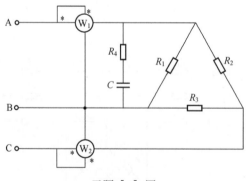

习题【4】图

习题【5】 习题【5】图中，对称三相电源线电压为 380V，接有两组对称三相负载，$R = 100\Omega$，单相负载电阻 R_1 吸收的功率为 1650W，$Z_N = j5\Omega$，求：

（1）$\dot{I}_A$、$\dot{I}_B$、$\dot{I}_C$、$\dot{I}_N$；

（2）三相电源发出的总有功功率。

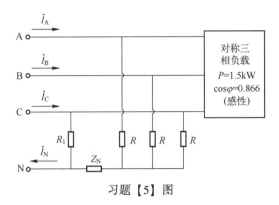

习题【5】图

习题【6】　习题【6】图为对称三相四线制电路，已知 $Z_1 = 12+\mathrm{j}9\,\Omega$，$Z_2 = \mathrm{j}20\,\Omega$，电源相电压为 220V，单相负载电阻 $R = 10\,\Omega$，试求各电流表和功率表的读数。

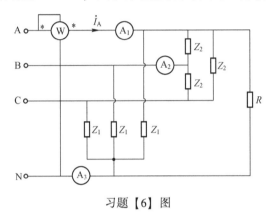

习题【6】图

习题【7】　习题【7】图中，对称三相负载为感性负载：

（1）试设计用功率表测量电路总功率并给出测量证明；

（2）利用已知数据验证（1）中所求总功率的正确性。

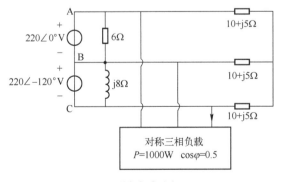

习题【7】图

习题【8】　在工程应用中，可用两个功率表测量三相对称负载的功率因数，如习题【8】图所示，已知第一个功率表的读数 $P_1 = 4\mathrm{kW}$，第二个功率表的读数 $P_2 = 2\mathrm{kW}$，试求：

（1）三相对称负载的功率因数；

（2）第三个功率表的读数；

（3）三相对称负载的无功功率。

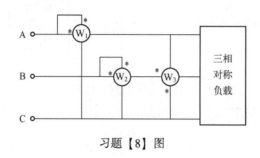

习题【8】图

习题【9】 习题【9】图中，线路阻抗 $Z_1 = 2+j3\Omega$，电压 $\dot{U}_{A'B'} = 380\angle0°V$，三相负载吸收的总功率 $P = 10kW$，负载功率因数 $\cos\varphi = 0.8$（感性），求 $\dot{U}_{AB}$、$\dot{U}_{BC}$、$\dot{U}_{CA}$。

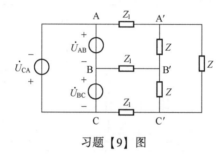

习题【9】图

习题【10】 在如习题【10】图所示负序对称三相电路中，线电压为380V，每相阻抗 $Z = (18+j24)\Omega$，求功率表 W 的读数（保留整数位）。

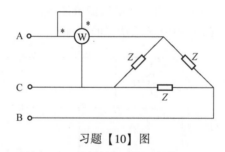

习题【10】图

习题【11】 习题【11】图中，已知电源线电压为380V，$Z = 190\angle30°\Omega$，$Z_1 = (176-j132)\Omega$，对称三相负载 2 吸收有功功率为 528W，$\cos\varphi = 0.8$（感性），求：

（1）电流 I_A；

（2）功率表 W 的读数；

（3）画出用二表法测量负载时另一个功率表的接线图。

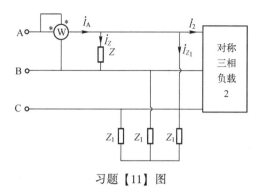

习题【11】图

习题【12】　习题【12】图中，$U_{AB}=380\text{V}$，功率表 W_1 的读数：$P_1=782\text{W}$；功率表 W_2 的读数：$P_2=1976.44\text{W}$，求：

（1）负载吸收的复功率和阻抗 Z；

（2）断开开关 S 后，功率表的读数。

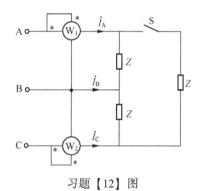

习题【12】图

习题【13】　习题【13】图中，电源为对称三相电源，试求：

（1）R、L、C 满足什么条件时，线电流 $\dot{I}_A$、$\dot{I}_B$、$\dot{I}_C$ 对称；

（2）若 $R=\infty$（开路），求线电流 $\dot{I}_A$、$\dot{I}_B$、$\dot{I}_C$。

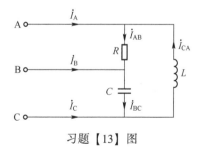

习题【13】图

习题【14】　习题【14】图工频三相电路中，对称三相电源的线电压 $U_1=380\text{V}$，$R=30\Omega$，$L=0.29\text{H}$，$M=0.12\text{H}$，求：

（1）相电流和负载吸收的总功率；

（2）若用二表法测量功率，则功率表该如何接入，读数分别为多少？

（3）若要提高功率因数至 0.9，每相要并联多大的电容？

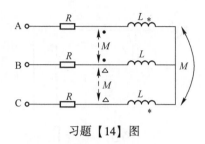

习题【14】图

习题【15】 习题【15】图中，对称三相电源线电压 $U_1 = 380\text{V}$，角频率为 ω。已知 $R_0 = 200\Omega$，$R_2 = 300\Omega$，$R_1 = \omega L = \dfrac{1}{\omega C} = 100\Omega$，试求：

（1）功率表 W 的读数；

（2）三相电源发出的无功功率。

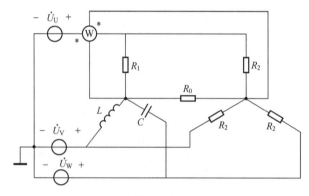

习题【15】图

习题【16】 习题【16】图中，有两组对称负载，已知输电线路阻抗 $Z_L = j2\Omega$，第一组负载阻抗 $Z_1 = j22\Omega$，第二组负载工作在额定状态下，额定线电压为 380V，额定有功功率为 7220W，额定功率因数为 0.5（感性），求：

（1）电源侧的线电压及功率因数；

（2）若 A 相 P 点发生开路故障（P 点断开），求此时的稳态电流有效值 I_B、I_C。

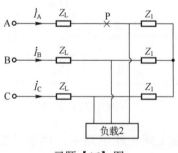

习题【16】图

习题【17】 习题【17】图中，若 $Z_A = \dfrac{1}{j\omega C}$（电容），$Z_B = Z_C = R = \dfrac{1}{\omega C}$（$Z_B$、$Z_C$ 为灯

泡），试说明在相电压对称的情况下，如何根据两个灯泡的亮度确定电源的相序。

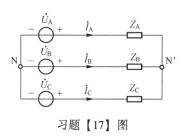

习题【17】图

习题【18】 习题【18】图中，线电压为 100V，功率表 W_1 的读数为 $250\sqrt{3}\,W$，W_2 的读数为 $500\sqrt{3}\,W$，试求阻抗 Z。

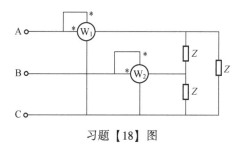

习题【18】图

习题【19】 习题【19】图中，已知三相电源对称，线电压 $\dot{U}_{AB}=380\angle30°V$，求：

（1）当断开开关 S 时，电流 $\dot{I}_A$、$\dot{I}_B$、$\dot{I}_C$ 及电压 $\dot{U}_{B'C'}$；

（2）当闭合开关 S 时，阻抗 $Z=j15\Omega$ 上的电流 $\dot{I}$ 为何值。

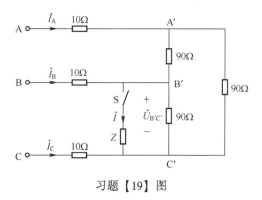

习题【19】图

习题【20】（综合提高题）习题【20】图中，电源线电压为 380V，相序为正序。M 为三相感应电动机，可看作对称三相感性负载，已知三相总有功功率 $P=1000W$。单相负载 Z 跨接在 A、C 两相之间。三个电流表的读数分别为 $I_A=10A$、$I_B=5A$、$I_C=5A$，试求单相负载 Z 及其有功功率和无功功率。

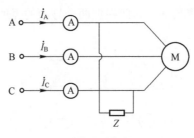

习题【20】图

习题【21】（综合提高题）　习题【21】图中，三相电源为对称三相正序电源，线电压为 380V，负载为对称三相感性负载，当 m、n 之间尚未接入电容时，功率表 W 的读数为 658.2W，电流表 A 的读数为 $2\sqrt{3}$ A，试求：

（1）负载功率因数 $\cos\varphi$ =？总功率 P =？

（2）当 m、n 之间接入电容 C，使功率表 W 的读数为 0 时，容抗 X_C =？

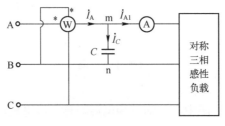

习题【21】图

习题【22】（综合提高题）　习题【22】图中，已知线电压为 220V，负载阻抗 $Z = 4 + j3\Omega$，R_V 很大，与功率表的电压线圈阻值相等，求：

（1）功率表 W 的读数；

（2）断开 P 点时，功率表 W 的读数；

（3）断开 Q 点时，功率表 W 的读数。

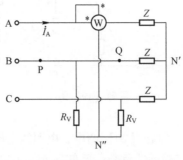

习题【22】图

第 **12** 章

非正弦周期性电路

12.1 知识框图及重点和难点

非正弦周期性稳态电路知识框图如图 12-1 所示。非正弦周期性函数在满足狄里赫利条件下，可展开为一个收敛的傅里叶级数。本章要求学生掌握傅里叶级数的形式和各项系数的求解方法；了解恒定分量、基波分量及高次谐波分量的定义；理解奇函数、偶函数、奇谐波函数和偶谐波函数与傅里叶级数系数之间的对应关系；熟练掌握线性非正弦周期性稳态电路分析计算的原理和步骤，电压、电流有效值、平均值的定义和求解方法，以及平均功率的定义和求解方法；充分理解容抗和感抗与各次谐波角频率之间的关系，并能在线性非正弦周期性稳态电路分析计算中熟练地应用。

12.2 内容提要及学习指导

12.2.1 非正弦周期性电压、电流的有效值、平均值和平均功率

设一端口网络的端口电压、电流分别为

$$u = U_0 + \sum_{k=1}^{\infty} \sqrt{2} U_k \sin(k\omega t + \varphi_{u_k}) \tag{12-1}$$

$$i = I_0 + \sum_{k=1}^{\infty} \sqrt{2} I_k \sin(k\omega t + \varphi_{i_k}) \tag{12-2}$$

（1）电压、电流的有效值

$$U = \sqrt{U_0^2 + U_1^2 + U_2^2 + \cdots} \tag{12-3}$$

$$I = \sqrt{I_0^2 + I_1^2 + I_2^2 + \cdots} \tag{12-4}$$

即非正弦周期性电量的有效值是直流分量和各次谐波分量有效值的平方和的平方根。

（2）电压、电流的平均值

$$U_{\mathrm{av}} = \frac{1}{T} \int_0^T u \mathrm{d}t = U_0, \quad I_{\mathrm{av}} = \frac{1}{T} \int_0^T i \mathrm{d}t = I_0 \tag{12-5}$$

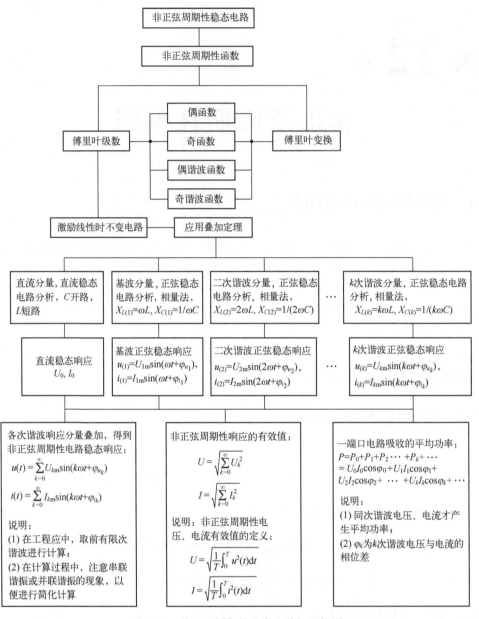

图 12-1　非正弦周期性稳态电路知识框图

（3）平均功率

$$P = U_0 I_0 + U_1 I_1 \cos(\varphi_{u_1} - \varphi_{i_1}) + U_2 I_2 \cos(\varphi_{u_2} - \varphi_{i_2}) + \cdots$$

$$= U_0 I_0 + U_1 I_1 \cos\varphi_1 + U_2 I_2 \cos\varphi_2 + \cdots$$

$$= \sum_{k=0}^{\infty} U_k I_k \cos\varphi_k \qquad\qquad (12\text{-}6)$$

$$= \sum_{k=0}^{\infty} P_k$$

12.2.2 非正弦周期性线性时不变稳态电路分析

（1）将非正弦周期性激励函数展开为傅里叶级数，或者查表获得，或者题目已经给定，在工程应用中，通常根据精度要求，取前有限次谐波进行计算（**实际考试中一般会直接给出**）。

（2）应用叠加定理分别计算直流分量和各次谐波分量产生的稳态响应。直流稳态响应采用直流电阻电路的分析计算方法求解。注意，此时应将电容视为开路，电感视为短路。各次谐波分量产生的正弦稳态响应，先采用正弦稳态电路的相量法求出对应的响应相量，再转化为随时间变化的正弦量（注意，不同的谐波，电容、电感的谐波阻抗是不同的）。

（3）将直流稳态响应和各次谐波分量产生的正弦稳态响应在时域中叠加，得到非正弦周期性稳态响应的时域表达式。

（4）根据具体要求，计算电压、电流的有效值和端口网络吸收的有功功率或各元件吸收的有功功率。

第 12 章习题

习题【1】 习题【1】图为周期性电流在一个完整的周期内的波形图，由两段矩形波和一个完整的正弦波组成，求电流的有效值。

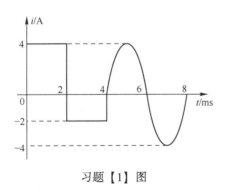

习题【1】图

习题【2】 当正弦电压 $U = 100V$ 加在一个纯电感两端时，电流 $I = 10A$，当正弦电压中含有三次谐波分量且端电压 $U' = 100V$ 时，流过纯电感的电流 $I' = 8A$，求此时电压的基波分量 U_1 和三次谐波分量 U_3 的有效值分别为多少？

习题【3】 习题【3】图中，非正弦周期电压源 $u_S = 10 + 200\cos 1000t + 15\cos 3000t\,V$，$u_R = 200\cos 1000t\,V$，试求：

（1）C_1、C_2；

（2）电压表 V 和功率表 W 的读数。

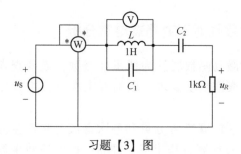

习题【3】图

习题【4】 习题【4】图中，已知电压源 $u_S = 40\cos1000t + 10\cos2000t\text{V}$，求电流 i 和电压源发出的平均功率 P。

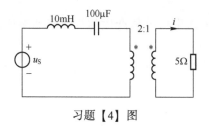

习题【4】图

习题【5】 习题【5】图中，已知 $i_S = \sqrt{2}\cos(t+30°)\text{A}$，$u_{S1} = 3\sqrt{2}\cos3t\text{V}$，$U_{S2} = 3\text{V}$，$R_1 = R_3 = 1\Omega$，$R_2 = 2\Omega$，$L_1 = \dfrac{1}{3}\text{H}$，$L_2 = \dfrac{8}{3}\text{H}$，$C = \dfrac{1}{3}\text{F}$，求电压 u_C 和 u。

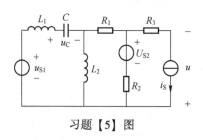

习题【5】图

习题【6】 习题【6】图中，$u_S = 30 + 120\sqrt{2}\sin1000t + 60\sqrt{2}\sin(2000t+45°)\text{V}$，求各电表的读数。

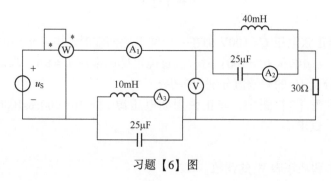

习题【6】图

习题【7】 习题【7】图中，$C_1 = \dfrac{1}{6}\text{F}$，$C_2 = \dfrac{1}{3}\text{F}$，$L_1 = 6\text{H}$，$L_2 = 4\text{H}$，$M = 3\text{H}$，$R_1 = 3\Omega$，

$R_2 = 4\Omega$，$u_S = 18\sqrt{2}\cos t + 9\sqrt{2}\cos(2t + 30°)\,\text{V}$，$i_S = 6\sqrt{2}\cos t\,\text{A}$，求：

（1）i 及其有效值；

（2）两个电源发出的总有功功率。

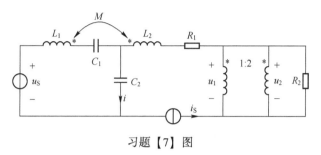

习题【7】图

习题【8】　习题【8】图中，已知电流源 $i_S = 9\sqrt{2}\cos t\,\text{A}$，电压源 $u_S = 15 + 20\sqrt{2}\cos\left(\dfrac{1}{3}t + 30°\right) + 10\sqrt{2}\cos t\,\text{V}$，$L_1 = \dfrac{72}{23}\text{H}$，$L_2 = 4\text{H}$，$M = 3\text{H}$，$C_1 = \dfrac{1}{3}\text{F}$，$C_2 = \dfrac{23}{3}\text{F}$，$C_3 = 1\text{F}$，$R_1 = R_2 = 10\Omega$，求：

（1）电流 i 及其有效值；

（2）电阻 R_1 吸收的平均功率。

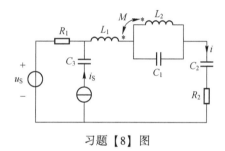

习题【8】图

习题【9】　习题【9】图中，已知 $i_S = 5 + 20\sin 1000t + 10\sin 3000t\,\text{A}$，$C_1$ 中只有基波电流，C_3 中只有三次谐波电流，$L = 0.1\text{H}$，$C_3 = 1\mu\text{F}$，求：

（1）电容 C_1、C_2；

（2）电流 i_1、i_2、i_3。

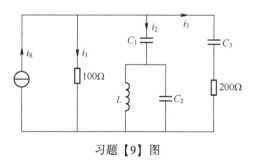

习题【9】图

习题【10】（综合提高题）　习题【10】图中，I_0 为直流电流源，且 $I_0 = 7\text{A}$，u_S 为正弦交流电压源，$R_S = 0.4\Omega$，电阻 R、R_S 吸收的功率之和为 17.5W，电流表读数均为 5A，求 R、

X_L、X_C、U_S。

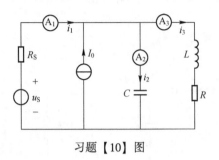

习题【10】图

习题【11】（综合提高题）　习题【11】图中，RLC 串联电路的端口电压和电流分别为 $u = 100\cos 314t + 50\cos(942t - 30°)$ V、$i = 10\cos 314t + 1.755\cos(942t + \theta_3)$ A，试求：

（1）R、L、C、θ_3；

（2）电路消耗的功率。

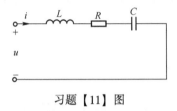

习题【11】图

习题【12】（综合提高题）　习题【12】图中，$R_1 = 1\,\Omega$，$C_1 = C_2 = 1$F，$L_1 = \dfrac{2}{3}$H，电流源 $i_S = 15 + 12\sqrt{2}\cos t + 16\sqrt{2}\cos 3t$A。两个可调电阻的调节过程：先调节 R_2，使 i_3 中不含基波分量，再调节 R_3，使其获得最大平均功率。试求：

（1）i_S 的有效值；

（2）R_2；

（3）R_3 为何值时，可以获得最大功率？最大功率为多少？

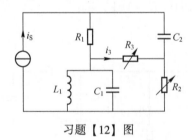

习题【12】图

第 **13** 章

动态电路复频域分析

13.1 知识框图及重点和难点

    本章要求学生清楚拉普拉斯变换（又称拉氏变换）的定义，熟练掌握常用函数的拉普拉斯变换和应用部分分式展开法进行拉普拉斯反变换，理解拉普拉斯变换的主要性质；深刻理解把电路的时域分析变换到复频域分析的原理；熟悉基尔霍夫定律和电路元件特性方程的复频域形式，以及复频域（运算）阻抗、复频域（运算）导纳和电路的复频域模型；重点掌握和运用复频域分析法（运算法）求解线性时不变动态电路的响应；清楚网络函数的定义与分类、零点与极点和零极点图的概念；理解网络函数 $H(s)$ 与单位冲激响应 $h(t)$ 之间的关系、$H(s)$ 与 $H(j\omega)$ 之间的关系、频域卷积定理与时域卷积积分之间的关系及其物理意义；了解在 s 复平面上极点位置对网络稳定性影响的概念，以及零点、极点在 s 复平面上位置的变化，对正弦稳态网络函数的幅频特性和相频特性影响的概念。动态电路复频域分析知识框图如图 13-1 所示。

13.2 内容提要及学习指导

13.2.1 拉普拉斯变换

1. 拉普拉斯变换的定义

$$F(s) = \int_{0-}^{\infty} f(t)\,\mathrm{e}^{-st}\mathrm{d}t = L[f(t)] \tag{13-1}$$

式中，$s = \sigma + j\omega$ 为一复数；$F(s)$ 为 $f(t)$ 的象函数；$f(t)$ 为 $F(s)$ 的原函数。

2. 拉普拉斯变换的性质

（1）线性性质

$$L[K_1 f_1(t) \pm K_2 f_2(t)] = K_1 F_1(s) \pm K_2 F_2(s) \tag{13-2}$$

式中，K_1、K_2 为任意常数。

（2）微分性质

$$L\left[\frac{\mathrm{d}f(t)}{\mathrm{d}t}\right] = sF(s) - f(0_-) \tag{13-3}$$

$$\vdots$$

$$L\left[\frac{\mathrm{d}^n f(t)}{\mathrm{d}t^n}\right] = s^n F(s) - \sum_{r=0}^{n-1} s^{n-r-1} f^{(r)}(0_-)$$

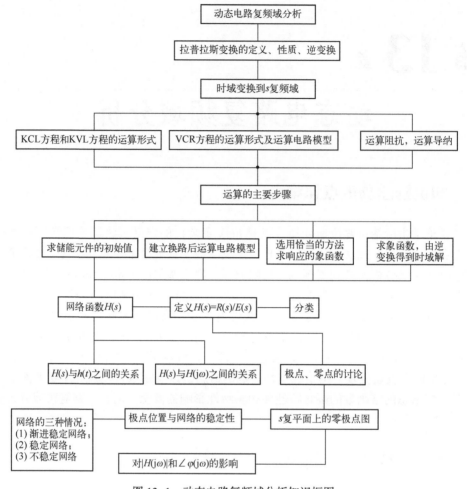

图 13-1　动态电路复频域分析知识框图

式中，$f(0_-)$ 是 $f(t)$ 在 $t=0_-$ 时刻的值；$f^{(r)}(0_-)$ 是 $f(t)$ 的阶导数在 $t=0$ 时刻的值。

（3）积分性质

$$L\left[\int_{-\infty}^{t}f(t')\,\mathrm{d}t'\right]=L\left[\int_{-\infty}^{0-}f(t')\,\mathrm{d}t'+\int_{0-}^{t}f(t')\,\mathrm{d}t'\right]=\frac{f^{-1}(0_-)}{s}+\frac{F(s)}{s} \tag{13-4}$$

式中，$f^{-1}(0_-)=\int_{-\infty}^{0-}f(t')\,\mathrm{d}t'$。

（4）延迟性质

$$L[f(t-t_0)\varepsilon(t-t_0)]=\mathrm{e}^{-st_0}F(s) \tag{13-5}$$

式中，$F(s)=L[f(t)\varepsilon(t)]$。

3. 拉普拉斯反变换——部分分式展开法

（1）具有 n 个单阶极点有理函数的反变换

$$F(s)=\frac{F_1(s)}{F_2(s)}=\frac{F_1(s)}{(s-p_1)(s-p_2)\cdots(s-p_n)}=\sum_{i=1}^{n}\frac{K_i}{(s-p_i)} \tag{13-6}$$

式中，$p_i(i=1,2,\cdots,n)$ 为 $F_2(s)$ 的 n 个互不相等的根，也称 $F(s)$ 的 n 个单阶极点，是实数或

复数，是复数时以共轭复数出现，待定系数可以按下式分别求得，即

$$K_i = \frac{F_1(p_i)}{F_2'(p_i)} \quad (i = 1, 2, \cdots, n) \tag{13-7}$$

$F(s)$ 所对应的原函数 $f(t)$ 可以描述为

$$f(t) = L^{-1}[F(s)] = \sum_{i=1}^{n} K_i e^{p_i t} \tag{13-8}$$

（2）具有 α 阶极点有理函数的反变换

设象函数

$$F(s) = \frac{F_1(s)}{F_2(s)} = \frac{F_1(s)}{(s-p_1)^{\alpha}(s-p_2)\cdots(s-p_n)} \tag{13-9}$$

为有理真分式，具有一个 α 阶极点 p_1 和 $n-1$ 个单阶极点 $p_2, p_3, \cdots, p_n$，则 $F(s)$ 的部分分式展开式为

$$F(s) = \frac{K_{1\alpha}}{(s-p_i)} + \frac{K_{1(\alpha-1)}}{(s-p_i)^2} + \cdots + \frac{K_{11}}{(s-p_i)^{\alpha}} \tag{13-10}$$

式中：

$$K_{11} = (s-p_i)^{\alpha} F(s) \Big|_{s=p_i}$$

$$K_{12} = \frac{\mathrm{d}}{\mathrm{d}s}\big[(s-p_i)^{\alpha} F(s)\big] \Big|_{s=p_i}$$

$$K_{13} = \frac{1}{2} \frac{\mathrm{d}^2}{\mathrm{d}s^2}\big[(s-p_i)^{\alpha} F(s)\big] \Big|_{s=p_i}$$

$$K_{1\alpha} = \frac{1}{(\alpha-1)} \frac{\mathrm{d}^{(\alpha-1)}}{\mathrm{d}s^{(\alpha-1)}}\big[(s-p_i)^{\alpha} F(s)\big] \Big|_{s=p_i}$$

则 $F(s)$ 所对应的原函数 $f(t)$ 可以描述为

$$f(t) = L^{-1}[F(s)] = \left[K_{1\alpha} + K_{1(\alpha-1)} t + \cdots + \frac{1}{(\alpha-1)!} K_{11} t^{\alpha-1} \right] e^{p_i t} + \sum_{i=2}^{n} K_i e^{p_i t} \tag{13-11}$$

13.2.2　运算电路

应用拉普拉斯变换及其基本性质，可以将 KCL、KVL、VCR 的时域方程变换为 s 复频域中运算形式的方程及运算电路模型，将时域电路变换为运算电路。在运算电路中，根据具体情况可以选用网络分析方法进行分析和计算。

1. KCL 方程的运算形式

在 s 复频域电路中，流出任意节点电流象函数的代数和恒为 0，即 $\sum_{k=1}^{n} I_k(s) = 0$。式中，流出节点的电流为正，流入节点的电流为负。

2. KVL 方程的运算形式

在 s 复频域电路中，沿着任意回路绕行方向的各支路电压象函数的代数和恒为 0，即

$\sum\limits_{k=1}^{n} U_k(s) = 0$。式中，与绕行方向一致的电压象函数为正，否则为负。

3. VCR 方程的运算形式

VCR 方程的运算形式见表 13-1。

表 13-1　VCR 方程的运算形式

时域模型	频域模型
i_R　R　u_R	$I_R(s)$　R　$U_R(s)$
i_L　L　u_L	$I_L(s)$　sL　$Li_L(0_-)$　$U_L(s)$　／　$I_L(s)$　sL　$\dfrac{i_L(0_-)}{s}$　$U_L(s)$
i_C　C　u_C	$I_C(s)$　$\dfrac{1}{sC}$　$\dfrac{1}{s}u_C(0_-)$　$U_C(s)$　／　$I_C(s)$　$\dfrac{1}{sC}$　$u_C(0_-)$　$U_C(s)$
i_1　M　i_2　u_1　L_1　L_2　u_2	$I_1(s)$　$I_2(s)$　sL_1　sL_2　$L_1i_1(0_-)$　$L_2i_2(0_-)$　$U_1(s)$　$sMI_2(s)$　$sMI_1(s)$　$U_2(s)$　$MI_2(0_-)$　$MI_1(0_-)$

由表 13-1 可知，时域模型和频域模型都是在假设端口电压、电流的参考方向关联时得出的，当端口电压、电流参考方向的关联发生变化时，VCR 方程也会发生相应的变化。特别是电感、电容和耦合电感，由于初始值的存在，因此在频域模型中会存在对应的附加电源，应该引起关注。

13.2.3　复频域分析计算的主要步骤

（1）由给定的时域电路确定电路的初始状态，即电路在开闭前瞬间，电容电压 $u_C(0_-)$ 和电感电流 $i_L(0_-)$。电路在开闭前有两种工作状态：一种是直流稳态，即电路的电压、电流均不随时间变化，可以将电容视为开路，电感视为短路，电路变为直流电阻电路，较容易求出 $u_C(0_-)$ 和 $i_L(0_-)$；另一种是电路中的电压、电流都随时间变化，应首先求出电路开闭前稳态电路的电容电压和电感电流的时域表达，令 $t = 0_-$，代入表达式，求得 $u_C(0_-)$ 和

$i_L(0_-)$。如开关动作前电路处于正弦稳态，则求得电容电压 $u_C(t) = U_{Cm}\sin(\omega t + \varphi_{u_C})$，电感电流 $i_L(t) = I_{Lm}\sin(\omega t + \varphi_{i_L})$，$u_C(0_-) = u_C(t)\big|_{t=0_-} = U_{Cm}\sin\varphi_{u_C}$，$i_L(0_-) = i_L(t)\big|_{t=0_-} = I_{Lm}\sin\varphi_{i_L}$。

（2）画出开关动作后的运算电路，需要特别说明的有 4 点：

① 电路结构不变，将原电路中的各元件用 s 复频域电路模型替代；

② 对于电容、电感和耦合电感，应注意附加电压源或附加电流源的参考方向；

③ 对于电压源、电流源而言，电路图形符号和参考方向不变，只需要将时域函数换为象函数；

④ 对于各种受控源、理想变压器而言，电路图形符号和参考方向不变，只需要将量用对应的象函数表示。

（3）根据题意和电路结构选用适当的电路分析和计算方法，求出响应的象函数。

（4）利用部分分式展开法或常用函数的拉普拉斯变换进行反变换，得到对应响应象函数的时域表达式。

另外一种建立复频域方程的方法是，先根据电路建立时域下的微分方程，再在复变函数中求解微分方程，直接进行拉普拉斯变换，可减少画运算电路这一步骤。

13.2.4 网络函数 $H(s)$

1. $H(s)$ 的定义

对于任意线性时不变无初始状态的单输入、单输出电路，设输入激励为 $e(t)$，零状态响应为 $r(t)$，则 $r(t)$ 的拉普拉斯变换 $R(s)$ 与 $e(t)$ 的拉普拉斯变换 $E(s)$ 之比被称为零状态响应的网络函数 $H(s)$，即

$$H(s) = \frac{R(s)}{E(s)} \tag{13-12}$$

$H(s)$ 有 6 种变量，分别为驱动点阻抗、驱动点导纳、转移阻抗、转移导纳、转移电压比和转移电流比。同一端口的驱动点阻抗与驱动点导纳互为倒数关系。网络函数 $H(s)$ 可以根据具体电路及要求采用适当的分析方法求得，在一般情况下，是 s 的实系数有理函数，有

$$H(s) = \frac{A(s)}{B(s)} = \frac{a_m s^m + a_{m-1}s^{m-1} + \cdots + a_0}{b_n s^n + b_{n-1}s^{n-1} + \cdots + b_0} \tag{13-13}$$

式中，$a_i(i=0,1,2,\cdots,m)$、$b_k(k=0,1,2,\cdots,n)$ 均为实数。将式（13-13）分解因式，可得

$$H(s) = H_0 \frac{\prod\limits_{i=1}^{n}(s - z_i)}{\prod\limits_{k=1}^{n}(s - p_k)} \tag{13-14}$$

式中，$z_i(i=1,2,\cdots,m)$ 为网络函数 $H(s)$ 的零点；$p_k(k=1,2,\cdots,n)$ 为网络函数 $H(s)$ 的极点。在 s 复平面上绘制零点和极点，被称为网络函数的零极点图。

2. $H(s)$ 与 $h(t)$ 之间的关系

网络函数 $H(s)$ 与单位冲激响应 $h(t)$ 之间的关系为

$$H(s) = L[h(t)]$$
$$h(t) = L^{-1}[H(s)]$$

上述关系说明，对于单输入、单输出的线性时不变无初始状态的网络，当已知网络函数时，就可以直接求出在单位冲激电源激励下产生的单位冲激响应；反之，当已知单位冲激响应时，可以直接求出对应的网络函数。

3. 网络的三种情况

（1）渐近稳定网络

网络函数的极点全部位于s复平面的左半平面，当$t \to \infty$时，单位冲激响应趋于0，则对应的网络是渐近稳定网络。

（2）稳定网络

若网络函数的极点除了有位于s复平面左半平面的极点，在虚轴上还有共轭单阶极点，则当$t \to \infty$时，单位冲激响应是按正弦规律变化的时间函数，或是多个不同频率的正弦函数的叠加，幅值是有界的，则对应的网络是稳定网络。

（3）不稳定网络

若网络函数含有位于s复平面右半平面的极点或在虚轴上有共轭多阶极点，则当$t \to \infty$时，单位冲激响应的幅值将趋于无穷大，对应的网络是不稳定网络。

4. $H(s)$与$H(j\omega)$之间的关系

对于一个渐近稳定网络，在s复频域下求得的网络函数$H(s)$和在正弦稳态下求得的网络函数$H(j\omega)$之间的关系为

$$H(s) \Leftrightarrow H(j\omega) \tag{13-15}$$

上述关系说明，当已知$H(s)$时，只需要令$s = j\omega$并代入$H(s)$表达式，就可得到$H(j\omega)$；反之，当已知$H(j\omega)$时，令$j\omega = s$，代入$H(j\omega)$表达式，就可得到$H(s)$。

5. 零点、极点对频率响应的影响

因为网络函数$H(s)$用零点、极点可以表示为

$$H(s) = H_0 \frac{\prod_{i=1}^{n}(s - z_i)}{\prod_{k=1}^{n}(s - p_k)} \tag{13-16}$$

所以令$s = j\omega$并代入，就可得到正弦稳态网络函数$H(j\omega)$的表达式为

$$H(j\omega) = H_0 \frac{\prod_{i=1}^{n}(j\omega - z_i)}{\prod_{k=1}^{n}(j\omega - p_k)} = H_0 \frac{\prod_{i=1}^{m} M_i}{\prod_{k=1}^{n} N_k} \exp\left[j\left(\sum_{i=1}^{m} \theta_i - \sum_{k=1}^{n} \varphi_k \right) \right] = |H(j\omega)| \angle \varphi_{H(j\omega)}$$

式中，乘积因子$(j\omega - z_i) = M_i e^{j\theta_i}(i=1,2,\cdots,m)$，$(j\omega - p_k) = N_k e^{j\varphi_k}(k=1,2,\cdots,n)$，说明网络函数$H(j\omega)$的幅模$|H(j\omega)|$和辐角$\varphi_{H(j\omega)}$分别为

$$|H(j\omega)| = H_0 \frac{\prod_{i=1}^{m} M_i}{\prod_{k=1}^{n} N_k} \tag{13-17}$$

$$\varphi_{H(j\omega)} = \sum_{i=1}^{m} \theta_i - \sum_{k=1}^{h} \varphi_k$$

第 13 章习题

习题【1】　用复频域分析法求习题【1】图所示电路中的 u_C 和 u_L。

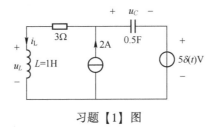

习题【1】图

习题【2】　习题【2】图中，已知 $i_S = 10\varepsilon(t) + 5\delta(t)$ A，试用复频域分析法求出零状态响应的 u_C 和 i_L。

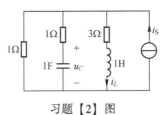

习题【2】图

习题【3】　习题【3】图中，已知 $u_S = [4 - e^{-t} \cdot \varepsilon(t)]$ V，$R = 2\Omega$，$L = 2$H，$C = 0.5$F，求电压 $u(t>0)$。

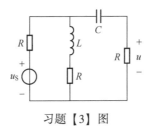

习题【3】图

习题【4】　习题【4】图中，电容初值为 0，已知 $u_{S1} = 2\varepsilon(t)$ V，$u_{S2} = \delta(t)$ V，试利用复频域分析法求解 u_1 和 u_2。

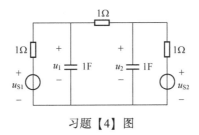

习题【4】图

习题【5】　习题【5】图中，电路原处于稳态，已知 $R = 1\Omega$，$L = 1.25$H，$C_1 = C_2 = 0.1$F，$U_S = 10$V，在 $t = 0$ 时将开关 S 闭合，试用复频域分析求闭合开关 S 后的电容电压 u_{C_2}。

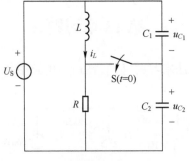

习题【5】图

习题【6】 习题【6】图中，$u_S = 100\sin\omega t\text{V}$，$\omega = 1000\text{rad/s}$，$U_0 = 100\text{V}$，$R = 500\Omega$，$C_1 = C_2 = 2\mu\text{F}$，电路在换路前已达稳态，开关在 $t = 0$ 时换路，由"2"换到"1"，试用复频域分析法求响应 u_C。

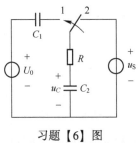

习题【6】图

习题【7】 习题【7】图中，用复频域分析法求零状态响应 i_R。

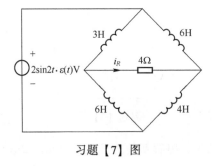

习题【7】图

习题【8】 习题【8】图中，$i_1(0_-) = 1\text{A}$，$u_2(0_-) = 2\text{V}$，$u_3(0_-) = 1\text{V}$，试用复频域分析法求 $t > 0$ 时的电压 u_3。

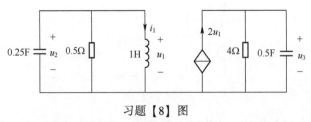

习题【8】图

习题【9】 习题【9】图中，开关 S 在 $t = 0$ 时刻断开，试用复频域分析法求 $t > 0$ 时的电容电流 i_C。

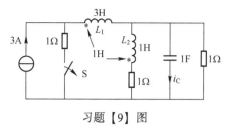

习题【9】图

习题【10】　习题【10】图中，已知 $u_S = 2\varepsilon(t)\,\mathrm{V}$，$i_1(0_-) = 0.2\mathrm{A}$，$i_2(0_-) = 0.1\mathrm{A}$，求 $t>0$ 时的响应 u_1 和 u_2。

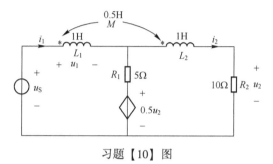

习题【10】图

习题【11】　习题【11】图中，已知 $L_1 = 1\mathrm{H}$，$L_2 = 4\mathrm{H}$，$M = 2\mathrm{H}$，$R_1 = R_2 = 1\Omega$，$U_S = 1\mathrm{V}$，在 $t = 0$ 时闭合开关 S，求零状态响应 i_1、i_2。

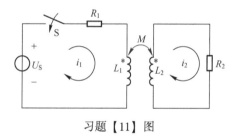

习题【11】图

习题【12】　在已知某电路的网络函数 $H(s)$ 中，零点 $Z = 2$，极点 $P = -2$，$H(0) = -1$，求网络函数 $H(s)$ 和单位冲激响应 $h(t)$。

习题【13】　习题【13】图中，N 为线性 RC 网络，已知在同一初始条件下，当 $u_S = 0$ 时，全响应 $u_o = -\mathrm{e}^{-10t}\varepsilon(t)\,\mathrm{V}$；当 $u_S = 12\varepsilon(t)\,\mathrm{V}$ 时，全响应 $u_o = (6-3\mathrm{e}^{-10t})\varepsilon(t)\,\mathrm{V}$；若 $u_S = 6\mathrm{e}^{-5t}\varepsilon(t)\,\mathrm{V}$ 且初始状态不变，求全响应 u_o。

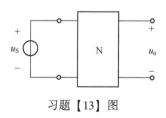

习题【13】图

习题【14】　习题【14】图（a）所示电路激励 u_S 的波形如习题【14】图（b）所示，

已知 $R_1 = 6\Omega$，$R_2 = 3\Omega$，$L = 1\mathrm{H}$，$\mu = 1$，求电路的零状态响应 i_L。

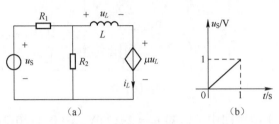

习题【14】图

习题【15】 习题【15】图中，若以 u 为输出，求：

（1）网络函数 $H(s) = \dfrac{U(s)}{I(s)}$；

（2）单位冲激响应 $h(t)$；

（3）当 $i_S = 2\sqrt{5}\sin(t+30°)\,\mathrm{A}$ 时的正弦稳态响应 u。

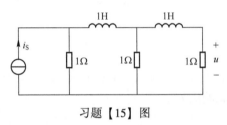

习题【15】图

习题【16】（综合提高题） 习题【16】图中，$C = 1\mathrm{F}$，网络 N 的 Y 参数矩阵为

$$Y(s) = \begin{bmatrix} 10+\dfrac{4}{s} & -\dfrac{4}{s} \\[2mm] -\dfrac{4}{s} & 5+\dfrac{4}{s} \end{bmatrix}，\ 求：$$

（1）网络函数 $H(s) = \dfrac{U_0(s)}{U_S(s)}$；

（2）单位阶跃响应 u_0。

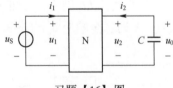

习题【16】图

习题【17】（综合提高题） 习题【17】图中，P 为线性无源零状态网络，已知当 $u_1 = \varepsilon(t)\,\mathrm{V}$ 时，u_2 的稳态电压为 0；当 $u_1 = \delta(t)\,\mathrm{V}$、$u_2 = (A_1\mathrm{e}^{-4.5t}+A_2\mathrm{e}^{-8t})\varepsilon(t)\,\mathrm{V}$ 且 $u_2(0_+) = 0.9\mathrm{V}$ 时，求：

（1）网络传递函数 $H(s) = \dfrac{U_2(s)}{U_1(s)}$；

（2）若 $u_1 = 10\sin(6t+30°)\,\mathrm{V}$，求 u_2 的稳态电压 $u_{2\mathrm{p}}$。

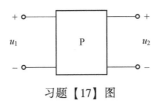

习题【17】图

习题【18】（综合提高题）　习题【18】图中，已知运算放大器为理想运算放大器，$u_1 = 20\varepsilon(t)\text{V}$，电容电压 $u_{C_3}(0_-) = 0\text{V}$，$u_{C_4}(0_-) = 0\text{V}$，求输出电压 u_2。

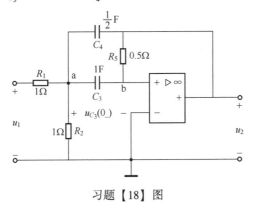

习题【18】图

习题【19】（综合提高题）　习题【19】图中，N_0 为线性无源网络，R 为可变电阻，激励为单位阶跃电压 $\varepsilon(t)\text{V}$。已知当 $R=1\Omega$ 时，i 的单位阶跃响应 $i_0 = (e^{-t} - 2e^{-3t} + e^{-4t})\varepsilon(t)\text{A}$；当 $R=R_1$ 时，i 的单位阶跃响应 i_1 中含有固有频率为 -2 的分量。试求 $R=R_1$ 时的单位阶跃响应 i_1。

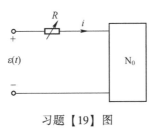

习题【19】图

第 **14** 章

二端口网络

14.1 知识框图及重点和难点

对二端口网络的讨论是围绕线性无初始状态二端口网络（以下简称二端口网络）的端口特性方程、参数方程及其计算方法展开的。二端口网络的知识框图如图 14-1 所示。

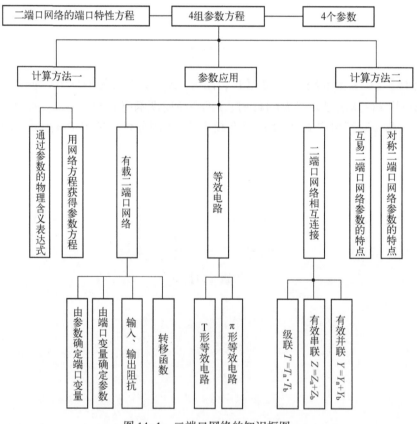

图 14-1 二端口网络的知识框图

由于线性无初始状态二端口网络可以用 4 组参数方程描述，因而可得到 4 个参数。如何获得二端口网络的参数、如何应用参数分析含有二端口网络的电路是本章学习的重点（**其中 Z、Y、T、H 为考查重点**）。难点是要熟练掌握参数的求取及应用参数分析二端口网络端口电压、电流的方法。二端口网络的参数一般通过参数方程获得物理含义表达式，用表达式对应的电路分析并计算，可采用参数方程联立端口支路方程求解，也可以采用等效电路求解。

14.2　内容提要及学习指导

14.2.1　二端口网络参数的计算

线性不含独立电源的二端口网络可用 4 组端口特性方程描述端口特性。每组方程均包含 4 个参数。这些参数的物理含义是什么、如何获得这些参数、如何应用这些参数分析问题是本章的重点。

二端口网络参数的计算通常有两种方法：

① 通过参数的物理含义表达式进行计算，每一个参数都有确切的物理含义，这是一种普遍且有效的方法。

② 用网络方程获得参数方程进行计算，如通过列写节点方程可以计算 Z 参数，通过列写网络回路方程可以计算 Y 参数。

由互易定理可知，仅由线性电阻构成的二端口网络，具有端口激励源和响应可以互易的特点。将线性电阻换为复阻抗和运算阻抗可知，仅由线性时不变电阻、电感、电容、耦合电感构成的二端口网络，满足相量形式或运算形式的互易定理。

14.2.2　二端口网络参数的互换关系

从理论上讲，虽然可以选择 4 个不同参数中的任意一个参数描述二端口网络的外特性，但在具体分析时，需要用到另外一个参数，并需要进行参数之间的互换。

对一个参数方程进行移项或转换自变量与因变量的位置，就可变换成另一个参数方程，获得参数之间的互换关系。

14.2.3　二端口网络的等效电路

二端口网络的等效电路可用于分析和计算。等效原则是保证端口电压、电流关系不变。依照此原则，二端口网络可以等效为几种不同形式的电路。由于等效电路与原二端口网络具有相同的端口特性方程，因此可以从原二端口网络的端口特性方程出发构造等效电路，即用阻抗或导纳结合受控源依据二端口网络特性方程构造等效电路。

图 14-2（a）为用 Z 参数构造的 T 形等效电路，当二端口网络为互易网络时，$Z_{12}=Z_{21}$，受控电源短路。图 14-2（b）为用 Y 参数构造的 π 形等效电路，当二端口网络为互易网络时，$Y_{12}=Y_{21}$，受控电源开路。

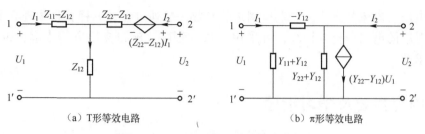

（a）T形等效电路　　　　　　　　　（b）π形等效电路

图 14-2　二端口网络的两种等效电路

14.2.4　二端口网络的相互连接

二端口网络的相互连接：一方面可以将复杂的二端口网络分解为若干简单的二端口网络；另一方面又可以将若干简单的二端口网络通过一定的方式连接起来，得到特性较复杂的二端口网络。

二端口网络的主要连接方式可分为级联、串联、并联等 3 种，如图 14-3 所示。

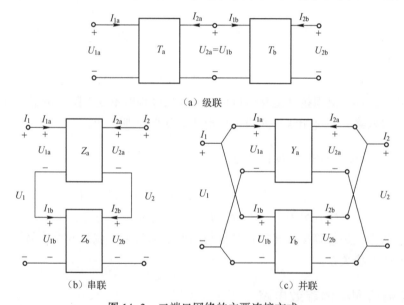

（a）级联

（b）串联　　　　　　　　　　　　　　（c）并联

图 14-3　二端口网络的主要连接方式

二端口网络的级联不会破坏端口条件，串、并联时要注意满足二端口网络的端口条件，在满足端口条件的情况下，有：

① 二端口网络的级联，$T = T_a \cdot T_b$。

② 二端口网络的串联，$Z = Z_a + Z_b$。

③ 二端口网络的并联，$Y = Y_a + Y_b$。

14.2.5　有载二端口网络的分析方法

二端口网络工作在输入端口接信号源、输出端口接负载的情况下，被称为有载二端口网络，如图 14-4 所示。设网络 N 的 T 参数矩阵方程 $T = \begin{pmatrix} A & B \\ C & D \end{pmatrix}$。在分析二端口网络或有载二端口网络时，可采用参数矩阵方程联立端口支路方程的方法求解，也可采用等效电路求解。

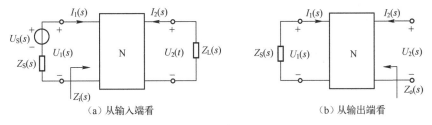

图 14-4　有载二端口网络

在工程应用中，通常需要分析二端口网络的输入阻抗、输出阻抗、电压传输比和电流传输比等。

（1）输入阻抗

$$Z_i(s) = \frac{AZ_L(s) + B}{CZ_L(s) + D} \tag{14-1}$$

（2）输出阻抗

输出阻抗是将输入端口电源置 0 后，输出端口的等效阻抗，有

$$Z_o(s) = \frac{A'Z_L(s) + B'}{C'Z_L(s) + D'} \tag{14-2}$$

用 T 参数表示，得

$$Z_o(s) = \frac{DZ_L(s) + B}{CZ_L(s) + A} \tag{14-3}$$

（3）电压传输比

$$A_U(s) = \frac{U_2(s)}{U_1(s)} \tag{14-4}$$

当二端口网络的输出端口接导纳 $Y_L(s)$ 时，结合二端口网络的 Y 参数方程，可得电压传输比为

$$A_U(s) = \frac{U_2(s)}{U_1(s)} = -\frac{Y_{21}(s)}{Y_{22}(s) + Y_L(s)} \tag{14-5}$$

（4）电流传输比

$$A_I(s) = \frac{-I_2(s)}{I_1(s)} \tag{14-6}$$

当二端口网络的输出端口接负载 $Z_L(s)$ 时，结合二端口网络的 Z 参数方程，可得电流传输比为

$$A_I(s) = \frac{-I_2(s)}{I_1(s)} = \frac{Z_{21}(s)}{Z_{22}(s) + Z_L(s)} \tag{14-7}$$

14.2.6　回转器和负阻抗变换器

（1）回转器的特性方程

$$\begin{cases} u_1 = -ri_2 \\ u_2 = ri_1 \end{cases} \quad \text{或} \quad \begin{cases} i_1 = gu_2 \\ i_2 = -gu_1 \end{cases}$$

r、g 分别具有电阻和电导的量纲。回转器（见图 14-5）的输入电阻具有重要的回转特性，可以将电容、电感置换。当回转器右侧接电容时，输入阻抗等效为

$$L = r^2 C = \frac{1}{g^2} C$$

这个公式运用得非常广泛。注意，回转器为非互易二端口。

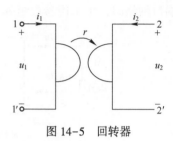

图 14-5　回转器

（2）负阻抗变换器的传输参数

$$\begin{bmatrix} \dot{U}_1 \\ \dot{I}_1 \end{bmatrix} = \begin{bmatrix} 1 & 0 \\ 0 & -k \end{bmatrix} \begin{bmatrix} \dot{U}_2 \\ -\dot{I}_2 \end{bmatrix}$$

当负载阻抗为 Z_2 时，输入阻抗 $Z_i = -\dfrac{1}{k} Z_2$。

第 14 章习题

习题【1】　求习题【1】图所示二端口网络的 **Z** 参数矩阵。

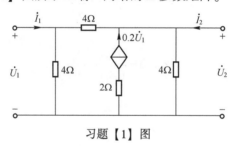

习题【1】图

习题【2】　习题【2】图中，电源频率为 ω，求二端口网络的 **Z** 参数矩阵。

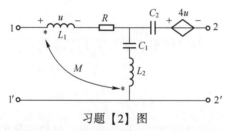

习题【2】图

习题【3】　在习题【3】图所示二端口网络中，试求 **Y** 参数矩阵。

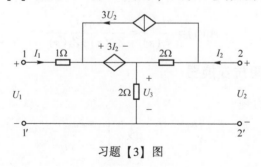

习题【3】图

习题【4】 二端口正弦稳态网络如习题【4】图所示，求 Y 参数矩阵。

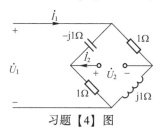

习题【4】图

习题【5】 习题【5】图中，已知网络 N 的参数矩阵 $H = \begin{bmatrix} h_{11} & h_{12} \\ h_{21} & h_{22} \end{bmatrix}$，求 a、b 端口右侧的等效电阻 R_{ab}。

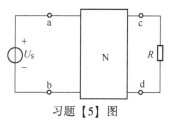

习题【5】图

习题【6】 习题【6】图中，求二端口网络的传输参数矩阵 T 和 Z 参数矩阵。

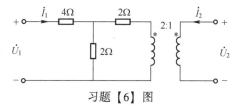

习题【6】图

习题【7】 求习题【7】图所示二端口网络的 Z 参数矩阵。

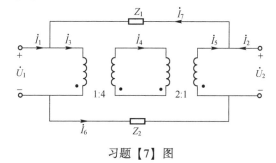

习题【7】图

习题【8】 求习题【8】图所示电路的传输参数矩阵 T。

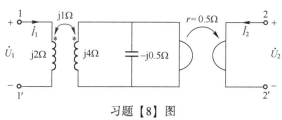

习题【8】图

习题【9】 将二端口网络 N_1 和二端口网络 N_2 按习题【9】图所示连接，求连接后所形成的新二端口网络的 **Z** 参数矩阵。

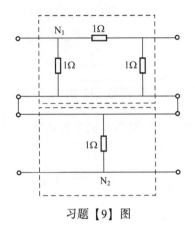

习题【9】图

习题【10】 习题【10】图中，网络 N 不含独立源，网络 N 的 **Y** 参数矩阵为

$$Y_N = \begin{bmatrix} 1 & -0.5 \\ -0.5 & 1 \end{bmatrix} S，求电流 I。$$

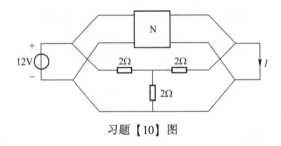

习题【10】图

习题【11】 习题【11】图中，N 为仅由线性电阻组成的对称二端口网络，当 $u_S = 48$V 时，$i_1 = 3.2$A，$i_2 = 1.6$A，求：

（1）对称二端口网络的传输参数矩阵 **T**；

（2）若 $u_S = 24 + 4\sqrt{2}\sin t$V，求稳态响应 i_1 和 i_2 及其有效值 I_1 和 I_2。

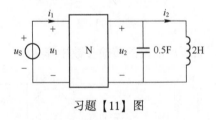

习题【11】图

习题【12】 习题【12】图中，已知网络 N 的 $T = \begin{bmatrix} 2 & 4 \\ 0.5 & 1.5 \end{bmatrix}$，负载 $Y_L = (1 + j0.5)$S，求：

（1）网络 N 的 T 形等效电路；

（2）$\dot{U}_2$ 以及负载吸收的有功功率、无功功率。

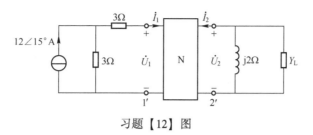

习题【12】图

习题【13】　习题【13】图中，N 为线性无源对称电阻二端口网络，在 1-1′端加电压 10V 时，$I_1 = 5A$，2-2′端短路电流 $I_2 = 2A$，求：

（1）若在 2-2′端加 10V 电压，1-1′端短路电流 I_1 和 2-2′端输入电流 I_2；

（2）若在 2-2′端接入 $R = 8\Omega$ 电阻，1-1′端输入电阻。

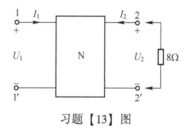

习题【13】图

习题【14】　习题【14】图中，N 的 T 参数矩阵 $T_1 = \begin{bmatrix} 1 & 3 \\ 1.5 & 5 \end{bmatrix}$，回转电导 $g = 0.5S$，$R = 2\Omega$，求：

（1）整个电路的传输参数矩阵 T；

（2）若 $U_S = 15V$，当 R_L 为多少时，可获得最大功率，求此最大功率；

（3）计算（2）中 U_S 发出的功率。

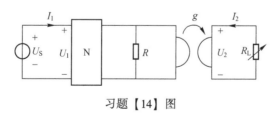

习题【14】图

习题【15】　习题【15】图中，二端口网络 N 的 Y 参数矩阵为 $\begin{bmatrix} 4 & -2 \\ -2 & 3 \end{bmatrix}$S，$t<0$ 时电路处于稳态，$t=0$ 时开关 S 由位置 a 投向位置 b，用时域分析法求 $t>0$ 时的 i_L。

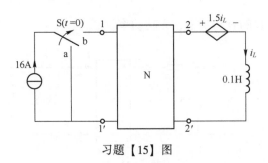

习题【15】图

习题【16】 习题【16】图（a）中，线性无源二端口网络 N_0 由线性电阻构成（不含受控源），传输参数矩阵 $T = \begin{pmatrix} 2 & 30 \\ 0.1 & 2 \end{pmatrix}$，$U_1$、$U_2$ 的单位为 V，I_1、I_2 的单位为 A，当电阻 R 并联在输出端［见习题【16】图（b）］时，输入电阻 $R_{in} = \dfrac{U_1}{I_1}$ 等于将电阻 R 并联在输入端［见习题【16】图（c）］时输入电阻 $R'_{in} = \dfrac{U}{I}$ 的 6 倍，求 R。

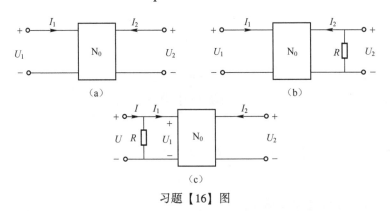

习题【16】图

习题【17】（综合提高题） 习题【17】图中，二端口网络 N_a 的 T 参数矩阵为 $T_a = \begin{bmatrix} \dfrac{4}{3} & 2 \\ \dfrac{1}{6} & 1 \end{bmatrix}$，$N_b$ 为结构对称的无源线性二端口网络，已知 3-3′ 短路时，$I_1 = 5.5A$，$I_2 = -3A$，$I_3 = -2A$，求：

（1）N_b 的传输参数矩阵 T_b；

（2）3-3′端所接电阻 R 为何值时，R 可获得最大功率，并求此最大功率。

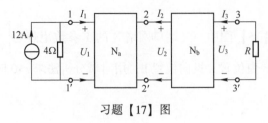

习题【17】图

习题【18】（综合提高题） 习题【18】图中，N_0 为线性二端口无源纯电阻网络，图（a）中输入电阻 $R_{in} = \left(10 - \dfrac{100}{12+R_L}\right)\Omega$，$R_L$ 为任意电阻，求：

（1）N_0 的传输参数矩阵；

（2）若将 N_0 接成图（b）的形式，且电感无初始储能，则当 $t=0$ 时，断开开关 S，求响应 i_L。

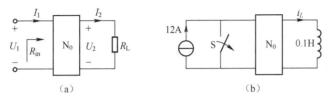

习题【18】图

习题【19】 习题【19】图中，P 为无源双口电阻网络，开路参数矩阵 $Z = \begin{bmatrix} 4 & 2 \\ 2 & 4 \end{bmatrix}\Omega$，$u_S = 10\sqrt{2}\sin\omega t\,\text{V}$，已知 $\omega L_1 = 4\Omega$，$\omega L_2 = \omega M = 2\Omega$，试求：

（1）AB 左侧电路的戴维南等效电路；

（2）Z 为多少时，AB 支路电流有效值 I 达到最大值？

（3）Z 为多少时，AB 支路电压有效值 U_{AB} 达到最大值？

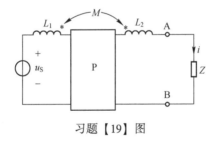

习题【19】图

习题【20】（综合提高题） 习题【20】图中，二端口网络 N_0 的导纳参数矩阵 $Y'(s) = \begin{bmatrix} 0.5+0.5s & 0.5 \\ -1 & 1+0.5s \end{bmatrix}$，试求：

（1）电路的转移函数 $H(s) = U_2(s)/I_S(s)$；

（2）单位冲激响应 u_2。

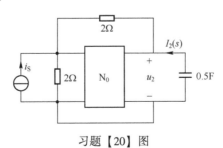

习题【20】图

第 15 章

网络的矩阵方程

15.1 知识框图及重点和难点

本章研究网络的矩阵方程，主要目的是利用计算机对电路进行辅助分析和设计。本章讨论电路拓扑图的矩阵表示是为了将电路的结构信息能够以计算机接受的形式输入，研究网络矩阵方程的列写方法也是为了能够按电路分析的方法编制程序，让计算机计算。这样就可以用计算机对大型电路进行辅助分析和设计，如处理大规模集成电路、大型电力系统等。本章虽不研究如何编写电路分析的计算机程序，但要求学生掌握网络矩阵方程的列写规范和方法。

本章的重点是在充分理解树、割集、基本回路概念的基础上，深刻理解关联矩阵、基本割集矩阵、基本回路矩阵的拓扑含义，能够正确写出关联矩阵、基本割集矩阵、基本回路矩阵；掌握节点矩阵方程的列写方法及求解步骤；掌握基本回路电流矩阵方程和基本割集电压矩阵方程的列写方法；熟悉列表法的分析思路；注意按规范列写网络的矩阵方程；除了基本概念要清晰，还要注意电路变量参考方向与规范要求是否一致。本章的难点是列写含有受控电源和互感元件的电路方程。网络的矩阵方程知识框图如图 15-1 所示。

15.2 内容提要及学习指导

15.2.1 图论的有关概念

1. 割集

割集是连通图的支路集合，应满足下面两个条件：

① 若移去集合中的所有支路，则剩下的图应成为两个分离部分；

② 移去集合中的支路，未移去全部支路时，剩下的图仍是连通的。

2. 基本割集

只包含一个树支的割集被称为基本割集（单树支割集）。通常取树支方向为割集的参考方向。基本割集数等于树支数。

15.2.2 网络结构的矩阵表示

在此讨论具有 n 个节点、b 个支路的有向图结构的矩阵表示。

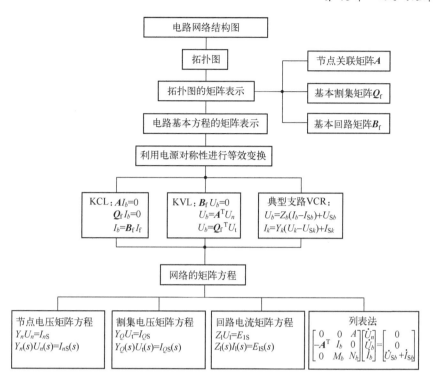

图 15-1 网络的矩阵方程知识框图

1. 节点关联矩阵 A

节点关联矩阵 A 描述的是节点与支路的关系，是 $(n-1)\times b$ 阶矩阵。其中，矩阵的行与有向图的节点一一对应，列与支路一一对应。矩阵的第 i 行第 k 列的元素被定义为

$$a_{ik}=\begin{cases} 0 & \text{若支路 } k \text{ 与节点 } i \text{ 不关联} \\ 1 & \text{若支路 } k \text{ 与节点 } i \text{ 关联，且支路 } k \text{ 的参考方向离开节点 } i \\ -1 & \text{若支路 } k \text{ 与节点 } i \text{ 关联，且支路 } k \text{ 的参考方向指向节点 } i \end{cases}$$

2. 基本回路矩阵 B_f

基本回路矩阵 B_f 描述的是有向图中支路与回路的关系，是 $(n-1)\times b$ 阶矩阵。单连支回路组成基本回路矩阵 B_f，矩阵的行与回路对应（一般按先连支、后树支的次序），列与支路对应，第 j 行第 k 列的元素被定义为

$$b_{jk}=\begin{cases} 0 & \text{若支路 } k \text{ 不在回路 } j \text{ 上} \\ 1 & \text{若支路 } k \text{ 属于回路 } j \text{，且支路 } k \text{ 的参考方向与回路 } j \text{ 的绕行方向一致} \\ -1 & \text{若支路 } k \text{ 属于回路 } j \text{，且支路 } k \text{ 的参考方向与回路 } j \text{ 的绕行方向相反} \end{cases}$$

对于基本回路，若列写回路矩阵，则为了使其更有规律，要进行如下规定：列的排列顺序按先连支、后树支的序列；对应的行与决定基本回路的连支对应的列在顺序上保持一致；绕行方向与连支方向保持一致。由此，基本回路矩阵有如下形式，即

$$\boldsymbol{B_f}=\begin{bmatrix} E_1 & \vdots & B_t \end{bmatrix} \tag{15-1}$$

对于平面网络，独立回路常取网孔。网孔矩阵 M 描述的是网孔和支路的关系，定义与基本回路的定义类同，在此不再赘述。

3. 基本割集矩阵 Q_f

基本割集矩阵 Q_f 描述的是有向图中基本割集与支路的关系，是 $(n-1) \times b$ 阶矩阵，第 i 行第 k 列的元素被定义为

$$q_{ik} = \begin{cases} 0 & \text{支路 } k \text{ 不属于割集 } i \\ 1 & \text{支路 } k \text{ 属于割集 } i\text{，且支路 } k \text{ 的参考方向与割集的参考方向一致} \\ -1 & \text{支路 } k \text{ 属于割集 } i\text{，二者的参考方向相反} \end{cases}$$

对于基本割集，应遵循如下规定：列的排列顺序按先连支、后树支编号；对应的行与决定基本割集的树支对应的列在顺序上保持一致；参考方向与树支方向保持一致。基本割集矩阵有如下形式，即

$$Q_f = \begin{bmatrix} Q_1 & \vdots & E_{n-1} \end{bmatrix} \tag{15-2}$$

4. A、B_f、Q_f 之间的关系

对选同一树的同一有向图，关系为

$$AB_f^T = 0 \quad 或 \quad B_f A^T = 0$$
$$Q_f B_f^T = 0 \quad 或 \quad B_f Q_f^T = 0 \tag{15-3}$$

15.2.3 网络基本方程的矩阵表示

在此讨论具有 n 个节点、b 个支路的有向图基本方程的矩阵表示。

① 用 A、B_f、Q_f 表示 KCL 的矩阵方程为

$$AI_b = 0, \quad I_b = B_f^T I_1, \quad Q_f I_b = 0 \tag{15-4}$$

式中，I_b、I_1 分别表示支路电流矩阵和连支电流矩阵。

② 用 A、B_f、Q_f 表示 KVL 的矩阵方程为

$$U_b = A^T U_n, \quad B_f U_b = 0, \quad U_b = Q_f^T U_t \tag{15-5}$$

式中，U_b、U_t、U_n 分别表示支路电压、树支电压和节点电压的矩阵。

③ 以典型复合支路为例，有 b 个支路的 VCR 矩阵方程为

$$I_b = A^T U_n, \quad B_f U_b = 0, \quad U_{Sb} = Q_f^T U_t \tag{15-6}$$

式中，I_b、U_b 分别为支路电流矩阵和支路电压矩阵；U_{Sb} 为支路电压源矩阵。注意，在定义的典型复合支路 k 中，电压源的参考极性与支路的方向应为关联参考方向；当电压源的参考极性与支路的方向为关联参考方向时，U_{Sb} 中的第 k 个元素为正；当电压源的参考极性与支路中的方向为非关联参考方向时，U_{Sb} 中的第 k 个元素为负。同理，典型复合支路 k 中的电流源参考方向与支路的方向应一致，I_{Sb} 中的第 k 个元素为正，若不一致，则为负。

Z_b 和 Y_b 分别为支路阻抗矩阵和支路导纳矩阵，在不含受控源和互感时均是 $b \times b$ 对角线矩阵，且有 $Z_b = Y_b^{-1}$。

15.2.4 矩阵方程

在正弦稳态情况下，节点电压方程的矩阵形式为

$$AY_b A^T U_n = AY_b A^T U_{Sb} - AI_{Sb} \tag{15-7}$$

式中，左边为节点电压引起的流出节点的电流；右边为电压源和电流源注入节点的电流。在不含受控源和互感元件时，节点导纳矩阵 $Y_n = AY_b A^T$ 是对称矩阵；$I_{nS} = AY_b A^T U_{Sb} - AI_{Sb}$ 为节

点电流源矩阵。

在复频域情况下，节点电压方程的矩阵形式为

$$AY_b(s)A^{\mathrm{T}}U_n(s)=AY_b(s)A^{\mathrm{T}}U_{Sb}(s)-AI_{Sb}(s) \tag{15-8}$$

即 $Y_n(s)U_n(s)=I_{nS}(s)$。

第 15 章习题

习题【1】　习题【1】图中，试写出含支路 1 的树（写出 4 个即可）。若选支路集合 $T=(2,3,6)$ 为树，试写出对应的基本回路矩阵 B_f 和基本割集矩阵 Q_f。

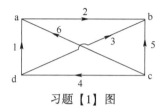

习题【1】图

习题【2】　电路及其有向图如习题【2】图所示，试写出：

（1）关联矩阵 A；

（2）以 1、2、5 为树支，写出基本回路矩阵 B_f 和基本割集矩阵 Q_f；

（3）写出导纳矩阵 Y、电流矩阵 I_S 及电压矩阵 U_S。

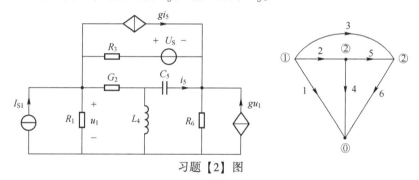

习题【2】图

习题【3】　正弦稳态电路及其有向图如习题【3】图所示，已知角频率为 ω，以 $\{1,3,6\}$ 为树，试写出：

（1）基本回路矩阵 B_f 和基本割集矩阵 Q_f；

（2）支路阻抗矩阵 Z 和回路阻抗矩阵 Z_1。

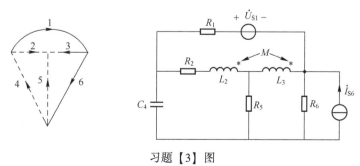

习题【3】图

习题【4】 习题【4】图（a）中，R 均为 1Ω，$U_S = 1V$，$I_S = 1A$，有向图如习题【4】图（b）所示，以习题【4】图（c）所示的电路为典型支路，试写出：

（1）关联矩阵 $\boldsymbol{A}$；

（2）支路导纳矩阵 $\boldsymbol{Y}$；

（3）电压源矩阵 $\boldsymbol{U}_S$；

（4）电流源矩阵 $\boldsymbol{I}_S$。

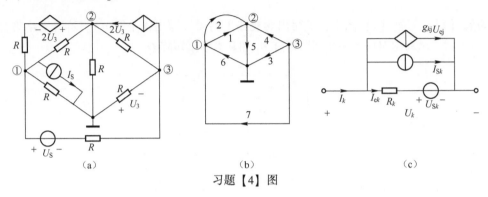

（a）　　　　　　　　　（b）　　　　　　　　　（c）

习题【4】图

习题【5】 电路如习题【5】图（a）所示，习题【5】图（b）为有向图，电源角频率为 w，以节点④为参考节点，试写出：

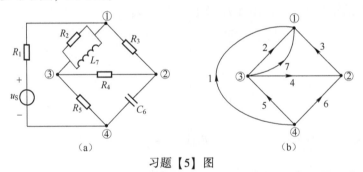

（a）　　　　　　　　　　　　　（b）

习题【5】图

（1）关联矩阵 $\boldsymbol{A}$；

（2）支路导纳矩阵 $\boldsymbol{Y}_b$ 和节点导纳矩阵 $\boldsymbol{Y}_n$；

（3）节点电压方程的矩阵形式。

习题【6】 电路及其有向图如习题【6】图所示，试写出矩阵形式的回路电流方程。

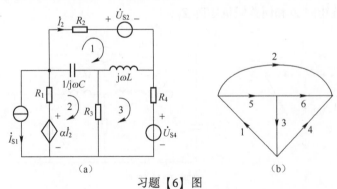

（a）　　　　　　　　　　　　（b）

习题【6】图

习题【7】（综合提高题）　已知某网络的基本回路矩阵为

$$\boldsymbol{B}_{\mathrm{f}}=\begin{matrix}&1&2&3&4&5&6\\&\begin{pmatrix}1&1&1&0&0&0\\0&0&-1&1&1&0\\0&-1&-1&0&1&1\end{pmatrix}\end{matrix}$$

对应的支路阻抗矩阵 $\boldsymbol{Z}=\mathrm{diag}\left[\dfrac{1}{\mathrm{j}\omega C_1}\quad R_2\quad \mathrm{j}\omega L_3\quad R_4\quad \dfrac{1}{\mathrm{j}\omega C_5}\quad R_6\right]$，试写出：

（1）回路阻抗矩阵 $\boldsymbol{Z}_1$；

（2）对应 $\boldsymbol{B}_{\mathrm{f}}$ 的基本割集矩阵 $\boldsymbol{Q}_{\mathrm{f}}$；

（3）割集导纳矩阵 $\boldsymbol{Y}_{\mathrm{t}}$。

习题【8】　习题【8】图中，用矩阵形式（设初始条件为 0）列出下列两种情况下的回路电流方程（复频域下表示）：

（1）电感 L_5 与 L_6 之间无互感；

（2）电感 L_5 与 L_6 之间有互感 M。

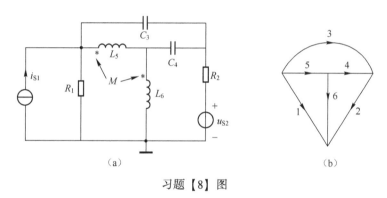

习题【8】图

习题【9】　习题【9】图中，选支路 1、2、6、7 为树，用矩阵形式列出割集电压方程。

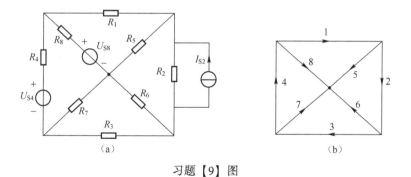

习题【9】图

习题【10】　习题【10】图中，试写出支路方程的矩阵形式 $\boldsymbol{I}=\boldsymbol{Y}(\boldsymbol{U}+\boldsymbol{U}_{\mathrm{S}})-\boldsymbol{I}_{\mathrm{S}}$。

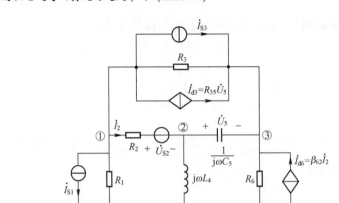

习题【10】图

习题【11】（综合提高题） 电路如习题【11】图（a）所示，有向图如习题【11】图（b）所示，试写出：

（1）支路阻抗矩阵 Z_k（写成复频域形式：支路按照 1~8 顺序）；

（2）支路电流源矩阵 I_S；

（3）节点电压方程为

$$\begin{bmatrix} Y_{11} & Y_{12} & Y_{13} & Y_{14} \\ Y_{21} & Y_{22} & Y_{23} & Y_{24} \\ Y_{31} & Y_{32} & Y_{33} & Y_{34} \\ Y_{41} & Y_{42} & Y_{43} & Y_{44} \end{bmatrix} \cdot \begin{bmatrix} U_{n1}(s) \\ U_{n2}(s) \\ U_{n3}(s) \\ U_{n4}(s) \end{bmatrix} = \begin{bmatrix} sC_6 U_{S6}(s) \\ 0 \\ 0 \\ 0 \end{bmatrix}$$

若断开节点①与③之间的电容 C_8，则成为新电路。利用给定的节点电压方程，写出新电路的节点电压方程。

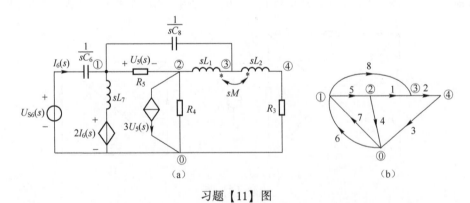

习题【11】图

习题【12】（综合提高题） 习题【12】图为非平面有向连通图。

（1）若选择树 $T=\{1,2,3,4,5\}$，写出对应的基本回路矩阵 B_f、基本割集矩阵 Q_f。

（2）现以节点 f 为参考节点，每个支路导纳分别为 $Y_1=1S$，$Y_2=1S$，$Y_3=2S$，$Y_4=3S$，

$Y_5 = 3\text{S}$，$Y_6 = 1\text{S}$，$Y_7 = 1\text{S}$，$Y_8 = 2\text{S}$，$Y_9 = 0\text{S}$，$Y_{10} = 3\text{S}$，$Y_{11} = 3\text{S}$，$Y_{12} = 3\text{S}$，试写出节点导纳矩阵 $\boldsymbol{Y}$。

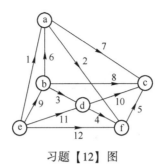

习题【12】图

第16章

网络的状态方程

16.1 知识框图及重点和难点

本章的重点是掌握如何用常态树的概念，通过恰当的 KCL 和 KVL 方程，建立电路的状态方程，即用观察法建立状态方程，难点在于如何用最简捷的步骤获得状态方程。无论常态网络还是非常态网络，选好常态树，就选定了状态变量，即树支上的电容电压或电荷、连支上的电感电流或磁链均为状态变量，正确选择常态树是关键步骤。列写最接近状态方程的 KCL、KVL方程，即电容树支的基本割集方程（KCL 方程）、电感连支的基本回路方程（KVL 方程），可使得到状态方程的过程最简单。消除非状态变量通常也是列写关于非常态变量的 KCL、KVL 方程。对于树支上的非状态变量，列写基本割集方程（KCL 方程），对于连支上的非状态变量，列写基本回路方程（KVL 方程），在复杂情况下，可采用替代法消除非状态变量。

建立状态方程是为了分析网络的暂态过程，包括求得网络的状态变量、输出变量，分析网络的稳定性、状态轨迹等。网络的状态方程知识框图如图 16-1 所示。

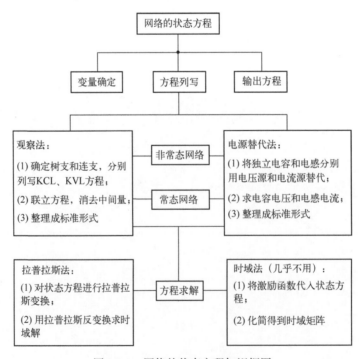

图 16-1　网络的状态方程知识框图

16.2　内容提要与学习指导

16.2.1　状态变量、网络状态、状态方程

1. 状态变量

网络在 t_0 时刻的状态是一组最少信息的集合，如 $X(t_0) = \{x_1(t_0), x_2(t_0), \cdots, x_n(t_0)\}$，若 $t \geqslant t_0$ 时加在网络的激励已知，则对于确定网络 $t \geqslant t_0$ 时的任何响应，$X(t_0)$ 是一组必要且充分的信息。对应这组信息的变量 $x_1(t_0), x_2(t_0), \cdots, x_n(t_0)$ 被称为网络的状态变量，是一组线性无关的变量。

2. 常态网络与非常态网络

当网络中既没有仅由电容或电容与独立电压源构成的回路，又没有仅由电感或电感与独立电流源构成的割集时，网络即为常态网络，否则为非常态网络。常态网络的所有电容电压（电荷）和所有电感电流（磁链）一起构成网络的状态变量。

3. 状态方程

状态方程是一组关于状态变量的一阶微分方程。若以 $X(t)$ 表示状态向量，$F(t)$ 表示激励向量，则线性时不变网络状态方程的标准形式为

$$\dot{X}(t) = AX(t) + BF(t) \tag{16-1}$$

式中，$\dot{X}(t)$ 为 $X(t)$ 的一阶导数；A、B 分别为与网络结构和元件参数相关状态方程的系数矩阵。线性时不变网络的 A、B 为实常数矩阵。线性时变网络的 A、B 是时间 t 的函数。

非线性网络的状态方程为

$$\dot{X}(t) = f[X(t), F(t)] \tag{16-2}$$

16.2.2　状态方程的列写

状态方程可通过列写适当的 KCL、KVL 方程获得，为了能够直接获得状态方程，引入了常态树和基本回路、基本割集的概念。这种列写状态方程的方法被称为观察法。

1. 常态树

无论常态网络还是非常态网络，都可以按以下方法选择一种树（常态树）：按元件划分支路，一个元件为一个支路，所有电压源为树支，所有电流源为连支，在满足树概念要求的前提下，尽可能多地选电容为树支、电感为连支。树支上的电容电压和连支上的电感电流为网络的状态变量。受控电源虽然可视同独立电源，但受控电源的出现，可使如此确定的状态变量变为一组线性无关变量。

2. 采用观察法列写状态方程的步骤

① 选定常态树。

② 列写每个电容树支所对应基本割集（单树支割集）的 KCL 方程、每个电感连支所对应基本回路（单连支回路）的 KVL 方程。这些方程最接近状态方程，有时就是状态方程。

③ 消除方程中的非状态变量（必要时），整理成标准形式的状态方程后，可利用网络其他基本割集方程或基本回路方程消除非状态变量。对于常态网络，还可采用替代方法消除非

状态变量，即将网络中树支上的电容用电压源替代，连支上的电感用电流源替代，网络成为电阻性网络，通过适当的网络分析法即可求得非状态变量的表达式。

列写状态方程在本质上是将电容电压、电感电流用电容电压、电感电流和电源函数表示，对于线性时不变网络，这个过程可以用替代、叠加的方法来实现。

3. 采用电源替代法列写状态方程

列写状态方程时，常见的方法还有电源替代法，即将电容用电压源替代，电感用电流源替代，整个电路的状态方程由微分方程变成线性方程，继而列出 KCL、KVL 方程，还原即可，具体步骤为：

① 将独立的电容元件用电压为 u_C 的电压源替代，独立的电感元件用电流为 i_L 的电流源替代；

② 用任意网络分析方法求解替代后的网络，求出原网络中各独立电容元件的电压 u_C 和各独立电感元件的电流 i_L，u_C 和 i_L 均为电路中各电源（包含储能元件电源）的线性组合；

③ 将②得到的电容电压和电感电流方程进行整理，即可得到标准的状态方程。

16.2.3　输出方程及其列写

在建立状态方程后，即可根据状态方程求出输出变量，相应的方程被称为输出方程。输出方程满足

$$Y = CX + DF \tag{16-3}$$

输出方程的编写方法与电源替代法列写状态方程非常类似，主要步骤为：

① 将独立电容元件用电压为 u_C 的电压源替代，独立电感元件用电流为 i_L 的电流源替代；

② 用网络分析法求解替代后的网络，解出输出变量；

③ 将所得输出方程整理成标准形式。

16.2.4　状态方程和输出方程的求解

状态方程的求解虽然一般在考试中很少涉及，但是作为动态电路的解法是有必要掌握的。状态方程有时域解法、频域解法两种求解方法。考试时主要用频域解法。

1. 状态方程的求解

线性时不变网络的状态方程矩阵形式为

$$X = AX + BF \tag{16-4}$$

进行拉普拉斯变换，可以得到

$$sX(s) - X(0_-) = AX(s) + BF(s) \tag{16-5}$$

整理后，可以得到

$$(sE - A)X(s) = X(0_-) + BF(s) \tag{16-6}$$

得到状态方程的 s 域解为

$$X(s) = (sE - A)^{-1}[X(0_-) + BF(s)] \tag{16-7}$$

进行拉氏反变换即为时域解法。

2. 输出方程的求解

① 直接代入求解：输出方程是关于状态变量和激励函数的代数方程，求出状态变量的时域解后，可以直接代入求解。

② 用拉氏变换求解：先求输出方程的矩阵形式，再参照状态方程求解。

第 16 章习题

习题【1】　列出习题【1】图所示电路的状态方程。

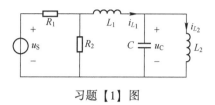

习题【1】图

习题【2】　习题【2】图中，试列写以 $[\,u_{C_1}\quad u_{C_2}\quad i_L\,]^{\mathrm{T}}$ 为状态变量的状态方程和以 $[\,i_1$ $i_2\,]^{\mathrm{T}}$ 为输出变量的输出方程，并整理成标准形式。

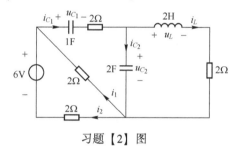

习题【2】图

习题【3】　写出习题【3】图所示电路的状态方程以及输出为 u_1、u_2 的输出方程，并写成矩阵形式。

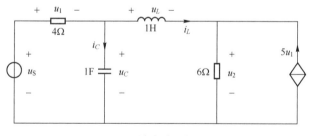

习题【3】图

习题【4】　列出习题【4】图所示电路的状态方程，已知 $C_1 = 1\mathrm{F}$，$C_2 = 2\mathrm{F}$，$L_3 = 1\mathrm{H}$，$R_4 = R_5 = 1\Omega$，$u_8 = 2u_4$，$i_7 = 3i_3$。

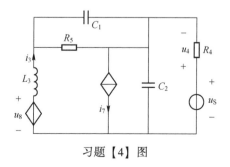

习题【4】图

习题【5】 习题【5】图中，求：

（1）以 u_{C_1}、u_{C_2} 为变量列写状态方程；

（2）u_S 为直流电源，以 u_{C_2} 为变量列写微分方程。

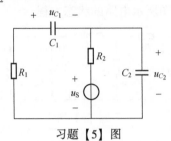

习题【5】图

习题【6】 习题【6】图中，以 u_C、i_{L_1}、i_{L_2} 为状态变量，列写状态方程。

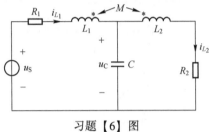

习题【6】图

习题【7】 列出习题【7】图所示电路的状态方程，设 $C_1 = C_2 = 1\text{F}$，$L_1 = 1\text{H}$，$L_2 = 2\text{H}$，$R_1 = R_2 = 1\Omega$，$R_3 = 2\Omega$，$u_S = 2\sin t\text{V}$，$i_S = 2e^{-t}\text{A}$。

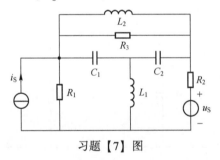

习题【7】图

习题【8】 按照习题【8】图（b）所示的树列写习题【8】图（a）所示网络的状态方程。

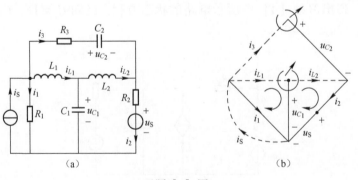

（a）　　　　　　　　　　（b）

习题【8】图

习题【9】　习题【9】图中，已知当 $C_1 = 1\text{F}$、$L = 1\text{H}$、$C_2 = 0.5\text{F}$、电阻为某一组数值时，电路的状态方程为

$$
\begin{bmatrix} \dfrac{\mathrm{d}u_1}{\mathrm{d}t} \\[2mm] \dfrac{\mathrm{d}u_2}{\mathrm{d}t} \\[2mm] \dfrac{\mathrm{d}i_L}{\mathrm{d}t} \end{bmatrix} = \begin{bmatrix} -\dfrac{2}{9} & \dfrac{1}{9} & M \\[2mm] \dfrac{2}{9} & -\dfrac{4}{9} & -\dfrac{2}{3} \\[2mm] 0 & -\dfrac{1}{3} & -\dfrac{16}{3} \end{bmatrix} \begin{bmatrix} u_1 \\[2mm] u_2 \\[2mm] i_L \end{bmatrix} + \begin{bmatrix} \dfrac{1}{9} \\[2mm] \dfrac{2}{9} \\[2mm] \dfrac{1}{3} \end{bmatrix} u_\text{S}
$$

（1）求 M。

（2）写出当 $C_1 = 0.5\text{F}$、$C_2 = 1\text{F}$、$L = 3\text{H}$，其他条件不变时电路的状态方程。

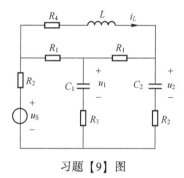

习题【9】图

习题【10】（综合提高题）　习题【10】图中，非线性电阻的伏安特性为 $i = u^3$，以 i_{L_1}、u_{C_1}、u_{C_2} 为状态变量，列写电路的状态方程。

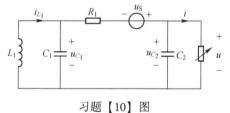

习题【10】图

习题【11】（综合提高题）　习题【11】图中，断开开关 S 时，电路处于稳态，$t = 0$ 时闭合开关 S，试用状态变量分析求 u_C、i_L。

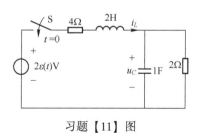

习题【11】图

习题【12】（综合提高题）　习题【12】图中：

（1）以 i_1、i_2、u 为状态变量列写状态方程，并整理成如下形式，即

$$\begin{bmatrix} \dfrac{\mathrm{d}i_1}{\mathrm{d}t} \\[2ex] \dfrac{\mathrm{d}i_2}{\mathrm{d}t} \\[2ex] \dfrac{\mathrm{d}u}{\mathrm{d}t} \end{bmatrix} = \begin{bmatrix} * & * & * \\ * & * & * \\ * & * & * \end{bmatrix} \begin{bmatrix} i_1 \\ i_2 \\ u \end{bmatrix} + \begin{bmatrix} * \\ * \\ * \end{bmatrix} u_S$$

（2）这是几阶电路？

（3）已知 $u_S = \sqrt{2}\sin(t)\varepsilon(t)\,\mathrm{V}$，电路初始值为 0，求电流 i_1。

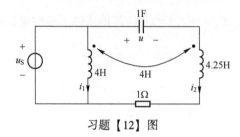

习题【12】图

第 17 章

非线性电路

17.1 知识框图及重点和难点

本章重点掌握以下内容。

（1）理解非线性电阻特性与线性电阻特性的差异。

（2）理解非线性电阻电路与线性电阻电路分析的本质区别。非线性电阻电路分析的基本依据仍然是 KCL、KVL 和 VCR。非线性电阻电路的方程是一组非线性代数方程，不易求解，有一些特殊的方法。

（3）掌握非线性电阻电路常用的几种分析方法，即小信号分析法、分段线性化方法、图解法等。其中，小信号分析法仅适用于电路的交流信号为小信号的场合，是一种近似分析方法；分段线性化方法也是一种近似分析方法；图解法可以解决一些简单非线性电阻电路的问题。

（4）掌握简单非线性电路的综合。根据理论，采用理想电压源、理想电流源、理想线性电阻和理想二极管可以实现非线性端口特性，通过对端口特性的分解，可获得端口特性所对应的电路。这是本章学习的难点。

非线性电路知识框图如图 17-1 所示。

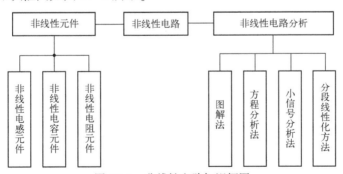

图 17-1 非线性电路知识框图

17.2 内容提要及学习指导

17.2.1 非线性元件

1. 非线性电阻

非线性电阻的特性如下。

（1）电流控制型：端电压是电流的单值函数，函数关系为 $u=f(i)$。

（2）电压控制型：电流是端电压的单值函数，函数关系为 $i=g(u)$。

（3）单调型：伏安特性既可电流控制又可电压控制，函数关系为 $u=f(i)$ 或 $i=g(u)$。

非线性电阻的参数如下。

（1）静态电阻为

$$R=\frac{u}{i}\bigg|_{\text{工作点}P}$$

（2）动态电阻为

$$R_{\mathrm{d}}=\frac{\mathrm{d}u}{\mathrm{d}i}\bigg|_{\text{工作点}P}$$

（3）静态电导为

$$G=\frac{i}{u}\bigg|_{\text{工作点}P}$$

（4）动态电导为

$$G_{\mathrm{d}}=\frac{\mathrm{d}i}{\mathrm{d}u}\bigg|_{\text{工作点}P}$$

非线性电阻的伏安特性不是线性的，参数无固定值。

2. 非线性电感

非线性电感的特性如下。

（1）磁通链是电流的单值函数，函数关系为 $\psi=f(i)$。

（2）电流是磁通链的单值函数，函数关系为 $i=h(\psi)$。

（3）韦安特性既可电流控制又可磁通链控制，函数关系为 $\psi=f(i)$ 或 $i=h(\psi)$。

非线性电感的参数如下。

（1）静态电感为

$$L=\frac{\psi}{i}\bigg|_{\text{工作点}P}$$

（2）动态电感为

$$L_{\mathrm{d}}=\frac{\mathrm{d}\psi}{\mathrm{d}i}\bigg|_{\text{工作点}P}$$

非线性电感的韦安特性不是线性的，参数无固定值。

3. 非线性电容

非线性电容的特性如下。

（1）电荷是端电压的单值函数，函数关系为 $q=f(u)$。

（2）端电压是电荷的单值函数，函数关系为 $u=h(q)$。

（3）库伏特性既可电压控制又可电荷控制，函数关系为 $q=f(u)$ 或 $u=h(q)$。

非线性电容的参数如下。

（1）静态电容为

$$C=\frac{q}{u}\bigg|_{\text{工作点}P}$$

（2）动态电容为

$$C_d = \frac{dq}{du}\bigg|_{\text{工作点}P}$$

非线性电容的库伏特性不是线性的，参数无固定值。

17.2.2 非线性电路分析

对由直流电源激励的非线性电路进行分析被称为静态分析。对于只有一个非线性电阻、非线性电阻通过串联或并联等效为一个非线性电阻的电路，可先将线性电路部分等效为戴维南支路，再将非线性电阻的特性方程 $i = g(u)$ 与戴维南支路的电压、电流关系 $u = U_{OC} - R_{eq}i$ 联立求解，即可确定电路的工作点。

1. 图解法

通过作图方法确定非线性电路的解被称为图解法。用作图方法确定非线性电阻的串联和并联的端口特性，以及用作图方法确定静态工作点，均属于图解法。

2. 小信号分析法

小信号分析法是用于分析由直流电源和幅值很小的交流电源共同作用的非线性电路的方法，即将非线性电阻的特性在静态工作点处用切线近似，变成线性电路，交流电源的作用结果叠加在直流电源的作用结果之上，按照这个思路得出小信号等效电路，即可求解。

小信号分析法的步骤如下：

① 确定静态工作点；

② 求出非线性电阻在静态工作点处的动态电阻或动态电导；

③ 将直流电源置0，非线性电阻用阻值为动态电阻的线性电阻替代，得到小信号等效电路；

④ 求解小信号等效电路，将结果叠加在静态工作点上，得到非线性电阻的电压和电流。

3. 分段线性化方法

分段线性化方法可以分析较复杂的非线性电阻电路。其思路是将非线性电阻的特性近似为折线，每一段折线的 u-i 关系可以用线性戴维南支路等效，由此将非线性电路变为线性电路，即可用线性电路的分析方法进行分析。需要注意，非线性电阻特性的每一段折线都有对应的电压和电流范围，非线性电阻电路的工作点可能落在折线的任何一段。

第17章习题

习题【1】　含非线性电阻的电路如习题【1】图所示，已知 $U_S = 10V$，$R_1 = 3\Omega$，$R_2 = 8\Omega$，$I = 0.06U^2 + 0.3U$，试计算电压 U。

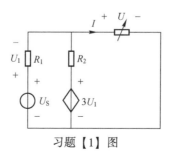

习题【1】图

习题【2】 习题【2】图（a）中，VD 是理想二极管，输入电压 U_i 的波形如习题【2】图（b）所示，试画出输出电压 U_o 的波形（右侧开路）。

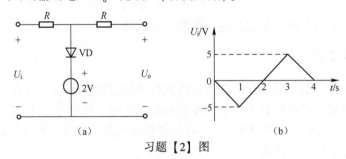

习题【2】图

习题【3】 习题【3】图中，非线性电阻 R 属于电压控制型，即 $i=g(u)=\begin{cases}u^2 & (u\geqslant 0)\\ 0 & (u<0)\end{cases}$，信号源 $u_S=2\times 10^{-3}\cos\omega t\,\mathrm{V}$，试求在静态工作点处的电压 u 和电流 i。

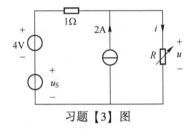

习题【3】图

习题【4】 含非线性电路的电路如习题【4】图所示，已知两个非线性电阻的伏安关系式为 $i_1=g_1(U)=\begin{cases}U^2 & U>0\\ 0 & U<0\end{cases}$、$i_2=g_2(U)=\begin{cases}0.5U^2+U & U>0\\ 0 & U<0\end{cases}$，直流电源 $I_S=8\mathrm{A}$，交流电源 $i_S=0.5\sin t\,\mathrm{A}$，试用小信号分析法求 U、i_1、i_2。

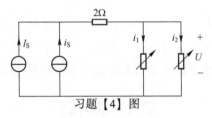

习题【4】图

习题【5】 习题【5】图（a）中，非线性电感 L 的韦安特性 $\psi=0.1\sqrt[3]{i_L}$，非线性电阻 R 的伏安特性如习题【5】图（b）所示，$U=50\mathrm{V}$，$u_S(t)=\sqrt{2}\times 10^{-3}\sin 1000t\,\mathrm{V}$，$C=\dfrac{1}{3}\times 250\mu\mathrm{F}$，求 u_C。

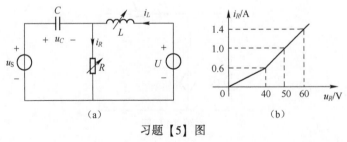

习题【5】图

习题【6】 电路如习题【6】图（a）所示，非线性电阻的伏安特性如习题【6】图（b）所示，求 u 和 i。

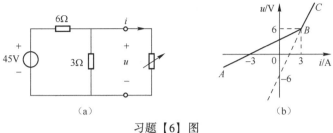

（a）   （b）

习题【6】图

习题【7】 习题【7】图中，电压源 $u_S = 12 + \varepsilon(t)\,\mathrm{V}$，非线性电容的库伏特性 $q = 2.5 \times 10^{-3}u_C^2$，试用小信号分析法求电容电压 u_C。

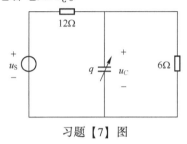

习题【7】图

习题【8】 试用图解法求习题【8】图所示非线性电路中的电压 u_3 和电流 i_3，非线性电阻由方程 $i_3 = 2u_3^2$ 描述。

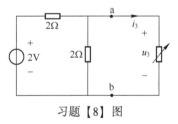

习题【8】图

习题【9】 习题【9】图中，已知 $R_4 = 6\,\Omega$，$R_5 = 3\,\Omega$，$I_{S4} = 2\mathrm{A}$，$U_{S5} = 57\mathrm{V}$，$\alpha = 3$，$L = 0.1\mathrm{mH}$，$i_S = 2\sin(10^4 t + 30°)\,\mathrm{mA}$，非线性电容的库伏特性为 $q = 13.5u^{1/3} \times 10^{-4}\mathrm{C}$，试求：

（1）a、b 右侧的戴维南等效电路；

（2）非线性电容上的电压和电流。

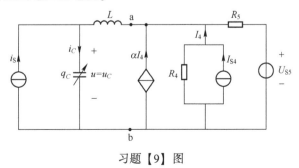

习题【9】图

习题【10】(综合提高题)　已知习题【10】图（a）中二端口网络的传输参数 $T = \begin{bmatrix} 1.5 & 2.5 \\ 0.5 & 1.5 \end{bmatrix}$，负载电阻 R 为非线性电阻，伏安特性如习题【10】图（b）所示，求 R 上的电压和电流。

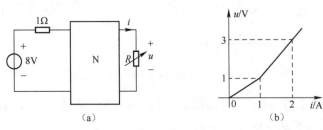

习题【10】图

第 18 章

均匀传输线

18.1 知识框图及重点和难点

本章需要掌握的重点和难点如下：

（1）分布参数电路、均匀传输线和无损耗均匀传输线的定义。

（2）均匀传输线的电压、电流关系方程及其正弦稳态解，均匀传输线上的行波。

（3）无损耗均匀传输线上的驻波，无损耗均匀传输线的负载效应，特别是终端开路和终端短路无损耗均匀传输线的特性与应用。

（4）求解正弦稳态时无损耗均匀传输线的输入阻抗（终端开路、终端短路或接任意负载时）。

（5）用彼得逊法则或方程法求无损耗均匀传输线的暂态电压、暂态电流。

均匀传输线知识框图如图 18-1 所示。

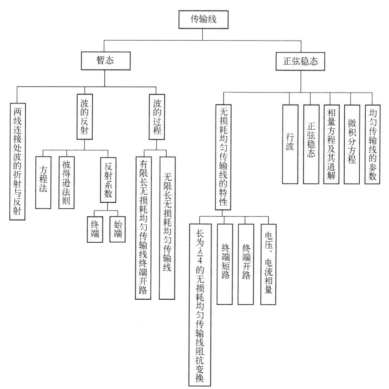

图 18-1　均匀传输线知识框图

18.2 内容提要及学习指导

18.2.1 均匀传输线的基本方程

在分布参数电路中，由于考虑了电路参数的分布特性，因此电路的基本变量 u、i 不仅是时间 t 的函数，还与距离 x 有关。均匀传输线的基本方程为

$$\begin{cases} -\dfrac{\partial u}{\partial x} = R_0 i + L_0 \dfrac{\partial i}{\partial t} \\ -\dfrac{\partial i}{\partial x} = G_0 u + C_0 \dfrac{\partial u}{\partial t} \end{cases} \tag{18-1}$$

式中，R_0、L_0、C_0、G_0 分别为均匀传输线单位长度的电阻、电感、电容和电导，被称为均匀传输线的原始参数。

18.2.2 均匀传输线的正弦稳态解

（1）行波

如果均匀传输线在正弦交流电源激励作用下，u、i 分别用相量 $\dot{U}$、$\dot{I}$ 来描述，则式（18-1）的通解为

$$\begin{cases} \dot{U}(x) = A_1 e^{-\gamma x} + A_2 e^{\gamma x} = \dot{U}_+(x) + \dot{U}_-(x) \\ \dot{I}(x) = \dfrac{A_1}{Z_C} e^{-\gamma x} - \dfrac{A_2}{Z_C} e^{\gamma x} = \dot{I}_+(x) - \dot{I}_-(x) \end{cases} \tag{18-2}$$

式中，$\gamma = \sqrt{(R_0 + j\omega L_0)(G_0 + j\omega C_0)} = \alpha + j\beta$ 被称为传播常数；α 为均匀传输线的衰减系数；β 为均匀传输线的相位系数；$Z_C = \sqrt{\dfrac{R_0 + j\omega L_0}{G_0 + j\omega C_0}}$ 为均匀传输线的特性阻抗；$\dot{U}_+(x)$、$\dot{I}_+(x)$ 为电压、电流的正向行波；$\dot{U}_-(x)$、$\dot{I}_-(x)$ 为电压、电流的反向行波。

均匀传输线上各处的电压或电流都可以看作由两个向相反方向前进的行波（正向行波和反向行波）叠加而成。

行波的波长为

$$\lambda = \frac{2\pi}{\beta} \tag{18-3}$$

行波的速度为

$$v = \frac{\omega}{\beta} = \frac{\lambda}{T} = \lambda f \tag{18-4}$$

反向电压行波与正向电压行波的相量之比或反向电流行波与正向电流行波的相量之比被称为反射系数（N），有

$$N = \frac{\dot{U}_-(x)}{\dot{U}_+(x)} = \frac{\dot{I}_-(x)}{\dot{I}_+(x)} \tag{18-5}$$

若终端接负载 Z_L，则终端反射系数 N_2 为

$$N_2 = \frac{Z_L - Z_C}{Z_L + Z_C} \tag{18-6}$$

（2）均匀传输线的正弦稳态方程

在正弦稳态下，若已知始端电压相量 $\dot{U}_1$、电流相量 $\dot{I}_1$，则距始端 x 处电压相量 $\dot{U}$ 和电流相量 $\dot{I}$ 分别为

$$\begin{cases} \dot{U} = \dot{U}_1 \cos\gamma x - \dot{I}_1 Z_C \sin\gamma x \\ \dot{I} = -\dfrac{\dot{U}_1}{Z_C}\sin\gamma x + \dot{I}_1 \cos\gamma x \end{cases} \tag{18-7}$$

若已知终端电压相量 $\dot{U}_2$、电流相量 $\dot{I}_2$，则距终端 x' 处的 $\dot{U}$ 和 $\dot{I}$ 分别为

$$\begin{cases} \dot{U} = \dot{U}_2 \cos\gamma x' + \dot{I}_2 Z_C \sin\gamma x' \\ \dot{I} = \dfrac{\dot{U}_2}{Z_C}\sin\gamma x' + \dot{I}_2 \cos\gamma x' \end{cases} \tag{18-8}$$

当终端负载阻抗 Z_L 等于特性阻抗 Z_C 时，均匀传输线处于匹配工作状态，均匀传输线上任意一点的输入阻抗都等于特性阻抗。在均匀传输线上无反向行波，只有正向行波。在匹配状态下，均匀传输线上传输的功率被称为自然功率，均匀传输线的基本方程可简化为

$$\begin{cases} \dot{U}(x) = \dot{U}_1 e^{-\gamma x} \\ \dot{I}(x) = \dot{I}_1 e^{-\gamma x} \end{cases} \tag{18-9}$$

（3）无损耗均匀传输线

如果均匀传输线单位长度电阻 R_0 和单位长度电导 G_0 等于 0，则被称为无损耗均匀传输线，简称无损线。

传播系数为

$$\gamma = j\omega\sqrt{L_0 C_0} = j\beta \tag{18-10}$$

特性阻抗为

$$Z_C = \sqrt{L_0/C_0} \tag{18-11}$$

传播速度为

$$v = \frac{\omega}{\beta} = \frac{1}{\sqrt{L_0 C_0}} \tag{18-12}$$

若已知始端电压相量 $\dot{U}_1$、电流相量 $\dot{I}_1$，则距始端 x 处电压相量 $\dot{U}$ 和电流相量 $\dot{I}$ 分别为

$$\begin{cases} \dot{U} = \dot{U}_1 \cos\beta x - j\dot{I}_1 Z_C \sin\beta x \\ \dot{I} = -j\dfrac{\dot{U}_1}{Z_C}\sin\beta x + \dot{I}_1 \cos\beta x \end{cases} \tag{18-13}$$

若已知终端电压相量 $\dot{U}_2$、电流相量 $\dot{I}_2$，则距终端 x' 处的电压相量 $\dot{U}$ 和电流相量 $\dot{I}$ 分别为

$$\begin{cases} \dot{U} = \dot{U}_2 \cos\beta x' + j\dot{I}_2 Z_C \sin\beta x' \\ \dot{I} = j\dfrac{\dot{U}_2}{Z_C}\sin\beta x' + \dot{I}_2 \cos\beta x' \end{cases} \tag{18-14}$$

始端输入阻抗为

$$Z_i = \frac{\dot{U}(l)}{\dot{I}(l)} = Z_C \frac{Z_L \cos\beta l + jZ_C \sin\beta l}{jZ_L \sin\beta l + Z_C \cos\beta l} \qquad (18-15)$$

当终端负载阻抗 Z_L 等于特性阻抗 Z_C 时，始端输入阻抗 $Z_i = Z_C$。

当线路长度 $l = \lambda/4$ 时，有

$$\beta l = \pi/2 \qquad (18-16)$$

始端输入阻抗为

$$Z_i = \frac{Z_C^2}{Z_L} \qquad (18-17)$$

当终端开路时，有

$$Z_L \to \infty, \quad \dot{I}_2 = 0, \quad \dot{U}_1 = \dot{U}_2 \cos\beta l, \quad \dot{I} = j\frac{\dot{U}_2}{Z_C}\sin\beta l \qquad (18-18)$$

始端输入阻抗为

$$Z_i = -jZ_C \cot\beta l = -jX \qquad (18-19)$$

当终端开路时，电压和电流形成驻波。在距终端 $x' = \frac{2k+1}{4}\lambda$ 处，电压的幅值恒为 0，为驻波的波节；电流的幅值为最大，为驻波的波腹。在距终端 $x' = k\lambda/2$ 处，电压的幅值为最大，为驻波的波腹；电流的幅值恒为 0，为驻波的波节。长度满足 $l < \lambda/4$ 时，终端开路无损线可以等效为电容。

当终端短路时，有

$$Z_L = 0, \quad \dot{U}_2 = 0, \quad \dot{U}_1 = j\dot{I}_2 Z_C \sin\beta l, \quad \dot{I}_1 = \dot{I}_2 \cos\beta l \qquad (18-20)$$

始端输入阻抗为

$$Z_i = jZ_C \tan\beta l = jX \qquad (18-21)$$

当终端短路时，电压和电流也形成驻波。在距终端 $x' = \frac{2k+1}{4}\lambda$ 处，电压的幅值为最大，电流的幅值恒为 0。在距终端 $x' = k\lambda/2$ 处，电流的幅值为最大，电压的幅值恒为 0。长度满足 $l < \lambda/4$ 时，终端短路无损线可以等效为电感。

18.2.3　无损线的暂态过程

（1）无损线上波的多次反射

当无损线的始端和终端接电阻性负载且不匹配时，电压和电流的行波在无损线上进行多次反射，终端（始端）的电压（电流）反射波等于入射电压（电流）乘以终端（始端）反射系数。在某一时刻，无损线上的电压（电流）等于所有入射和反射电压（电流）的叠加。电压叠加为正向电压行波与反向电压行波之和。电流叠加为正向电流行波与反向电流行波之差。

（2）求反射波的一般方法——彼得逊法则

当无损线的终端接有一般性负载（R、L、C 及其组合），正向行波电压 u_+ 到达终端时，既有反射产生，又有透射产生。从终端向始端看，相当于接通一个电压为 $2u_+$、内阻为 Z_C

的电压源，等效电路如图18-2所示。可依据集总参数先求解法求出终端电压 u_2 和电流 i_2，再由终端电压、电流关系 $u_2 = u_+ + u_-$、$i_2 = i_+ - i_-$，求出反射电压 u_- 和电流 i_-。

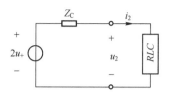

图18-2 彼得逊法则等效电路

第18章习题

习题【1】 无损架空线的波阻抗为 400Ω（终端开路），电源频率为 100MHz，若要使输入端相当于 100pF 的电容，线长 l 最短应为多少？

习题【2】 习题【2】图中，无损线的长度 $l = 50\text{m}$，特性阻抗 $Z_C = 100\sqrt{3}\,\Omega$，传输线一端开路，一端短路，中间接一电压源 $u_S = 3\sqrt{2}\cos(\omega t + 30°)\,\text{V}$，工作波长 $\lambda = 300\text{m}$，求流过电压源的电流 i。

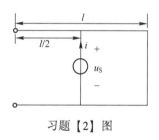

习题【2】图

习题【3】 习题【3】图中，无损耗均匀传输线 l_1、l_2、l_3 的长度均为 0.75m，特性阻抗 $Z_C = 100\Omega$，$u_S = 10\cos(2\pi \times 10^8 t)\,\text{V}$，$v = 3 \times 10^8\text{m/s}$，终端 3-3′ 接负载 $Z_2 = 10\Omega$，终端 4-4′ 短路，求电流 i_1。

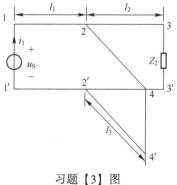

习题【3】图

习题【4】 习题【4】图中，无损线长为 18m，波阻抗 $Z_C = 100\Omega$，u_S 为正弦电压源，无损线上的行波波长 $\lambda = 8\text{m}$，终端接集总参数电感，电感的感抗 $X_L = 100\sqrt{3}\,\Omega$，试求无损线

上电压始终为 0 的点距终端的距离。

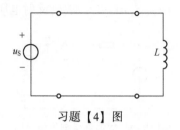

习题【4】图

习题【5】 习题【5】图中，已知 $\dot{U}_S = 100\angle 0°\,\text{V}$，$R_S = 100\Omega$，$Z_{C1} = Z_{C2} = 200\Omega$，$Z_{C3} = 100\Omega$，$R = 200\Omega$，$R_2 = 200\Omega$，$X_L = 100\Omega$，$f = 7.5\times 10^7\,\text{Hz}$，$l_1 = 1\text{m}$，$l_2 = 2\text{m}$，$l_3 = 0.5\text{m}$，求 Z_{l_1}、$\dot{U}_{4-4'}$。

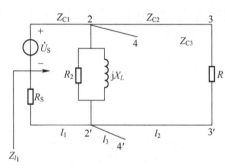

习题【5】图

习题【6】 习题【6】图中，无损线的特性阻抗分别为 $Z_{C1} = 100\Omega$，$Z_{C2} = 200\Omega$，始端电压源 $\dot{U}_1 = 100\angle 0°\,\text{V}$，电磁波波长为 λ，无损线长度分别为 $l_1 = \dfrac{\lambda}{6}$，$l_2 = \dfrac{\lambda}{4}$，A 点距 l_1 末端 $2\text{-}2'\dfrac{\lambda}{12}$，$l_2$ 末端 $3\text{-}3'$ 短路，求：

（1）l_1 的始端电流 $\dot{I}_1$ 和终端电压 $\dot{U}_2$；

（2）A 点电压有效值 U_A 和电流有效值 I_A；

（3）l_2 的始端电流有效值 I_2 和终端短路电流有效值 I_3。

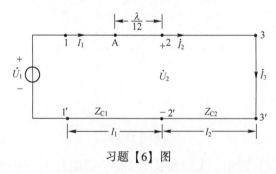

习题【6】图

习题【7】 无损耗均匀传输线稳态电路如习题【7】图所示，特性阻抗和长度分别为

$Z_{C1} = 100\Omega$，$Z_{C2} = 50\Omega$，$Z_{C3} = 100\Omega$，l_1 未知，$l_2 = l_3 = \lambda/8$，始端1-1′接正弦电压源 $\dot{U}_S$，终端 3-3′短路，4-4′开路，l_1 和 l_2 之间接有集总参数电阻 $R = 50\Omega$，当 $\dot{U}_S = 600\angle 0°\text{V}$ 时，$\dot{U}_R = 300\sqrt{2}\angle -75°\text{V}$，求 l_1 的最小长度。

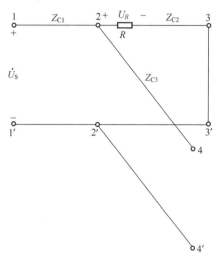

习题【7】图

习题【8】　习题【8】图中，已知 $Z_{C1} = 400\Omega$，$Z_{C2} = Z_{C3} = 800\Omega$，$C = 5\mu\text{F}$（无初始储能），$u_S = 42\text{V}$，$R_S = 20\Omega$，以入射波到达 2-2′为计时起点，求：

（1）第二根无损线上的入射波电流；

（2）第一根无损线上的反射波电压、电流。

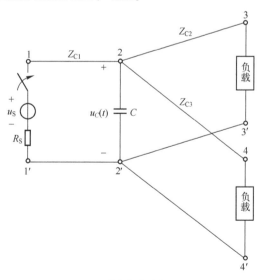

习题【8】图

习题【9】　习题【9】图中，长度均为 l 的无损线，$Z_{C1} = 750\Omega$，$Z_{C2} = 400\Omega$，第一根无损线始端接电压源 $u_S = 38\text{kV}$，$R_S = 250\Omega$，两根无损线均接有集总参数电路元件，$R_1 = 400\Omega$，$L = 1\text{H}$，$C = 1\mu\text{F}$，电容和电感处于零状态，以第一根无损线入射波到达 2-2′端的时刻为计时

起点，求：

（1）第一次到达 2-2′端的入射波电压和电流；

（2）第二根无损线始端 3-3′的第一次透射波电压和电流。

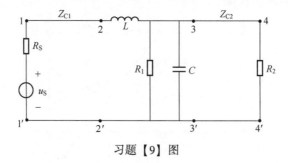

习题【9】图

习题【10】 习题【10】图中，两根无损线的特性阻抗相同，$Z_{C1} = Z_{C2} = 200\Omega$，长度均为 l，电磁波在无损线上的传播速度均为 v，两根无损线之间接有两个集总参数电阻，$R_1 = 100\Omega$，$R_2 = 600\Omega$，第二根无损线终端接有集总参数电阻和零状态电容，$R_3 = 100\Omega$，$C = 1\mu F$，现由 1-1′传来一矩形电压波 $U_0 = 9kV$，以电磁波到达 3-3′端为计时起点（$t = 0$），在 $0<t<l$ 期间，求：

（1）第一根无损线终端的电压 u_1 和电流 i_1；

（2）第二根无损线终端的电压 u_2 和电流 i_2。

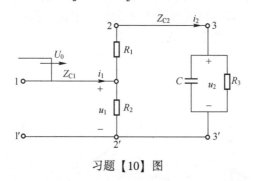

习题【10】图

习题【11】 习题【11】图中，两根均匀无损线通过集总参数元件相连，已知 $Z_{C1} = 100\Omega$，$Z_{C2} = 200\Omega$，集总参数电感 $L = 0.6H$，现由始端传来一波前为矩形的入射波 $U_0 = 15kV$，以入射波到达 2-2′时为计时起点，设入射波尚未到达 3-3′，求：

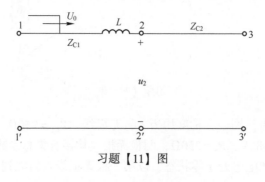

习题【11】图

（1）电压 u_2；

（2）第一根无损线的反射波电压；

（3）第二根无损线的透射波电压。

习题【12】　习题【12】图中，一根无损线经集总参数电感 L 和集总参数电阻 R 与另一根无损线相连，已知 $Z_{C1} = 300\Omega$，$Z_{C2} = 600\Omega$，$L = 0.5\mathrm{H}$，$R = 300\Omega$，现由始端传来一矩形波 $U_0 = 15\mathrm{kV}$，求波到达连接处 2-2′的电流 i、反射波电流 i_{1-} 和透射波电流 i_{2+}。

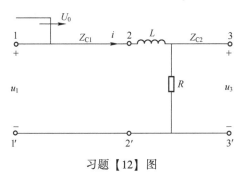

习题【12】图

附录 A 习题答案

A1 第 1、2 章习题答案

习题【1】解 根据广义 KCL 可得 2Ω 上没有电流流过，则电路可以化简为习题【1】解图。

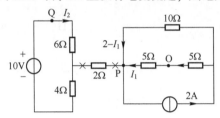

习题【1】解图

列写 KVL 方程，可得

$$\begin{cases} (6+4)I_2 = 10 \\ 10(2-I_1) = (5+5)I_1 \end{cases} \Rightarrow \begin{cases} I_1 = 1\text{A} \\ I_2 = 1\text{A} \end{cases}$$

求得 P 点和 Q 点的电位分别为 $U_P = 0 - 5 \times 1 = -5\,(\text{V})$，$U_Q = U_P + 6 \times 1 = -5 + 6 = 1\,(\text{V})$。

习题【2】解 标注电量如习题【2】解图所示。

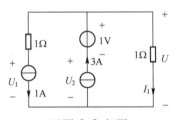

习题【2】解图

根据 KCL 方程，可得

$$I_1 = 3 - 1 = 2\,(\text{A})$$

根据 *KVL* 方程，可得

$$U = I_1 \times 1 = 2\,(\text{V})$$
$$U_1 = U - 1 \times 1 = 1\,(\text{V})$$
$$U_2 = U - 1 = 1\,(\text{V})$$

R_2 吸收功率为

$$P_{R_2} = 2^2 \times 1 = 4\,(\text{W})$$

1A 电流源吸收功率为

$$P_{1A} = 1 \times 1 = 1\,(\text{W})$$

3A 电流源发出功率为

$$P_{3A} = 3 \times 1 = 3\,(\text{W})$$

习题【3】解 电流源与电阻串联可等效为电流源，将三个Y形连接的 2Ω 电阻等效变换为△形连接，如习题【3】解图（1）所示：

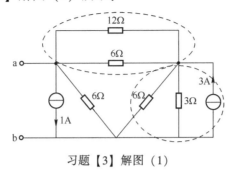

习题【3】解图（1）

将并联电阻合并，进行等效变换后，如习题【3】解图（2）所示。

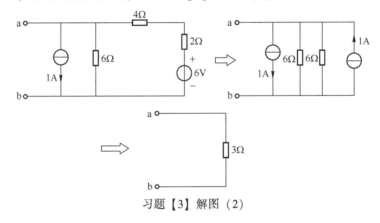

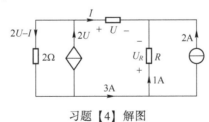

习题【3】解图（2）

习题【4】解 如习题【4】解图所示。

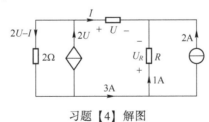

习题【4】解图

（1）由广义 KCL 可知 $I=-3A$，列写 KVL 方程，有

$$2(2U-I)=U-R\times 1$$

解得

$$U=-\frac{10}{3}V$$

（2）已知 $U=-4V$，$I=-3A$，则电压

$$U_R=2(I-2U)+U=-3\times 2+(-3)\times(-4)=6(V)$$

电阻为

$$R=\frac{U_R}{1}=\frac{6}{1}=6(\Omega)$$

习题【5】解　根据 KCL 将各支路电流标在习题【5】解图中。

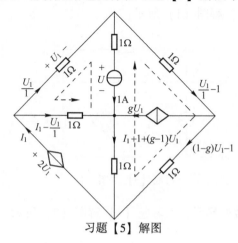

习题【5】解图

列写 KVL 方程可得

$$2U_1 = I_1 - U_1 + I_1 + 1 + (g-1)U_1 \Rightarrow 2U_1 = (g-2)U_1 + 2I_1 + 1$$

得到

$$I_1 = U_1 - \frac{1}{2}(g-2)U_1 - \frac{1}{2} = \left(2 - \frac{1}{2}g\right)U_1 - \frac{1}{2}$$

即

$$U = -1 \times 1 - U_1 + I_1 - U_1 = -1 - 2U_1 + I_1$$

又

$$U = -1 + U_1 - 1 + (1-g)U_1 - 1 - I_1 - 1 - (g-1)U_1 = (3-2g)U_1 - I_1 - 4$$

同时

$$(3-2g)U_1 - I_1 - 4 = -1 - 2U_1 + I_1$$

化简有

$$(5-2g)U_1 = 2I_1 + 3 = (4-g)U_1 - 1 + 3 = (4-g)U_1 + 2$$

即

$$U_1 = \frac{2}{1-g}$$

解得

$$U = -1 - 2\frac{2}{1-g} + \left(2 - \frac{1}{2}g\right)\frac{2}{1-g} - \frac{1}{2} = \frac{4-g-4}{1-g} - \frac{3}{2} = -\frac{g}{1-g} - \frac{3}{2}$$

习题【6】解　列写 KCL、KVL 方程，有

$$\begin{cases} u_1 + 2u_2 + 3u_3 + u_3 = 120 \\ u_2 = 4u_3 \\ u_1 = 3u_2 = 12u_3 \end{cases}$$

化简得

$$12u_3 + 8u_3 + 4u_3 = 24u_3 = 120$$

解得

$$u_3 = 5\text{V}$$

习题【7】解 标注参数如习题【7】解图所示，电压源 U_{S3} 的电流为1A。

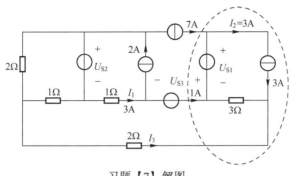

习题【7】解图

对虚线部分列写 KCL 方程，可得

$$7+1+I_3=0$$

解得

$$I_3=-8\text{A}$$

习题【8】解 导线两端是等电位点，如习题【8】解图所示。

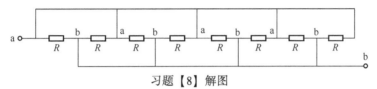

习题【8】解图

等效电阻为

$$R_{ab}=\frac{1}{8}R$$

习题【9】解 习题【9】解图（a）中，虚线圈出的部分电桥平衡，得到等效电路如习题【9】解图（b）所示，列出 KVL 方程，有

$$\left(4-\frac{U}{2}\right)\times2+8-U=0\Rightarrow U=8\text{V}$$

解得电流为

$$I=\frac{1}{2}\times\left(4-\frac{U}{2}\right)=0(\text{A})$$

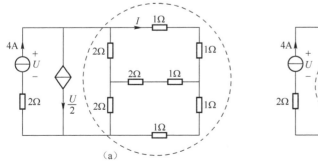

（a）

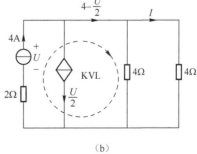

（b）

习题【9】解图

习题【10】解　电路化简如习题【10】解图所示。

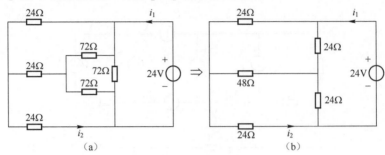

习题【10】解图

由电桥平衡，可得

$$i_1 = \frac{24}{(24+24)//(24+24)} = 1(\text{A}), \quad i_2 = \frac{1}{2}i_1 = \frac{1}{2}(\text{A})$$

习题【11】解　(1) 习题【11】图 (a) 中，由于 $\frac{R_1}{R_4} = \frac{R_2}{R_5} = \frac{1}{3}$，因此电桥平衡，即 c、d 为等电位，$R_6$ 上没有电流流过，相当于开路，则

$$R_{ab} = R_3//(R_1+R_4)//(R_2+R_5) = 1.14\Omega$$

(2) 将习题【11】图 (b) 中由 1Ω、1Ω、2Ω 组成的 Y 形电阻电路和由 2Ω、2Ω、1Ω 组成的 Y 形电阻电路变换为对应的 △ 形电阻电路，如习题【11】解图 (a) 所示，变换后，节点 c、d 消失，把习题【11】解图 (a) 简化为习题【11】解图 (b)，可求得

$$R_{ab} = [(2.5//8)+(5//4//2)]//(5//4) = 1.269(\Omega)$$

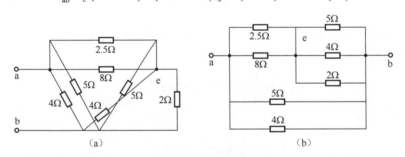

习题【11】解图

习题【12】解　等效电路如习题【12】解图 (1) 所示。

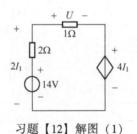

习题【12】解图 (1)

由 KVL 方程，有

$$\begin{cases} 2I_1 = 14 - 2 \times \dfrac{U}{1} \\ 2I_1 = U + 4I_1 \end{cases}$$

可得

$$\begin{cases} U = 14\text{V} \\ I_1 = -7\text{A} \end{cases}$$

控制量变换为 μU 的电压源后，等效电路如习题【12】解图（2）所示。

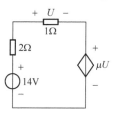

习题【12】解图（2）

由 KVL 方程，有

$$14 = 3U + \mu U$$

解得

$$\mu = -2$$

习题【13】解 方法一：等效电路如习题【13】解图所示。

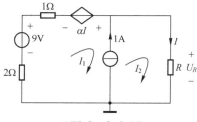

习题【13】解图

列回路电流方程，有

$$\begin{cases} (2+1)I_1 = 9 + \alpha I - U_R \\ I_2 R = U_R \end{cases}$$

补充方程为

$$I_2 - I_1 = 1\text{A}, \quad I = I_2$$

解得

$$U_R = 9 + \alpha + (\alpha - 3)I_1$$

当 $\alpha = 3$ 时，$U_R = 12\text{V}$ 为定值。

方法二：列节点电压方程，有

$$U_R \left(\frac{1}{2+1} + \frac{1}{R} \right) = \frac{9 + \alpha I}{2+1} + 1$$

其中，$I = \dfrac{U_R}{R}$，解得 $U_R = \dfrac{12R}{R + 3 - \alpha}$。

只有当 $\alpha = 3$ 时，$U_R = 12\text{V}$，为常数。

习题【14】解 由题意知，电阻 R 两端电位相等，等效电路如习题【14】解图所示。

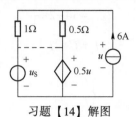

习题【14】解图

由图得

$$u_{\mathrm{S}} = 0.5u \qquad\qquad ①$$

由 KCL 方程，有

$$\frac{u-u_{\mathrm{S}}}{1} + \frac{u-0.5u}{0.5} = 6 \qquad\qquad ②$$

联立①②，可得

$$u_{\mathrm{S}} = 2\mathrm{V}$$

习题【15】解 （1）根据极限思想，等效电路如习题【15】解图所示。

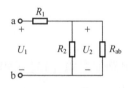

习题【15】解图

根据等效电路列出方程，有

$$R_{\mathrm{ab}} = R_1 + \frac{R_2 R_{\mathrm{ab}}}{R_2 + R_{\mathrm{ab}}}$$

解得

$$R_{\mathrm{ab}} = \frac{R_1 + \sqrt{R_1^2 + 4R_1 R_2}}{2}$$

（2）电压比为 1:2，则

$$\frac{U_2}{U_1} = \frac{\dfrac{R_2 R_{\mathrm{ab}}}{R_2 + R_{\mathrm{ab}}}}{R_1 + \dfrac{R_2 R_{\mathrm{ab}}}{R_2 + R_{\mathrm{ab}}}} = \frac{R_2}{R_2 + R_{\mathrm{ab}}} = \frac{R_2}{R_2 + \dfrac{R_1 + \sqrt{R_1^2 + 4R_1 R_2}}{2}} = \frac{1}{2}$$

解得

$$\frac{R_1}{R_2} = \frac{1}{2}$$

习题【16】解 由 KCL 和 KVL 方程，有

$$\begin{cases} I_2 + I_3 = 4\mathrm{A} \\ U_2 = 20 - 25 = -5(\mathrm{V}) \\ U_3 + 1.5 I_2 = U_2 \end{cases}$$

总功率为

$$P_{123} = 4\times25 + U_2 \cdot I_2 + U_3 \cdot I_3$$

解得
$$P_{123} = 100 - 5I_2 + (-5 - 1.5I_2)(4 - I_2) = 80 - 6I_2 + \frac{3}{2}I_2^2$$

对 I_2 求导，并求极值点，即
$$\frac{\mathrm{d}(P_{123})}{\mathrm{d}(I_2)} = 3I_2 - 6 = 0 \Rightarrow I_2 = 2\mathrm{A}$$

求 P_{123} 最小值为
$$(P_{123})_{\min} = 80 - 6 \times 2 + \frac{3}{2} \times 2^2 = 74(\mathrm{W})$$

习题【17】解　电量标注如习题【17】解图所示。

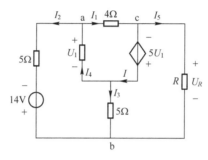

习题【17】解图

4Ω 电阻的两端电压为
$$U_{\mathrm{ac}} = U_1 + 5U_1 = 6U_1 \Rightarrow I_1 = \frac{U_{\mathrm{ac}}}{R_1} = \frac{6U_1}{R} = \frac{6 \times 2}{4} = 3(\mathrm{A})$$

a、b 两点是等电位点，有
$$U_{\mathrm{ab}} = 5I_2 - 14 = 0 \Rightarrow I_2 = \frac{14}{5} = 2.8(\mathrm{A})$$
$$U_{\mathrm{ab}} = U_1 + 5I_3 = 2 + 5I_3 = 0 \Rightarrow I_3 = -0.4\mathrm{A}$$

电流为
$$\begin{cases} I_4 = I_1 + I_2 = 3 + 2.8 = 5.8(\mathrm{A}) \\ I = I_4 + I_3 = 5.8 - 0.4 = 5.4(\mathrm{A}) \\ I_5 = I_1 - I = 3 - 5.4 = -2.4(\mathrm{A}) \end{cases}$$

电压为
$$U_R = I_5 \cdot R = -2.4R = U_{\mathrm{ab}} - 4I_1 = -12(\mathrm{V})$$

电阻为
$$R = 5\Omega$$

习题【18】解　等效电路如习题【18】解图所示。
等效电阻为
$$R_{\mathrm{ab}} = 2 \times [1//1//0.5 + 1]//1 = 2 \times \frac{1.25 \times 1}{1.25 + 1} = \frac{10}{9}(\Omega)$$

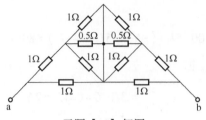

习题【18】解图

习题【19】解 （1）求 R_{AB}。

设对称轴 AB 两侧等电位，如习题【19】解图（1）（a）所示中虚线，重新整理，得到等效电路如习题【19】解图（1）（b）所示，等效电阻为

$$R_{AB} = \left\{\left[1+(1//1)\right]//1//1\right\} \times 2 = \frac{3}{4}(\Omega)$$

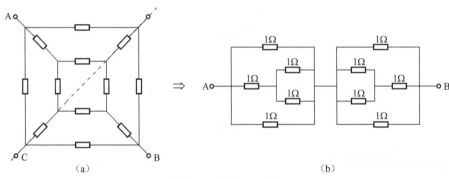

习题【19】解图（1）

（2）求 R_{AC}。

利用对称，虚线部分为对称轴，对习题【19】解图（2）（a）的上方进行Y-△形变换，因存在电桥平衡，得到等效电路如习题【19】解图（2）（b）所示。

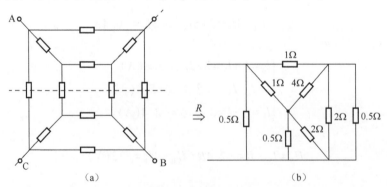

习题【19】解图（2）

等效电阻为

$$R = 0.5//(1+0.5//2)//(1+0.5//2) = \frac{0.5 \times 0.7}{0.5+0.7} = \frac{7}{24}(\Omega)$$

R_{AC} 为

$$R_{AC} = 2R = \frac{7}{12}\Omega$$

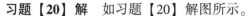

习题【20】解 如习题【20】解图所示。

（1）利用传递对称和平衡对称的概念分析电路中的等电位点。对端口 ab，平面 afeb 是该端口的传递对称面，g 与 c、h 与 d 是等电位点，将它们分别短接，等效电路如习题【20】解图 (b) 所示，有

$$R_{ab}=R//[0.5R+0.5R+0.5R//(0.5R+0.5R+R)]=\frac{7}{12}R$$

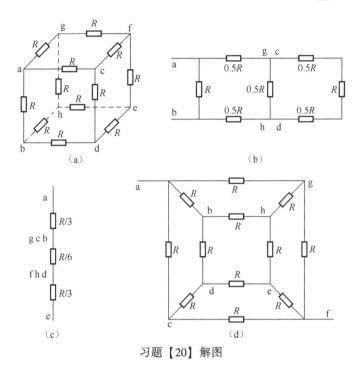

习题【20】解图

（2）对端口 ae，除了平面 afeb 是该端口的传递对称面，平面 aceh 也是该端口的传递对称面，由此可推断 g、c、b 是等电位点，f、h、d 也是等电位点，分别将它们短接，等效电路如习题【20】解图 (c) 所示，有

$$R_{ae}=\frac{1}{3}R+\frac{1}{6}R+\frac{1}{3}R=\frac{5}{6}R$$

（3）对于端口 af，将电路向下压扁，等效电路如习题【20】解图 (d) 所示，是一个平衡对称电路，c、d、h、g 是等电位点，分别将它们短接，则

$$R_{af}=2[R//R//(R+R//R)]=0.75R$$

习题【21】解 电量标注如习题【21】解图所示。

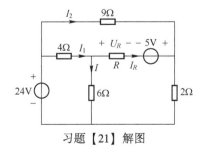

习题【21】解图

列写 KVL 方程，可得

$$4I_1+6I=24 \Rightarrow I_1=\frac{24-6\times1}{4}=4.5(\mathrm{A})$$

根据 KCL 方程，可得

$$I_R=I_1-I=4.5-1=3.5(\mathrm{A})$$

根据 KVL 方程，可得

$$\begin{cases}9I_2=4I_1+U_R-5\\24=9I_2+2(I_2+I_R)\end{cases}$$

解得

$$R=\frac{U_R}{I_R}\approx0.26\Omega$$

习题【22】解 将电路化简如习题【22】解图所示。

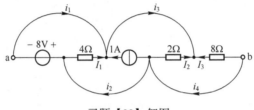

习题【22】解图

电流为

$$I_1=\frac{8}{4}=2(\mathrm{A}),\ I_2=\frac{8}{2}=4(\mathrm{A}),\ I_3=\frac{8}{8}=1(\mathrm{A})$$

有

$$i_4=-I_3=-1\mathrm{A}$$

根据 KCL 方程，有

$$i_4=1+I_2+i_2 \Rightarrow i_2=-1-4-1=-6(\mathrm{A})$$

解得

$$i_3=-I_3-I_2=-1-4=-5(\mathrm{A}),\ i_1=i_3-I_1-1=-5-2-1=-8(\mathrm{A})$$

习题【23】解 标注节点如习题【23】解图（1）所示，由对称性，虚线两侧为等电位点，a、b 等电位，c、d 等电位。

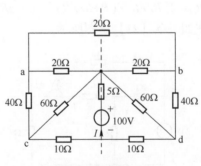

习题【23】解图（1）

将 a、b 和 c、d 分别短接，等效电路如习题【23】解图（2）所示。

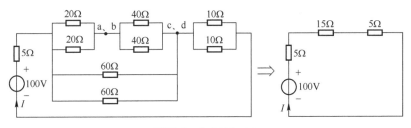

习题【23】解图（2）

电流 I 为

$$I = \frac{100}{5+15+5} = 4(\text{A})$$

习题【24】解 电量标注如习题【24】解图所示。

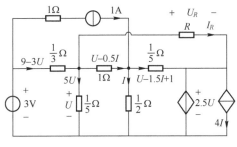

习题【24】解图

列写 KVL 方程，有

$$U = 1 \times (U - 0.5I) + \frac{1}{5} \times (U - 1.5I + 1) + 2.5U \Rightarrow U = \frac{8}{27}I - \frac{2}{27} = -2(\text{V})$$

解得

$$I = -\frac{13}{2}\text{A}$$

其中

$$U_R = 1 \times (U - 0.5I) + \frac{1}{5}(U - 1.5I + 1) = 3(\text{V})$$

解得

$$I_R = 9 - 3U - 5U - (U - 0.5I) = \frac{95}{4}(\text{A})$$

电阻为

$$R = \frac{U_R}{I_R} = \frac{3}{\frac{95}{4}} = \frac{12}{95}(\Omega)$$

习题【25】解 a-c-d、b-e-f 两个三角形连接的电阻可以进行 Y-△形变换，等效电路如习题【25】解图所示。

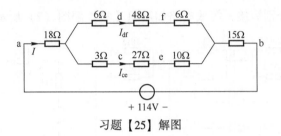

习题【25】解图

等效电阻为

$$R_{ab} = 18+(6+48+6)//(27+3+10)+15 = 18+24+15 = 57(\Omega)$$

电流为

$$I = \frac{114}{R_{ab}} = \frac{114}{57} = 2(A)$$

根据分流公式，可得

$$I_{ce} = \frac{60}{60+40}\times2 = 1.2(A)，\quad I_{df} = \frac{40}{60+40}\times2 = 0.8(A)$$

A2   第 3 章习题答案

习题【1】解   选取电路中的网孔电流方向如习题【1】解图所示。

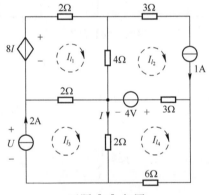

习题【1】解图

列出网孔电流方程为

$$\begin{cases} (4+2+2)I_{l_1}-4I_{l_2}-2I_{l_3}=8I \\ I_{l_2}=1A \\ I_{l_3}=2A \\ (3+6+2)I_{l_4}-3I_{l_2}-2I_{l_3}=4 \end{cases}$$

补充方程为

$$I = I_{l_3}-I_{l_4}$$

解得

$$I_{l_1}=2A，I_{l_4}=1A，I=1A$$

得到

$$U = 2(I_{l_3} - I_{l_1}) + 2I = 2\text{V}$$

习题【2】解 由题意，流经电压源的电流为 2A，标出参考节点和电流参考方向如习题【2】解图所示。

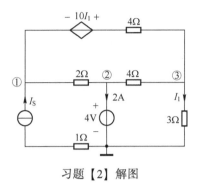

习题【2】解图

已知 $U_{n2} = 4\text{V}$，列出节点电压方程为

$$
\begin{cases}
\left(\dfrac{1}{2} + \dfrac{1}{4}\right)U_{n1} - \dfrac{1}{2}U_{n2} - \dfrac{1}{4}U_{n3} = -\dfrac{10I_1}{4} + I_S \\[2mm]
-\dfrac{1}{4}U_{n1} - \dfrac{1}{4}U_{n2} + \left(\dfrac{1}{3} + \dfrac{1}{4} + \dfrac{1}{4}\right)U_{n3} = \dfrac{10I_1}{4} \\[2mm]
I_1 = \dfrac{U_{n3}}{3} \\[2mm]
I_S = 2 + I_1 (\text{广义 KCL})
\end{cases}
\Rightarrow
\begin{cases}
I_S = \dfrac{34}{3}\text{A} \\[2mm]
U_{n1} = -4\text{V} \\[2mm]
U_{n3} = 28\text{V} \\[2mm]
I_1 = \dfrac{28}{3}\text{A}
\end{cases}
$$

求得

$$I_S = \frac{34}{3}\text{A}$$

习题【3】解 标出电量如习题【3】解图所示。

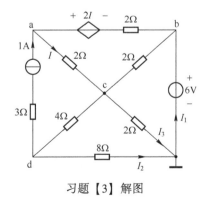

习题【3】解图

列出节点电压方程为

$$\begin{cases} u_{\mathrm{b}}=6\mathrm{V} \\ \left(\dfrac{1}{2}+\dfrac{1}{2}\right)u_{\mathrm{a}}-\dfrac{1}{2}u_{\mathrm{b}}-\dfrac{1}{2}u_{\mathrm{c}}=1+\dfrac{2I}{2}=1+I \\ -\dfrac{1}{2}u_{\mathrm{a}}-\dfrac{1}{2}u_{\mathrm{b}}+\left(\dfrac{1}{2}+\dfrac{1}{2}+\dfrac{1}{2}+\dfrac{1}{4}\right)u_{\mathrm{c}}-\dfrac{1}{4}u_{\mathrm{d}}=0 \\ -\dfrac{1}{4}u_{\mathrm{c}}+\left(\dfrac{1}{4}+\dfrac{1}{8}\right)u_{\mathrm{d}}=-1 \end{cases}$$

补充方程为

$$I=\frac{u_{\mathrm{a}}-u_{\mathrm{c}}}{2}$$

解得 $u_{\mathrm{a}}=8\mathrm{V}$，$u_{\mathrm{c}}=4\mathrm{V}$，$u_{\mathrm{d}}=0\mathrm{V}$。

在接地点，根据 KCL 方程求流过 6V 电压源的电流 I_1，$I_2=\dfrac{u_{\mathrm{d}}}{8}=0\mathrm{A}$，$I_3=\dfrac{u_{\mathrm{c}}}{2}=2\mathrm{A}$，$I_1=I_2+I_3=2\mathrm{A}$。

6V 电压源发出的功率为

$$P=u_{\mathrm{S}}I_1=6\times2=12\,(\mathrm{W})$$

习题【4】解　对两边电阻进行 $\triangle\rightarrow Y$ 形变换，等效电路如习题【4】解图所示。

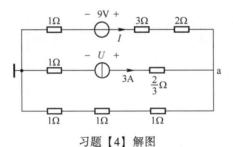

习题【4】解图

a 点电压方程为

$$\left(\frac{1}{1+2+3}+\frac{1}{1+1+1}\right)U_{\mathrm{a}}=3+\frac{9}{3+2+1}$$

解得

$$U_{\mathrm{a}}=9\mathrm{V}$$

从而

$$I=\frac{9-U_{\mathrm{a}}}{1+2+3}=0\,(\mathrm{A})$$

再由 KVL 方程，有

$$U_{\mathrm{a}}+1\times3-U+\frac{2}{3}\times3=0\,(\mathrm{V})$$

解得

$$U=14\mathrm{V}$$

功率为

$$P=14\times3=42\,(\mathrm{W})\ （发出）$$

习题【5】解 由题意，节点导纳 Y 矩阵为对称矩阵，说明电路中无受控源，直接画出电路如习题【5】解图所示。

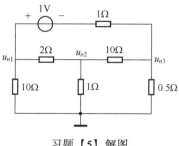

习题【5】解图

习题【6】解 如习题【6】解图所示。

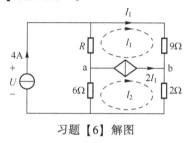

习题【6】解图

对 l_1、l_2 回路列写 KVL 方程，有

$$\begin{cases} 9I_1-(4-I_1)R=U_{ab}=0 \\ 6I_1-6(4-3I_1)=U_{ab}=0 \end{cases}$$

根据 KCL 方程，有

$$I_2=4-3I_1$$

解得

$$R=3\Omega, \ I_1=1A$$

电压为

$$U=(4-I_1)R+6\times(4-3I_1)=15(V)$$

4A 电流源发出的功率为

$$P=UI=60W$$

习题【7】解 如习题【7】解图所示。

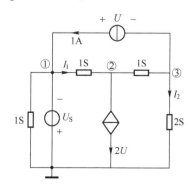

列写节点电压方程为

$$\begin{cases} U_{n1} = -U_S \\ -U_{n1} + 2U_{n2} - U_{n3} = -2U \\ -U_{n2} + 3U_{n3} = -1 \\ U = U_{n1} - U_{n3} \end{cases}$$

由于

$$\frac{I_1}{I_2} = \frac{1 \times (U_{n1} - U_{n2})}{2 \times U_{n3}} = 1.5$$

因此解得

$$U_S = 1V$$

习题【8】解 矩阵方程分解为

$$\begin{cases} 1.6U_{n1} - 0.5U_{n2} - U_{n3} = 1 - 1.5U_{n2} \\ -0.5U_{n1} + 1.6U_{n2} - 0.1U_{n3} = 0 \\ -U_{n1} - 0.1U_{n2} + 3.1U_{n3} = -1 \end{cases}$$

不对称部分用受控源补充，等效电路如习题【8】解图所示。

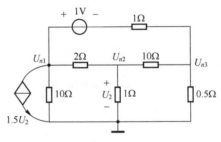

习题【8】解图

习题【9】解 选取回路电流方向如习题【9】解图所示。

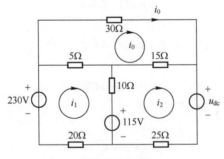

习题【9】解图

列写网孔电流方程为

$$\begin{cases} (30 + 15 + 5)i_0 - 5i_1 - 15i_2 = 0 \\ -5i_0 + (5 + 10 + 20)i_1 - 10i_2 = 230 - 115 \\ -15i_0 - 10i_1 + (15 + 10 + 25)i_2 = 115 - u_{dc} \\ i_0 = 0 \end{cases}$$

解得
$$u_{dc} = 25i_2 - 115 + 10(i_2 - i_1) + 15(i_2 - i_0) = 195(V)$$

习题【10】解 对电路等效后，如习题【10】解图所示。

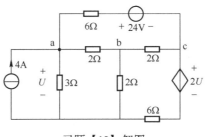

习题【10】解图

列出节点电压方程为
$$\begin{cases} \left(\dfrac{1}{3} + \dfrac{1}{2} + \dfrac{1}{6}\right)U_a - \dfrac{1}{2}U_b - \dfrac{1}{6}U_c = 4 + \dfrac{24}{6} \\ -\dfrac{1}{2}U_a + \left(\dfrac{1}{2} + \dfrac{1}{2} + \dfrac{1}{2}\right)U_b - \dfrac{1}{2}U_c = 0 \\ -\dfrac{1}{6}U_a - \dfrac{1}{2}U_b + \left(\dfrac{1}{2} + \dfrac{1}{6} + \dfrac{1}{6}\right)U_c = -\dfrac{24}{6} + \dfrac{2U}{6} \end{cases}$$

补充方程为
$$U = U_a$$

解得 $U_a = 12V$，即 $U = 12V$。

习题【11】解 将习题【11】解图（a）中 a、b 端口右侧的电路化简，得到等效电路习题【11】解图（b），c、d 端口右侧部分为电桥支路。若 R_2 的变化不对各支路电流产生影响，则电桥应平衡，于是
$$RR_1 = RR$$

即
$$R_1 = R$$

求得
$$I = \frac{E_S}{3R + R} = \frac{E_S}{4R}$$

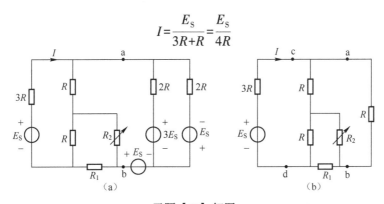

习题【11】解图

185

习题【12】解   由题意，电压源 U_S 支路电流为 0，则 $U_{R_X} = U_S = 4V$。
等效电路如习题【12】解图所示。

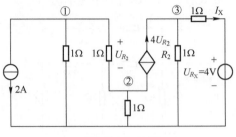

习题【12】解图

列出节点电压方程为

$$\begin{cases} 2U_1 - U_2 = -2 \\ 2U_2 - U_1 = -4U_{R_2} \\ 2U_3 = 4 + 4U_{R_2} \end{cases}$$

补充方程为

$$U_{R_2} = U_1 - U_2$$

解得

$$U_1 = -4V, \quad U_2 = -6V, \quad U_3 = 6V$$

$$I_X = \frac{U_3 - 4}{1} = 2(A) \qquad R_X = \frac{U_{R_X}}{I_X} = \frac{4}{2} = 2(\Omega)$$

习题【13】解   等效电路如习题【13】解图所示。

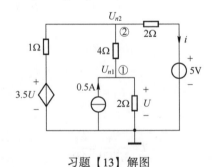

习题【13】解图

列出节点电压方程为

$$\begin{cases} \left(\dfrac{1}{2} + \dfrac{1}{4}\right)U_{n1} - \dfrac{1}{4}U_{n2} = 0.5 \\ -\dfrac{1}{4}U_{n1} + \left(1 + \dfrac{1}{2} + \dfrac{1}{4}\right)U_{n2} = \dfrac{3.5U}{1} + \dfrac{5}{2} \\ U = U_{n1} \end{cases}$$

解得 $U_{n1} = 4V$，$U_{n2} = 10V$。

设流过电阻 R_1 的电流为 i（方向从上到下），即

$$i = \frac{U_{n2}-5}{2} = 2.5\text{A}$$

解得 $R_1 = \frac{5}{i} = 2\,(\Omega)$，$R_2$ 为任意值。

习题【14】解 标注电量如习题【14】解图所示。

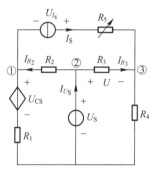

习题【14】解图

（1）列写节点方程为

$$\begin{cases} U_1\left(\dfrac{1}{R_1}+\dfrac{1}{R_2}\right) - U_2\left(\dfrac{1}{R_2}\right) = \dfrac{U_{\text{CS}}}{R_1} - I_\text{S} \\ U_2 = U_\text{S} \\ U_3\left(\dfrac{1}{R_3}+\dfrac{1}{R_4}\right) - U_2\left(\dfrac{1}{R_3}\right) = I_\text{S} \\ U = U_2 - U_3 \end{cases}$$

解得

$$U_1 = 10\text{V},\ U_2 = 20\text{V},\ U_3 = 15\text{V}$$

$$I_{U_\text{S}} = \frac{U_2 - U_1}{R_2} + \frac{U_2 - U_3}{R_3} = 1.5\,(\text{A})$$

$$U_{I_\text{S}} = I_\text{S} R_5 + U_3 - U_1 = 15\,(\text{V})$$

电源发出的功率为

$$P_{U_\text{S}} = 20 \times 1.5 = 30\,(\text{W})$$

$$P_{I_\text{S}} = 1 \times 15 = 15\,(\text{W})$$

（2）若电流源 I_S 发出的功率为 0~20W，则其两端电压 U_{I_S} 为 0~20V，即

$$U_{I_\text{S}} = (I_\text{S} R_5 + U_3 - U_1) \in [0,20]$$

解得

$$0 \leqslant R_5 \leqslant 15\,\Omega$$

习题【15】解

列写节点电压方程为

$$\begin{cases} U_1 = 10\text{V} \\ U_2 = 4I \\ -\dfrac{1}{6}U_2 + \left(\dfrac{1}{6} + \dfrac{1}{3}\right)U_3 - \dfrac{1}{3}U_4 = 1 + 2 \\ -U_1 - \dfrac{1}{3}U_3 + \left(1 + \dfrac{1}{2} + \dfrac{1}{3}\right)U_4 = 0 \\ \text{补充方程：} U_1 - U_4 = I \end{cases} \Rightarrow \text{解得} \begin{cases} U_1 = 10\text{V} \\ U_2 = 8\text{V} \\ U_3 = 14\text{V} \\ U_4 = 8\text{V} \\ I = 2\text{A} \end{cases}$$

习题【16】解 （1）$i_d = 2(U_{n1} - U_{n2})$，方向由参考节点指向节点①，则第一行变为

$$\begin{bmatrix} 8-2 & -3+2 & -2 & -4 \end{bmatrix} \Rightarrow \begin{bmatrix} 6 & -1 & -2 & -4 \end{bmatrix}$$

（2）节点②和节点③之间跨接一个 2A 的独立电流源，则

$$\begin{bmatrix} 2 \\ 3 \\ 1 \\ 2 \end{bmatrix} \Rightarrow \begin{bmatrix} 2 \\ 3+2 \\ 1-2 \\ 2 \end{bmatrix} \Rightarrow \begin{bmatrix} 2 \\ 5 \\ -1 \\ 2 \end{bmatrix}$$

（3）在节点③和节点④之间跨接一个 1Ω 电阻，则

$$\begin{bmatrix} -2 & -1 & 7 & -1 \\ -4 & 0 & -1 & 1 \end{bmatrix} \Rightarrow \begin{bmatrix} -2 & -1 & 7+1 & -1-1 \\ -4 & 0 & -1-1 & 1+1 \end{bmatrix} \Rightarrow \begin{bmatrix} -2 & -1 & 8 & -2 \\ -4 & 0 & -2 & 2 \end{bmatrix}$$

综上，节点电压方程为

$$\begin{bmatrix} 6 & -1 & -2 & -4 \\ -3 & 6 & -1 & 0 \\ -2 & -1 & 8 & -2 \\ -4 & 0 & -2 & 2 \end{bmatrix} \begin{bmatrix} U_{n1} \\ U_{n2} \\ U_{n3} \\ U_{n4} \end{bmatrix} = \begin{bmatrix} 2 \\ 5 \\ -1 \\ 2 \end{bmatrix}$$

A3　第 4 章习题答案

习题【1】解 （1）当 10V 电压源单独作用时，等效电路如习题【1】解图（1）所示。

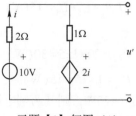

习题【1】解图（1）

KVL 方程为

$$10 = 2i + i + 2i$$

可得

$$u' = 3i = 6(\text{V})$$

（2）当 5A 电流源单独作用时，等效电路如习题【1】解图（2）所示。

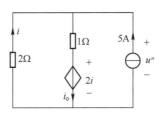

习题【1】解图（2）

KCL 方程为

$$i+5=i_{\mathrm{o}}$$

KVL 方程为

$$-2i=i_{\mathrm{o}}\cdot 1+2i$$

电压为

$$u''=-2i$$

联立解得

$$u''=2\mathrm{V}$$

由叠加定理，可得

$$u=u'+u''=6+2=8(\mathrm{V})$$

习题【2】解 当 2A 电流源单独作用时，$P_1'=2u_1'$，故

$$u_1'=P_1'/2=14\mathrm{V},\ u_2'=8\mathrm{V}$$

当 3A 电流源单独作用时，$P_2'=3u_2''$，故

$$u_2''=P_2'/3=18\mathrm{V},\ u_1''=12\mathrm{V}$$

当 2A、3A 电流源共同作用时，有

$$\begin{cases} u_1=u_1'+u_1''=14+12=26(\mathrm{V}) \\ u_2=u_2'+u''_2=8+18=26(\mathrm{V}) \end{cases}$$

2A 电流源的输出功率 $P_1=2u_1=52\mathrm{W}$，3A 电流源的输出功率 $P_2=3u_2=78\mathrm{W}$。

习题【3】解 （1）先求习题【3】图（a）中 a、b 端的开路电压 u_{OC}，应用分压公式可得

$$u_{\mathrm{OC}}=\frac{\dfrac{2\times(2+1)}{2+(2+1)}}{2+\dfrac{2\times(2+1)}{2+(2+1)}}\times\frac{1}{2+1}\times\frac{1}{2}\times 10=\frac{5}{8}=0.625(\mathrm{V})$$

等效电阻为

$$R_{\mathrm{eq}}=\frac{\left[\dfrac{(1+2)\times 2}{(1+2)+2}+1\right]\times 1}{\left[\dfrac{(1+2)\times 2}{(1+2)+2}+1\right]+1}=\frac{11}{16}=0.6875(\Omega)$$

戴维南等效电路如习题【3】解图（a）所示。

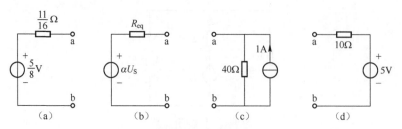

习题【3】解图

（2）习题【3】图（b）是一个分压器电路，当 a、b 端开路时，输出端电压按分压器的电阻比例给出，即 a、b 端的开路电压为

$$u_{OC} = \alpha u_S$$

等效电阻为

$$R_{eq} = R_1 + [\alpha R // (1-\alpha)R] = R_1 + \alpha(1-\alpha)R$$

戴维南等效电路如习题【3】解图（b）所示。

（3）习题【3】图（c）中，1A 电流源的右侧由两个平衡电桥组成，c、d 端是右侧第一个平衡电桥对角线的端子，被看作短路时，有

$$R_{eq} = \frac{20 \times 20}{20 + 20} + \frac{60 \times 60}{60 + 60} = 10 + 30 = 40(\Omega)$$

诺顿等效电路如习题【3】解图（c）所示。

（4）习题【3】图（d）中，a、b 端的开路电压为
$$u_{OC} = 10 - 1 \times 5 = 5(V)$$

等效电阻为

$$R_{eq} = \frac{1}{0.2} + 5 = 10(\Omega)$$

戴维南等效电路如习题【3】解图（d）所示。

习题【4】解　由题意可知，当电压源 E_S 单独作用时，电压 u 的响应为 0，等效电路如习题【4】解图所示。

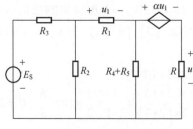

习题【4】解图

由题意有

$$u = 0$$

根据 KVL 方程，有

$$\frac{u_1}{R_1}(R_4 + R_5) = \alpha u_1$$

解得

$$\alpha = \frac{R_4 + R_5}{R_1}$$

习题【5】解 将网络 N_S 替代为电流源，由叠加定理，当 N_S 单独作用时，如习题【5】解图（1）所示，有

$$I' = 20 \times \frac{10//30 + 20//60}{10//30 + 20//60 + 10} = \frac{180}{13}(\text{A})$$

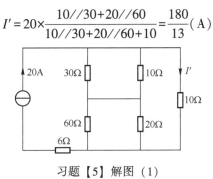

习题【5】解图（1）

当 10V 电压源单独作用时，如习题【5】解图（2）所示。

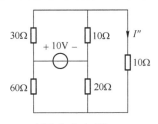

习题【5】解图（2）

因电桥平衡，所以电流为

$$I'' = 0$$

总电流为

$$I = I' + I'' = \frac{180}{13}(\text{A})$$

习题【6】解 （1）当电压源 U_S 单独作用时，电流源 I_{S1}、I_{S2} 断路，$U = \frac{1}{4}U_S$。

（2）设 $U = \frac{1}{4}U_S + k$，将 $U = 20\text{V}$、$U_S = 16\text{V}$ 代入，$k = 16$，有

$$U = \frac{1}{4}U_S + 16$$

当 $U = 0$ 时，有

$$U_S = -64\text{V}$$

习题【7】解 对 a、b 左侧电路进行戴维南等效，在开关 S 未闭合前，等效电路如习题【7】解图（1）所示。

（1）当断开开关 S 时，KVL 和 KCL 方程分别为

$$R_{eq} \cdot I_1 + U_{OC} = 3 \times 5 = 15(\text{V})$$

$$I_1 + 4I_1 = -5(\text{A})$$

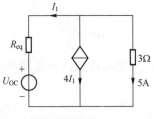

习题【7】解图（1）

将 a、b 左侧电路的独立电源置 0，电路中存在电桥平衡，等效电阻为
$$R_{eq}=(2+2)//(6+6)=3(\Omega)$$
综合解得
$$U_{OC}=18V$$
（2）闭合开关 S 后，等效电路如习题【7】解图（2）所示。

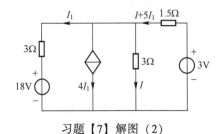

习题【7】解图（2）

列写 KVL 方程为
$$\begin{cases}3=1.5\times(I+5I_1)+3I\\3I=3I_1+18\end{cases}$$
联立解得 $I=4A$，故闭合开关 S 后，$I=4A$。

习题【8】解　设 $U_2=k_1U_S+k_2I_S+k$，有
$$\begin{cases}3=k\\9=k_2+3\\12=k_1+3\end{cases}$$
解得
$$\begin{cases}k_1=9\\k_2=6\\k=3\end{cases}$$
故 $U_2=9U_S+6I_S+3$。

当 $U_S=2V$、$I_S=3A$ 时，$U_2=39V$，5A 电流源发出的功率 $P=39\times5=195(W)$。

习题【9】解　（1）如习题【9】解图（1）所示，由题意，需对虚线左侧的电路进行戴维南等效，采用叠加定理求解。

当 1A 电流源单独作用时，如习题【9】解图（2）所示（受控源电压为 0，相当于导线）。

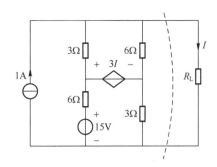

习题【9】解图（1）

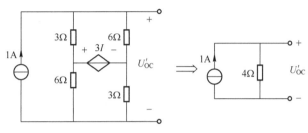

习题【9】解图（2）

解得 $U'_{OC} = 4\text{V}$。

当 15V 电压源单独作用时，如习题【9】解图（3）所示。

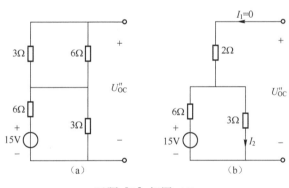

习题【9】解图（3）

由 KVL 方程，有

$$15\text{V} = 9I_2 \Rightarrow I_2 = \frac{15}{9}\text{A}, \quad U''_{OC} = \frac{15}{9} \times 3 + 2 \times I_1 = 5(\text{V})$$

解得

$$U_{OC} = U'_{OC} + U''_{OC} = 9\text{V}$$

注：当熟练以后，可直接书写：由叠加定理得

$$U_{OC} = 1 \times (3 /\!/ 6 + 3 /\!/ 6) + 15 \times \frac{3}{3+6} = 9(\text{V})$$

（2）继续求 R_{eq}，采用加压求流法求解，如习题【9】解图（4）所示。

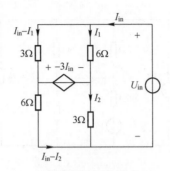

习题【9】解图（4）

由 KVL 方程，有

$$\begin{cases} 6I_1 = 3(I_{in}-I_1)-3I_{in} \Rightarrow I_1 = 0 \\ 6(I_{in}-I_2) = -3I_{in}+3I_2 \Rightarrow I_2 = I_{in} \end{cases}$$

解得

$$U_{in} = 6I_1+3I_2 = 3I_{in} \Rightarrow R_{eq} = \frac{U_{in}}{I_{in}} = 3\Omega$$

戴维南等效电路如习题【9】解图（5）所示。

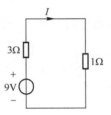

习题【9】解图（5）

电流为

$$I = \frac{9}{3+1} = 2.25(A)$$

习题【10】解 （1）求 U_{OC}，由 KCL 方程，有

$$2A = 0.05U_R+\frac{U_R}{20} \Rightarrow U_R = 20V$$

此时 $I=1A$，$U_{OC} = 20I+U_R+20+2\times10 = 80(V)$。

（2）求 R_{eq}，利用外加电压源法，如习题【10】解图所示。
列出方程有

$$\begin{cases} U = 20I+U_R+10I_S \\ I_S = 0.05U_R+\frac{U_R}{20} \\ R_{eq} = \frac{U}{I_S} = 30\Omega \end{cases}$$

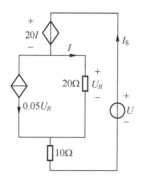

习题【10】解图

当 $R=R_{eq}=30\Omega$ 时，可获得最大功率，$P_{max}=\dfrac{U_{OC}^2}{4R_{eq}}=\dfrac{160}{3}$W。

习题【11】解 设 $I=kU_{S2}+k_1$，有

$$\begin{cases} 2=4k+k_1 \\ 1.5=6k+k_1 \end{cases} \Rightarrow \begin{cases} k_1=3 \\ k=-\dfrac{1}{4} \end{cases}$$

则

$$I=-\frac{1}{4}U_{S2}+3$$

根据替代定理，将习题【11】图（b）中的 8Ω 电阻换为 U'_{S2}，则 $U'_{S2}=8I$，将 $U_{S2}=U'_{S2}=8I$ 代入，即 $I=-\dfrac{1}{4}\times 8I+3$，求得 $I=1$A。

8Ω 消耗的功率 $P=I^2R=1\times 8=8$(W)。

习题【12】解 （1）由习题【12】图（a），有 $U=0$，即流过 R_2 的电流为 0，$U_{ab}=0$。根据电桥平衡条件，$3R_1=6\times 6$，$R_1=12\Omega$。

（2）由习题【12】图（b），根据叠加定理，当 15V 电压源单独作用时，如习题【12】解图（1）所示，求得 $U'=0$。

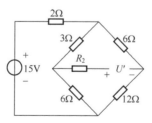

习题【12】解图（1）

当 2A 电流源单独作用时，如习题【12】解图（2）所示，因为满足电桥平衡条件，2Ω 电阻支路相当于开路，所以

$$U''=2\times[R_2+(3//6)+(6//12)]$$

解得 $U=U'+U''=2\times(6+R_2)=16$(V) $\Rightarrow R_2=2\Omega$。

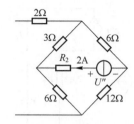

习题【12】解图（2）

习题【13】解 对 $1-1'$ 端口右侧进戴维南等效，即

$$U_{OC}=3V, \quad I_{SC}=10mA \Rightarrow R_{eq}=300\Omega$$

故当 $R=500\Omega$ 时，有

$$i_1=\frac{U_{OC}}{R_{eq}+R}=\frac{3}{800}=3.75(mA)$$

此时 $u_1=1.875V$，设 $u_2=ku_1+b$，有

$$\begin{cases}2=3k+b\\6=b\end{cases} \Rightarrow \begin{cases}k=-\dfrac{4}{3}\\b=6\end{cases}$$

当 $u_1=1.875V$ 时，$u_2=-\dfrac{4}{3}\times1.875+6=3.5(V)$。

综上，当 $R=500\Omega$ 时，$i_1=3.75mA$，$u_2=3.5V$。

习题【14】解 由题目条件，当 $R=18\Omega$ 时，$I_1=4A$，$I_2=1A$，$I_3=5A$；当 $R=8\Omega$ 时，$I_1=3A$，$I_2=2A$，$I_3=10A$。

设 $I_1=kI_3+b$，有

$$\begin{cases}5\times k+b=4\\10\times k+b=3\end{cases} \Rightarrow \begin{cases}k=-0.2\\b=5\end{cases}$$

解得 $I_1=-0.2\times I_3+5$。当 $I_1=0$ 时，$I_3=25A$。

设 R 左侧的戴维南等效电路如习题【14】解图（1）所示。

习题【14】解图（1）

$$\begin{cases}\dfrac{U_{OC}}{R_{eq}+18}=5A\\\dfrac{U_{OC}}{R_{eq}+8}=10A\end{cases} \Rightarrow \begin{cases}R_{eq}=2\Omega\\U_{OC}=100V\end{cases}$$

戴维南等效电路如习题【14】解图（2）所示。

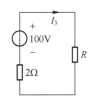

习题【14】解图（2）

因为 I_2 与 I_3 有线性关系（替代为电流源），故设 $I_2 = kI_3 + b$，有

$$\begin{cases} 1 = 5k + b \\ 2 = 10k + b \end{cases} \Rightarrow I_2 = 0.2I_3$$

当 $I_3 = 25\text{A}$、$I_2 = 5\text{A}$ 时，由戴维南等效电路，有 $2 + R = \dfrac{100}{25}\text{A} \Rightarrow R = 2\Omega$。

习题【15】解　（1）由 R_3 看的戴维南等效电路如习题【15】解图所示。

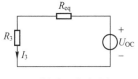

习题【15】解图

$$\begin{cases} U_{OC} = 3 \times (5 + R_{eq}) \\ U_{OC} = 1.5 \times (15 + R_{eq}) \end{cases} \Rightarrow \begin{cases} U_{OC} = 30\text{V} \\ R_{eq} = 5\Omega \end{cases}$$

则 $R_3 = R_{eq} = 5\Omega$ 时，$P_{R_3\max} = \dfrac{U_{OC}^2}{4 \times R_{eq}} = \dfrac{30 \times 30}{4 \times 5} = 45(\text{W})$。

（2）由替代定理和叠加定理，设 $I_4 = A + BI_3$，有

$$\begin{cases} 4 = A + 3B \\ 1 = A + 1.5B \end{cases} \Rightarrow \begin{cases} A = -2 \\ B = 2 \end{cases} \Rightarrow I_4 = -2 + 2I_3$$

功率为

$$P_{R_4} = I_4^2 \times R_4 = (-2 + 2I_3)^2 \times R_4 = (4 - 8I_3 + 4I_3^2) \times R_4$$

令

$$P_{R_4} = 0 \Rightarrow I_3 = 1\text{A}$$

解得

$$R_3 = \frac{U_{OC}}{I_3} - R_{eq} = 25\Omega$$

习题【16】解　由已知条件，当 $R_1 = 0$ 时，电压表的读数为 10V，此时伏特表的读数即为 U_S，即 $U_S = 10\text{V}$。

根据戴维南定理，将有源线性网络等效，等效电阻为 R_0，等效电压为 U_{OC}，如习题【16】解图所示。

由已知条件，当 $R_2 = 0$ 时，$I_1 = 2\text{A}$，有

$$\frac{U_{OC}}{R_0} = 2\text{A}$$

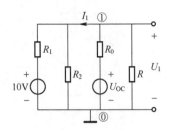

习题【16】解图

当 R_1、R_2 均为无穷大时，电压表 V 的读数为 6V，有

$$\frac{U_{OC}}{R_0+R} \cdot R = 6V$$

当 $R_1 = 3\Omega$、$R_2 = 6\Omega$ 时，以节点 O 为参考节点，写出方程为

$$\left(\frac{1}{R_1}+\frac{1}{R_2}+\frac{1}{R_0}+\frac{1}{R}\right)U_1 = \frac{U_S}{R_1}+\frac{U_{OC}}{R_0}$$

联立解得

$$U_1 = \frac{32}{5} = 6.4(V)$$

$$I_1 = \frac{U_1}{R_2}+\frac{U_1-U_S}{R_1} = \frac{6.4}{6}+\frac{6.4-10}{3} = -0.13(A)$$

此时电压表与电流表的读数分别为 6.4V 与 0.13A（电表读数只能为正数，不能为负数）。

习题【17】解　（1）由题意，当 $R=0$ 时，$I_{SC}=5A$；当 $R=\infty$ 时，$U_{OC}=15V$。
等效电阻为

$$R_{eq} = \frac{U_{OC}}{I_{SC}} = \frac{15}{5} = 3(\Omega)$$

当 $R=R_{eq}=3\Omega$ 时，$P_{max} = \frac{U_{OC}^2}{4R_{eq}} = 18.75W$。

（2）等效电路如习题【17】解图所示。

当 $R=0\Omega$ 时，由 KCL 方程，有

$$I = \frac{U_{OC}}{R_{eq}}+\frac{rI}{7.5} = 5(A)$$

当 $R=\infty$ 时，电流 I 为 0，受控源短路，由 KVL 方程，有

$$U = \frac{U_{OC}}{R_{eq}+7.5}\times7.5 = 15(V)$$

代入

$$R_{eq} = 7.5\Omega、I = 5A$$

解得

$$r = 1.5\Omega$$

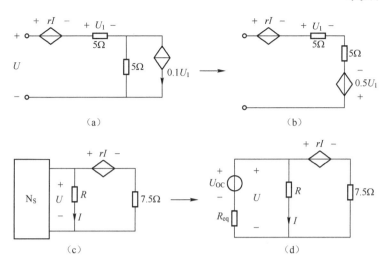

习题【17】解图

习题【18】解　根据替代定理，可将 N_S 中除支路 k 以外的网络用电流源 i_S 代替，端口处支路 A、B 用电流源 i_0 代替，假设 A、B 端口的开路电压为 u_{OC}，那么短路电流 $i_{SC}=\dfrac{u_{OC}}{R_0}$。

根据叠加定理，有

$$i_k=i_S+ki_0$$

当 A、B 端口短路时，有

$$i_{kSC}=i_S+k\frac{u_{OC}}{R_0}$$

当 A、B 端口开路时，有

$$i_{kOC}=i_S$$

联立两个方程，有

$$k=\frac{(i_{kSC}-i_{kOC})R_0}{u_{OC}}$$

当 A、B 端口接电阻 R_L 时，根据戴维南等效电路，可得此时的电流 $i_0=\dfrac{u_{OC}}{R_0+R_L}$，$k$ 支路的电流 $i_k=i_{kOC}+\dfrac{(i_{kSC}-i_{kOC})R_0}{R_0+R_L}=\dfrac{i_{kSC}R_0+i_{kOC}R_L}{R_0+R_L}$。

习题【19】解　已知题目条件如习题【19】解图（a）（b）所示，将习题【19】解图（a）（b）进行反向叠加，可得到习题【19】解图（c），将习题【19】解图（a）（c）进行同向叠加，可得到习题【19】解图（d）。

由习题【19】解图（d）（e），根据互易定理，有

$$\frac{-2}{-1}=\frac{10}{U''_1}\Rightarrow U''_1=5\text{V}$$

由叠加定理，有

$$U_1=U'_1+U''_1=4+5=9(\text{V})$$

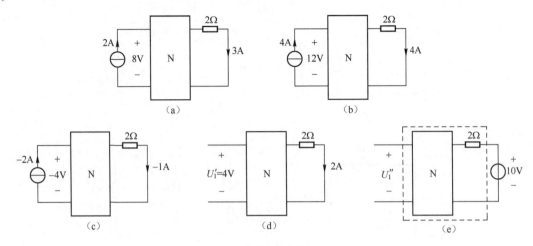

（a）　　　　　　　　　　　　（b）

（c）　　　　　　（d）　　　　　　（e）

习题【19】解图

习题【20】解　求习题【20】图（c）中的电流 I_1 可应用叠加定理和互易定理，也可应用特勒根定理。在应用特勒根定理时，只要有些元件在几个电路图中未改变，在选取要计算的支路时就不必把该元件包括在内，这样支路就较简单，如本题中的 4Ω 电阻和 5Ω 电阻，如习题【20】图（a）（c）所示，用特勒根定理，取支路 1-1'、2-2'，$U_1=20\text{V}$、$I_1=-3\text{A}$、$U_2=0\text{V}$、$I_2=1\text{A}$。在习题【20】图（c）中，有 $\hat{U}_1=20\text{V}$、$\hat{I}_1$ 未知、$\hat{U}_2=20\text{V}$、$\hat{I}_2$ 未知，代入特勒根定理公式有

$$\begin{cases} U_1\hat{I}_1+U_2\hat{I}_2=\hat{U}_1I_1+\hat{U}_2I_2 \\ 20\hat{I}_1+0\times\hat{I}_2=20\times(-3)+20\times1 \\ I_1=-\hat{I}_1=2\text{A} \end{cases}$$

求 I_2 时，可用戴维南定理。设习题【20】解图（a）（b）中，a、b 左边等效为 U_{OC} 与 R_{eq} 串联。

在习题【20】解图（a）中，有

$$U_{\text{OC}}-R_{\text{eq}}\times1=5\times1$$

在习题【20】解图（b）中，有

$$\frac{U_{\text{OC}}}{R_{\text{eq}}}=2\text{A}$$

解得

$$U_{\text{OC}}=10\text{V},\ R_{\text{eq}}=5\Omega$$

（a）　　　　　　（b）　　　　　　（c）

习题【20】解图

将习题【20】解图（c）中的 5Ω 与 20V 电压源左边用求得的戴维南等效电路替代，求得

$$I_2 = \frac{U_{OC}-20}{R_{eq}+5} = \frac{10-20}{5+5} = -1(A)$$

习题【21】解 习题【21】图（b）中，$\hat{U}_1$ 可以看作 10A 和 5A 这两个电流源分别产生响应的叠加，电路如习题【21】解图所示。

习题【21】解图（b1）中，$\hat{U}_1'$ 为习题【21】图（a）中的 U_1，即 $\hat{U}_1' = 30V$；习题【21】解图（b2）中，$\hat{U}_1''$ 可由习题【21】图（a）中激励、响应互换位置得到，根据互易定理的第二形式，有 $\frac{U_2}{10} = \frac{\hat{U}_1''}{5} \Rightarrow \hat{U}_1'' = 10(V)$，再根据叠加定理，有 $\hat{U}_1 = \hat{U}_1' + \hat{U}_1'' = 30+10 = 40(V)$。

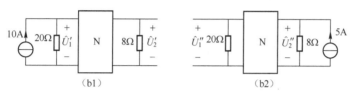

习题【21】解图

习题【22】解 对网络进行扩展，如习题【22】解图所示。

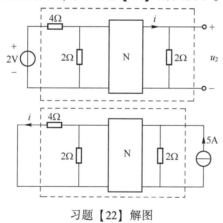

习题【22】解图

由互易定理，有

$$\frac{2}{u_2} = \frac{5}{i}$$

代入数据得

$$i = 10A$$

习题【23】解 由题中条件，习题【23】图（a）中给出了开路电压，$U_{OC} = 6 \times 1 = 6V$，习题【23】图（c）中，由互易定理可得到短路电流，$\frac{30}{10} = \frac{I_{SC}}{1} \Rightarrow I_{SC} = 3A$，从而得到输入电阻，$R_{eq} = \frac{6 \times 1}{3} = 2(\Omega)$，当 $R_L = \frac{6}{3} = 2(\Omega)$ 时，R_L 可获最大功率，为

$$P_{\max} = \frac{6^2}{4 \times 2} = 4.5(\text{W})$$

将习题【23】图（d）利用替代定理处理，取得最大功率的电压是 3V，用 3V 电压源替代负载电阻 R_L，替代后的等效电路如习题【23】解图（1）所示。

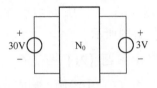

习题【23】解图（1）

用叠加定理拆分，等效电路如习题【23】解图（2）所示。

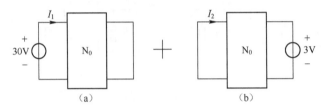

习题【23】解图（2）

由习题【23】图（b）可知，输入电阻为 10Ω，由习题【23】图（c）有

$$\frac{-I_2}{1} = \frac{3}{10} \Rightarrow I_2 = -0.3\text{A}, \quad I_1 = \frac{30}{10} = 3(\text{A})$$

最后 $I_{\text{总}} = I_1 + I_2 = 2.7\text{A}$，$P_{30\text{V}} = 2.7 \times 30 = 81\text{W}$（输出）。

习题【24】解　（1）先把题中条件表示为习题【24】解图（1）。

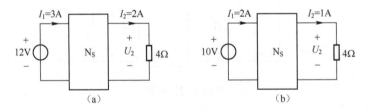

习题【24】解图（1）

两个 U_S，两个 I_2，由线性关系，设 $I_2 = kU_S + b$，有

$$\begin{cases} 12k+b=2 \\ 10k+b=1 \end{cases} \Rightarrow \begin{cases} k=\dfrac{1}{2} \\ b=-4 \end{cases}$$

当 $U_S = 8\text{V}$ 时，$I_2 = 8 \times \dfrac{1}{2} - 4 = 0(\text{A})$，$U_2 = 4I_2 = 0(\text{V})$。

（2）设 $I_1 = kU_S + b$，有

$$\begin{cases} 3=12k+b \\ 2=10k+b \end{cases} \Rightarrow I_1 = \frac{1}{2}U_S - 3$$

将习题【24】图（b）分解成叠加的两部分，如习题【24】解图（2）所示。

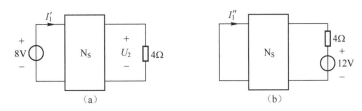

习题【24】解图（2）

由上述可以得出

$$I_1' = 1A$$

将习题【24】解图（1）（a）（b）进行反向叠加，可得无源网络，如习题【24】解图（3）所示。

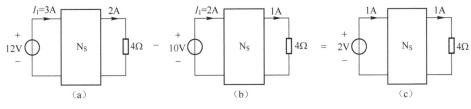

习题【24】解图（3）

对习题【24】解图（3）进行互易可得习题【24】解图（4）。

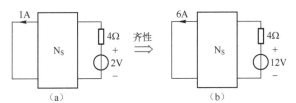

习题【24】解图（4）

解得

$$I_1'' = -6A$$

综上，有

$$I_1 = I_1' + I_1'' = 1 + (-6) = -5(A)$$

习题【25】解 由题可知，R 左侧可以进行戴维南等效，当 a、b 端开路时，$U_{ab} = U_{OC} = 10V$，当 a、b 端接一电阻 $R = 4\Omega$ 时，R 可获得最大功率，则 $R_{eq} = 4\Omega$。设流过 R 的电流为

$$I = \frac{U_{OC}}{R_{eq} + R} = \frac{10}{R + 4}$$

根据替代定理和叠加定理，设

$$\begin{cases} I_1 = k_1 I + b_1 \\ I_2 = k_2 I + b_2 \end{cases}$$

当 a、b 端开路时，$I=0$，有

$$\begin{cases} b_1 = 1 \\ b_2 = 5 \end{cases}$$

当 a、b 端接 -6Ω 电阻时，$I = \dfrac{10}{6+4} = 1(\text{A})$，有

$$\begin{cases} k_1 + b_1 = 2 \\ k_2 + b_2 = 4 \end{cases} \Rightarrow \begin{cases} k_1 = 1, b_1 = 1 \\ k_2 = -1, b_2 = 5 \end{cases}, \quad \text{即} \begin{cases} I_1 = I+1 \\ I_2 = -I+5 \end{cases}$$

为了使 $I_1 = I_2$，有 $I+1 = -I+5 \Rightarrow I = 2 = \dfrac{10}{R+4} \Rightarrow R = 1\Omega$，$I_1 = I_2 = 3\text{A}$。

注：本题若不求 R，只求 $I_1 = I_2$ 的数值，则可以直接设 $I_2 = kI_1 + b$。

习题【26】解 本题中有许多变量未知，当 R 变化时，导致流过 R 的电流 I 变化，属于内部矛盾，可以采用戴维南定理，先求 R_{eq}，如习题【26】解图所示。

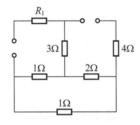

习题【26】解图

等效电阻为

$$R_{eq} = 3 + (1+1)//2 + 4 = 8(\Omega)$$

当 $R = 2\Omega$ 时，有

$$I = \frac{U_{OC}}{R+R_{eq}} = \frac{U_{OC}}{2+8} = 1\text{A} \Rightarrow U_{OC} = 10\text{V}$$

当 $R = 4\Omega$ 时，有

$$I = \frac{U_{OC}}{R+R_{eq}} = \frac{U_{OC}}{4+8} = \frac{10}{12} = \frac{5}{6}(\text{A})$$

习题【27】解 如习题【27】解图（1）所示。

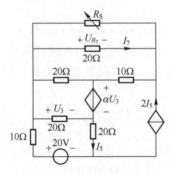

习题【27】解图（1）

由图可知，取特殊值，当 $R_S=0\Omega$ 时，$U_{R_7}=0V$，$I_7=0A$。

因为当 R_S 变化时，I_7 不变，故当 $R_S=\infty$ 时，$I_7=0A$，$U_{R_7}=0V$。

等效电路如习题【27】解图（2）所示。

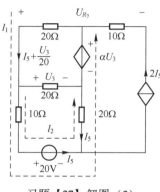

习题【27】解图（2）

列写 KVL 和 KCL 方程，有

$$\begin{cases} l_1: 20\left(I_5+\dfrac{U_3}{20}\right)+U_3=\alpha U_3 \\ l_2: 10I_5+20=U_3+20I_5 \end{cases} \Rightarrow \begin{cases} U_3=\dfrac{40}{\alpha} \\ I_5=2-\dfrac{4}{\alpha} \end{cases}$$

则电压为

$$U_{R_7}=-20\left(I_5+\frac{U_3}{20}\right)-20I_5=0V$$

解得 $\alpha=1.5$。

注：本题如果限制 R_S 不为 0 的条件，则有两种情况：戴维南电路中开路电压为 0V 或等效电阻为 0Ω。

习题【28】解 如习题【28】解图所示。

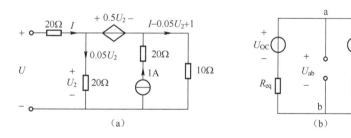

习题【28】解图

先求 a、b 右侧的等效电路，列写 KVL 方程可得

$$U=20I+U_2$$

又

$$U_2=0.5U_2+10(I-0.05U_2+1)$$

整理可得 $U=30I+10$，则 a、b 右侧的开路电压为 10V，等效电阻为 30Ω。

下面求解断开和闭合开关时的有源网络 N_S 的戴维南等效电路。

当断开开关时，有

$$U_{ab} = \frac{30}{30 + R_{eq}}(U_{OC} - 10) + 10 = 25(V)$$

当闭合开关时，有

$$I_k = \frac{U_{OC}}{R_{eq}} + \frac{10}{30} = \frac{10}{3}(A)$$

解得

$$\begin{cases} U_{OC} = 30V \\ R_{eq} = 10\Omega \end{cases}$$

A4 第 5 章习题答案

习题【1】解 因为

$$u_i = u_- = u_+$$

$$R_f \cdot i + R_2 \cdot \left(\frac{u_i}{R_1}\right) = 0$$

解得

$$u_i = \frac{-R_f \cdot R_1}{R_2} \cdot i$$

习题【2】解 由虚短和虚断的特性，可知

$$\begin{cases} U_+ = U_- = 1 - I \times 1 \\ \dfrac{1 - U_-}{1} = \dfrac{U_- - U_0}{2} \end{cases}$$

得

$$U_0 = 1 - 3I$$

又

$$\frac{U_+ + 4I}{2} = \frac{U_0 - U_+}{1}$$

解得

$$I = -\frac{1}{7}A$$

所以

$$U_0 = \frac{10}{7}V, \quad I_0 = \frac{U_0}{2} = \frac{5}{7}A$$

综上，有

$$I_0 = \frac{5}{7}A$$

习题【3】解 因为 $i_- = 0$，$i_1 + i_2 + i_3 + i_f = 0$，又因为 $u_- = 0$，$u_1 = R_1 i_1$，$u_2 = R_2 i_2$，$u_3 = R_3 i_3$，$u_0 = R_f i_f$，所以有

$$-\frac{u_0}{R_f} = \frac{u_1}{R_1} + \frac{u_2}{R_2} + \frac{u_3}{R_3}$$

即

$$u_0 = -R_f\left(\frac{u_1}{R_1} + \frac{u_2}{R_2} + \frac{u_3}{R_3}\right)$$

习题【4】解 如习题【4】解图所示。

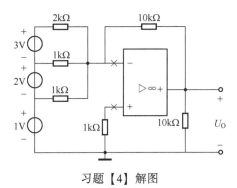

习题【4】解图

由虚短、虚断的外特性，列写 KCL 方程为

$$\frac{1-0}{1k} + \frac{1+2-0}{1k} + \frac{1+2+3}{2k} = \frac{0-U_0}{10k}$$

解得 $U_0 = -70\text{V}$。

习题【5】解 标注节点如习题【5】解图所示。

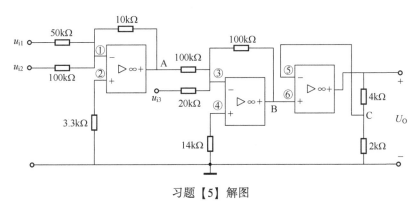

习题【5】解图

由虚短的外特性，有

$$U_{n1} = U_{n2} = U_{n3} = U_{n4} = 0$$

输出电压为

$$U_{n5} = U_{n6} = \frac{2}{2+4}U_0 = \frac{1}{3}U_0$$

根据虚断的外特性和 KCL，节点①的 KCL 方程为

$$\frac{u_{i1}-0}{50k}+\frac{u_{i2}-0}{100k}=\frac{0-u_A}{10k}$$

节点③的 KCL 方程为

$$\frac{u_A-0}{100k}+\frac{u_{i3}-0}{20k}=\frac{0-\frac{1}{3}U_o}{100k}$$

输出电压为

$$U_o=-43.8V$$

习题【6】解 对电路进行△→丫形变换，如习题【6】解图所示。

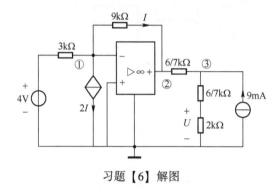

习题【6】解图

由虚短的外特性，有 $U_1=0$，由节点①的 KCL 方程，有

$$\frac{4}{3}-2I-I=0 \Rightarrow I=\frac{4}{9}mA$$

$$U_2=U_1-9I=-4V$$

对节点③，由 KCL 方程，有

$$\frac{U_2-U_3}{\frac{6}{7}}+9=\frac{U_3}{\frac{20}{7}} \Rightarrow U_3=\frac{20}{7}V$$

解得

$$U=\frac{U_3}{\frac{20}{7}}\times 2=2(V)$$

习题【7】解 列出节点电压方程为

$$\left(\frac{1}{6k}+\frac{1}{4k}+\frac{1}{12k}\right)U_1-\frac{1}{12k}U_o=\frac{U_S}{6k}-\frac{8}{8k}$$

解得

$$U_o=24-2U_S$$

由题意得

$$-12V<U_o=24-2U_S<12V \Rightarrow 6V<U_S<18V$$

习题【8】解　由题中电路，将 U_i 和 U_0 作为两个支路来看待，则有 6 个节点，列节点电压方程。

节点 1，有

$$\left(\frac{1}{R_1}+\frac{1}{R_2}+\frac{1}{R_5}\right)U_{n1}-\frac{1}{R_1}U_i-\frac{1}{R_2}U_{n5}-\frac{1}{R_5}U_0=0$$

节点 2，有

$$\left(\frac{1}{R_3}+\frac{1}{R_4}+\frac{1}{R_6}\right)U_{n2}-\frac{1}{R_6}U_i-\frac{1}{R_3}U_{n5}-\frac{1}{R_4}U_0=0$$

因为 $U_{n1}=U_{n2}=0$，所以上述方程变为：

节点 1，有

$$-\frac{1}{R_1}U_i-\frac{1}{R_2}U_{n5}-\frac{1}{R_5}U_0=0$$

节点 2，有

$$-\frac{1}{R_6}U_i-\frac{1}{R_3}U_{n5}-\frac{1}{R_4}U_0=0$$

消去 U_{n5}，可得

$$\frac{U_0}{U_i}=\frac{\dfrac{R_2}{R_1}-\dfrac{R_3}{R_6}}{\dfrac{R_3}{R_4}-\dfrac{R_2}{R_5}}$$

习题【9】解　（1）由 KVL 方程，有

$$U=R_1I+R_2I_2+U_{12},\quad U_{12}=0（虚短）$$

由 KVL 和虚短外特性，有

$$R_3I_3=R_4I_4,\ I_3=I,\ I_4=-I_2（虚断），R_3I=-R_4I_2$$

即

$$\begin{cases}I_2=-(R_3/R_4)I\\U=R_1I+R_2(-R_3/R_4)I\end{cases}$$

输入电阻为

$$R=\frac{U}{I}=R_1-\frac{R_2R_3}{R_4}$$

（2）由 KVL 方程，有

$$U=R_1I_1$$

如习题【9】解图所示。

根据运放的外特性和 KCL、KVL 方程，有

$$I_2=I_1\quad I_3=I\quad I_4=I_5\quad R_3I_3=R_3I_4$$
$$R_2I_2-R_3I_5=0（图中虚线所示回路）$$

由这些方程可得

$$\begin{cases}I_1=(R_3/R_2)I\\U=R_1\dfrac{R_3}{R_2}I\end{cases}$$

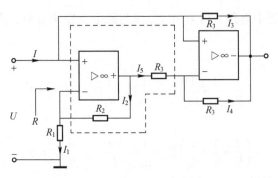

习题【9】解图

输入端电阻为

$$R = \frac{U}{I} = \frac{R_1 R_3}{R_2}$$

习题【10】解 标出电量如习题【10】解图所示。

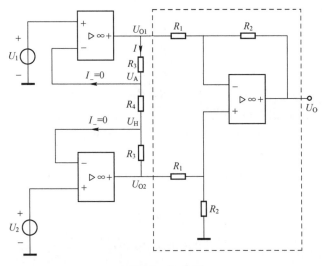

习题【10】解图

由图可知，虚线框部分为一个差分放大器，有

$$U_0 = \frac{R_2}{R_1}(U_{02} - U_{01}) \qquad ①$$

由于输入级部分两个运算放大器的输入电流为 0，电流 I 流经 3 个串联电阻，因此有

$$U_{01} - U_{02} = (R_3 + R_4 + R_3)I = (2R_3 + R_4)I \qquad ②$$

同时

$$I = \frac{(U_A - U_H)}{R_4}$$

根据②，$U_A = U_1$，$U_H = U_2$，有

$$I = \frac{(U_1 - U_2)}{R_4} \qquad ③$$

将③代入②得

$$U_{01} - U_{02} = (2R_3 + R_4)\frac{U_1 - U_2}{R_4} = \left(1 + \frac{2R_3}{R_4}\right)(U_1 - U_2)$$

于是①为

$$U_0 = \frac{R_2}{R_1}(U_{02} - U_{01}) = \frac{R_2}{R_1}\left(1 + \frac{2R_3}{R_4}\right)(U_2 - U_1)$$

习题【11】解 标注节点如习题【11】解图所示。

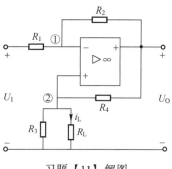

习题【11】解图

根据理想运算放大电路虚短和虚断的外特性，列写方程为

$$
\begin{cases}
\dfrac{U_1 - U_{n1}}{R_1} = \dfrac{U_{n1} - U_0}{R_2} & \text{①} \\[3mm]
U_{n1} = U_{n2} & \text{②} \\[3mm]
\dfrac{U_{n2}}{R_3} + \dfrac{U_{n2}}{R_L} + \dfrac{U_{n2} - U_0}{R_4} = 0 & \text{③}
\end{cases}
$$

将①整理代入③，可得

$$\frac{U_{n2}}{R_3} + \frac{U_{n2}}{R_L} + \frac{R_2}{R_1 R_4}(U_1 - U_{n1}) = 0$$

即

$$\frac{U_{n2}}{R_3} + \frac{U_{n2}}{R_L} + \frac{R_2}{R_1 R_4}(U_1 - U_{n2}) = 0$$

解得

$$i_L = \frac{U_{n2}}{R_L} = \frac{\dfrac{R_2}{R_1 R_4}U_1}{\dfrac{R_2}{R_1 R_4} - \dfrac{1}{R_3} - \dfrac{1}{R_L}} \cdot \frac{1}{R_L} = \frac{R_2 R_3 U_1}{(R_2 R_3 - R_1 R_4)R_L - R_1 R_3 R_4}$$

当 $R_1 R_4 = R_2 R_3$ 时，有

$$i_L = \frac{R_2 R_3 U_1}{(R_2 R_3 - R_1 R_4)R_L - R_1 R_3 R_4} = \frac{R_2 R_3 U_1}{-R_1 R_3 R_4} = -\frac{R_2 U_1}{R_1 R_4} \quad (\text{与 } R_L \text{ 无关})$$

可证明，若满足 $R_1 R_4 = R_2 R_3$，则电流 i_L 仅取决于输入电压 U_1，与负载电阻 R_L 无关。

习题【12】解 电量标注如习题【12】解图所示。

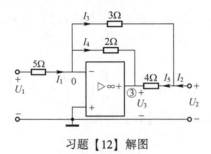

习题【12】解图

由 KVL 和 KCL 方程，有

$$\begin{cases} U_1 = 5I_1 \Rightarrow I_1 = 0.2U_1 \\ I_1 = I_3 + I_4 = -\dfrac{U_2}{3} - \dfrac{U_3}{2} \\ I_5 = \dfrac{U_2 - U_3}{4} = I_2 + I_3 = I_2 - \dfrac{U_2}{3} \end{cases}$$

解得

$$I_2 = 0.1U_1 + 0.75U_2$$

Y 参数矩阵为

$$Y = \begin{bmatrix} 0.2 & 0 \\ 0.1 & 0.75 \end{bmatrix} \text{S}$$

习题【13】解 如习题【13】解图所示。

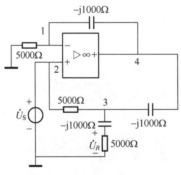

习题【13】解图

列写节点电压方程为

$$\begin{cases} \left(\dfrac{1}{5000} + \dfrac{1}{-\mathrm{j}1000}\right)\dot{U}_{n1} - \left(-\dfrac{1}{\mathrm{j}1000}\right)\dot{U}_{n4} = 0 \\ -\dfrac{1}{5000}\dot{U}_{n2} + \left(\dfrac{1}{5000} + \dfrac{1}{5000 - \mathrm{j}1000} + \dfrac{1}{-\mathrm{j}1000}\right)\dot{U}_{n3} - \dfrac{1}{-\mathrm{j}1000}\dot{U}_{n4} = 0 \\ \dot{U}_{n2} = 5\angle 0°\text{V} \\ \dot{U}_{n1} = \dot{U}_{n2} \end{cases}$$

解得

$$\dot{U}_{n3} = 4.85\angle -1.10°\text{V}$$

有

$$\dot{U}_R = \frac{\dot{U}_{n3}}{5000-\text{j}1000}\times 5000 = 4.76\angle 10.2°(\text{V})$$

可得

$$u_R(t) = 4.76\sqrt{2}\sin(1000t+10.2°)\text{V}$$

习题【14】解　(1) 当 U_{S2} 单独作用时，等效电路如习题【14】解图 (1) 所示。

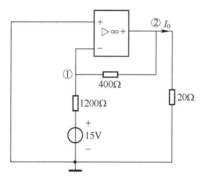

习题【14】解图 (1)

由运算放大器虚短的外特性，有 $U_1 = 0$，由节点①的 KCL 方程，有

$$\frac{U_{S2}-U_1}{1200} = \frac{U_1-U_2}{400}$$

得

$$U_2 = -5\text{V},\quad I_0 = \frac{U_2}{20} = -0.25(\text{A})$$

当 u_{S1} 单独作用时，等效电路如习题【14】解图 (2) 所示。

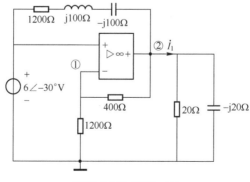

习题【14】解图 (2)

由运算放大器虚短的外特性，有 $\dot{U}_1 = 6\angle -30°\text{V}$，由节点①的 KCL 方程，有

$$\frac{\dot{U}_1 - 0}{1200} = \frac{\dot{U}_2 - \dot{U}_1}{400}$$

得

$$\dot{U}_2 = 8\angle -30°\text{V}$$

电流为

$$\dot{I}_1 = \dot{U}_2 \times \left(\frac{1}{20} + \text{j}\frac{1}{20}\right) = 0.566\angle 15°(\text{A}), \quad i_1 = 0.8\cos(1000t + 15°)\,\text{A}$$

叠加后有

$$i = I_0 + i_1 = -0.25 + 0.8\cos(1000t + 15°)\,\text{A}$$

有效值为

$$I = \sqrt{I_0^2 + I_1^2} = \sqrt{0.25^2 + 0.566^2} = 0.619(\text{A})$$

（2）当 U_{S2} 单独作用时，有

$$P_0 = \frac{U_{\text{S2}}^2}{20} = \frac{25}{20} = 1.25(\text{W})$$

当 u_{S1} 单独作用时，有

$$P_1 = \frac{U_2^2}{20} = \frac{8^2}{20} = 3.2(\text{W})$$

负载消耗的有功功率为

$$P = P_0 + P_1 = 4.45\text{W}$$

习题【15】解　运用复频域分析法，运算电路如习题【15】解图所示。

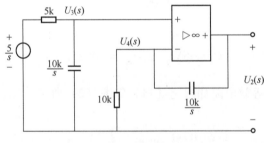

习题【15】解图

根据分压公式有

$$U_3(s) = \frac{\dfrac{10\text{k}}{s}}{5\text{k} + \dfrac{10\text{k}}{s}} \times \frac{5}{s} = \frac{10}{s(s+2)}$$

根据虚短、虚断的外特性，有

$$\begin{cases} U_4(s) = U_3(s) = \dfrac{10}{s(s+2)} \\[4mm] U_2(s) = \dfrac{10\text{k}+\dfrac{10\text{k}}{s}}{10\text{k}} U_4(s) = \dfrac{10(s+1)}{s^2(s+2)} \end{cases}$$

$$U_2(s) = \frac{A}{s} + \frac{B}{s^2} + \frac{C}{s+2} = \frac{2.5}{s} + \frac{5}{s^2} - \frac{2.5}{s+2}$$

进行拉氏反变换，有

$$u_2(t) = L^{-1}[U_2(s)] = (5t + 2.5 - 2.5e^{-2t})\varepsilon(t)\,\text{V}$$

习题【16】解 由题易得

$$U_+ = \frac{U_i}{50+100} \times 100 = \frac{2}{3}U_i = 1(\text{V})$$

根据虚短的外特性，有

$$U_- = U_+ = 1\text{V}$$

（1）当 $R_1 = 0\text{k}\Omega$ 时，根据虚断的外特性，有

$$\frac{U_o - U_-}{200\text{k}} = \frac{U_- - 0}{50\text{k}} \Rightarrow U_o = 5\text{V}$$

（2）当 $R_1 = R_2 = 2\text{k}\Omega$、$R_2 = 2\text{k}\Omega$ 时，列出节点电压方程为

$$\begin{cases} \dfrac{U_{R_2} - U_-}{200\text{k}} = \dfrac{U_- - 0}{50\text{k}} \\[4mm] \left(\dfrac{U_{R_2}}{2\text{k}} - \dfrac{U_- - U_{R_2}}{200\text{k}} \right) R_1 + U_{R_2} = U_o \end{cases}$$

解得 $U_o = 10.04\text{V}$。

（3）当 $R_1 = 2\text{k}\Omega$、$R_2 = 0\text{k}\Omega$ 时，运算放大器处于饱和状态，输出电压为饱和电压。

A5 第6、7章习题答案

习题【1】解 习题【1】图（a）中的等效电感为

$$L_{eq} = 4//[4//(6+12)+3] = \frac{276}{113}(\text{mH})$$

习题【1】图（b）中的等效电容为

$$C_{eq} = 10+25//(6+20+30) = \frac{2210}{81}(\mu\text{F})$$

习题【2】解 电感电压为

$$u_L = L\frac{\text{d}i_L}{\text{d}t} = -e^{-t}\text{V}$$

根据 KVL 方程，有

$$u_C = u_L - u_S = -2e^{-t}\text{V}$$

电容电流为

$$i_C = C\frac{\mathrm{d}u_C}{\mathrm{d}t} = 2e^{-t}\text{A}$$

根据 KCL 方程，有

$$i = i_C + i_L = 3e^{-t}\text{A}$$

习题【3】解 （1）在闭合开关 S 前，电路达到稳态，等效电路如习题【3】解图（1）所示。

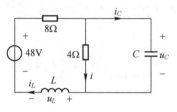

习题【3】解图（1）

电感电流为

$$i_L(0_-) = \frac{48}{4+8} = 4(\text{A})$$

电容电压为

$$u_C(0_-) = \frac{4}{4+8} \times 48 = 16(\text{V})$$

当 $t=0_+$ 时，闭合开关 S，根据换路定则，有

$$i_L(0_-) = i_L(0_+) = 4\text{A}$$
$$u_C(0_+) = u_C(0_-) = 16\text{V}$$

（2）$t=0_+$ 时刻的等效电路如习题【3】解图（2）所示。

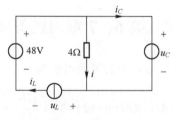

习题【3】解图（2）

电阻电流为

$$i(0_+) = \frac{16}{4} = 4(\text{A})$$

电容电流为

$$i_C(0_+) = i_L(0_+) - i_L(0_-) = 0\text{A}$$

电感电压为

$$u_L(0_+) = 48 - 16 = 32(\text{V})$$

习题【4】解 如习题【4】解图（a）所示。

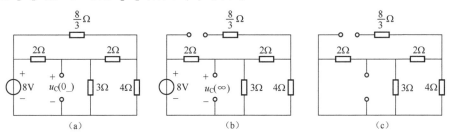

习题【4】解图

当开关未被断开时，电路处于稳态，电容被视为开路，R_1、R_2、R_4、R_5 电桥平衡，根据分压公式，有

$$u_C(0_-)=\frac{3}{3+2}\times8=4.8(\text{V})$$

当断开开关时，根据换路定则，有

$$u_C(0_+)=u_C(0_-)=4.8\text{V}$$

在电路达到稳态后，如习题【4】解图（b）所示，根据分压公式，有

$$u_C(\infty)=\frac{(2+4)//3}{(2+4)//3+2}\times8=4(\text{V})$$

如习题【4】解图（c）所示，等效电阻为

$$R_{\text{eq}}=2//3//(2+4)=1(\Omega)$$

时间常数为

$$\tau=R_{\text{eq}}C=1\times1=1(\text{s})$$

有

$$u_C=4+(4.8-4)\text{e}^{-t}=4+0.8\text{e}^{-t}(\text{V})$$

习题【5】解 在闭合开关 S 前，电路如习题【5】解图（1）所示。

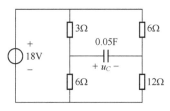

习题【5】解图（1）

由电桥平衡，$u_C(0_-)=0$。在闭合开关 S 后，$u_C(0_+)=u_C(0_-)=0$。

当电路达到稳态时，电路如习题【5】解图（2）所示。

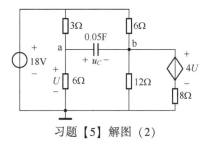

习题【5】解图（2）

取电压源下端作为参考节点，有

$$U_a(\infty)=18\times\frac{6}{3+6}=12(\mathrm{V}),\quad U=U_a(\infty)=12\mathrm{V},\quad U_b(\infty)=\frac{\frac{18}{6}+\frac{4U}{8}}{\frac{1}{6}+\frac{1}{12}+\frac{1}{8}}=24(\mathrm{V})$$

$$u_C(\infty)=U_a(\infty)-U_b(\infty)=-12\mathrm{V}$$

求输入端电阻如习题【5】解图（3）所示。

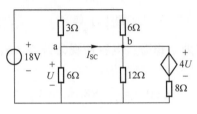

习题【5】解图（3）

$$\begin{cases}\dfrac{18-U}{3}-\dfrac{U}{6}=I_{SC}（节点 a KCL 方程）\\[3mm]\dfrac{U}{12}+\dfrac{U-4U}{8}=\dfrac{18-U}{6}+I_{SC}（节点 b KCL 方程）\end{cases}\Rightarrow I_{SC}=-6\mathrm{A}$$

有

$$R_{eq}=\frac{-12}{-6}=2(\Omega),\quad \tau=R_{eq}C=0.1\mathrm{s}$$

由三要素，有

$$u_C=-12+12\mathrm{e}^{-10t}\mathrm{V}$$

习题【6】解　（1）当未闭合开关 S 时，继电器线圈电流为

$$i(0_-)=\frac{U_S}{R_1+R}$$

（2）当闭合开关 S 时，等效电路如习题【6】解图所示。

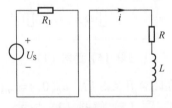

习题【6】解图

图中右侧电路是继电器线圈的放电回路，根据换路定则，有

$$i(0_+)=i(0_-)=\frac{U_S}{R_1+R}$$

时间常数为

$$\tau=\frac{L}{R}$$

零输入响应为

$$i = \frac{U_{\mathrm{S}}}{R_1 + R} \mathrm{e}^{-\frac{R}{L}t}$$

设在 t_0 时刻，电流下降至 I_1，继电器触点断开，即

$$\frac{U_{\mathrm{S}}}{R_1 + R} \mathrm{e}^{-\frac{R}{L}t_0} = I_1$$

解得

$$t_0 = \frac{L}{R} \ln \frac{U_{\mathrm{S}}}{(R_1 + R) I_1}$$

习题【7】解 当闭合开关 S 时，由电桥平衡，有 $i_L(0_+) = i_L(0_-) = 0\mathrm{A}$。
当断开开关 S 时，电路如习题【7】解图（1）所示。

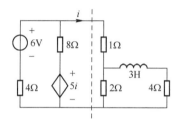

习题【7】解图（1）

对虚线左侧的电路进行戴维南等效，有

$$U_{\mathrm{OC}} = 4\mathrm{V}, \quad I_{\mathrm{SC}} = 4\mathrm{A} \Rightarrow R_{\mathrm{eq}} = 1\Omega \quad (\text{两个 KVL 方程可以求解 } I_{\mathrm{SC}})$$

等效电路如习题【7】解图（2）所示。

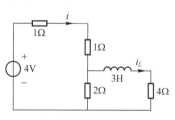

习题【7】解图（2）

稳态时有

$$i(\infty) = \frac{4}{1 + 1 + 2//4} = 1.2(\mathrm{A}), \quad i_L(\infty) = 1.2 \times \frac{2}{2+4} = 0.4(\mathrm{A})$$

等效电阻 $R_{\mathrm{eq}} = 2//2 + 4 = 5(\Omega) \Rightarrow \tau = \dfrac{L}{R_{\mathrm{eq}}} = 0.6\mathrm{s}$。

由三要素，有

$$i_L = 0.4 - 0.4\mathrm{e}^{-\frac{5}{3}t}$$

根据 KCL 方程，有

$$i=\left(L\frac{\mathrm{d}i_L}{\mathrm{d}t}+4i_L\right)\Big/2+i_L=1.2-0.2\mathrm{e}^{-\frac{5}{3}t}(\mathrm{A})$$

习题【8】解 方法一:先求阶跃响应,再通过求导得到单位冲激响应,如习题【8】解图 (1)所示。

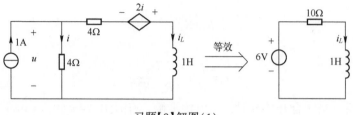

习题【8】解图(1)

初始值为

$$i_L(0_+)=i_L(0_-)=0\mathrm{A}$$

稳态值为

$$i_L(\infty)=\frac{6}{10}=0.6(\mathrm{A})$$

时间常数为

$$\tau=\frac{L}{R_{\mathrm{eq}}}=\frac{1}{10}\mathrm{s}$$

故有

$$i_L'=0.6(1-\mathrm{e}^{-10t})\varepsilon(t)\mathrm{A}$$

单位冲激响应为

$$i_L=\frac{\mathrm{d}i_L'}{\mathrm{d}t}=6\mathrm{e}^{-10t}\varepsilon(t)\mathrm{A}$$

方法二:充电法,$0_-\sim0_+$ 时的等效电路(求出初始值变化,后面看作零输入响应)如习题【8】解图 (2) 所示。

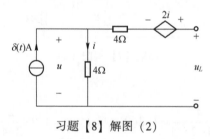

习题【8】解图 (2)

电感电压为

$$u_L=6\delta(t)\mathrm{V}$$

积分为

$$i_L(0_+)=i_L(0_-)+\frac{1}{L}\int_{0_-}^{0_+}u_L\mathrm{d}t=6\mathrm{A}$$

稳态值为

$$i_L(\infty) = 0A$$

时间常数为

$$\tau = \frac{L}{R_{eq}} = \frac{1}{10}s$$

有

$$i_L = 6e^{-10t}\varepsilon(t)A$$

习题【9】解   由习题【9】解图可知，$u = 2[\varepsilon(t) - \varepsilon(t-1)]V$，先求 $u = 2\varepsilon(t)V$ 时的响应，再利用零状态响应特性求解。

习题【9】解图

达到稳态时，有

$$i_L(\infty) = 1A$$

等效电阻为

$$R_{eq} = 2//3 = 1.2(\Omega)$$

时间常数为

$$\tau = \frac{L}{R_{eq}} = \frac{5}{6}s$$

电路的零状态响应为

$$i = (1 - e^{-1.2t}) \cdot \varepsilon(t)A$$

利用零状态响应特性，在激励电源 $u = 2[\varepsilon(t) - \varepsilon(t-1)]V$ 时，电流为

$$i = (1 - e^{-1.2t})\varepsilon(t) - [1 - e^{-1.2(t-1)}]\varepsilon(t-1)A$$

习题【10】解   由习题【10】图可知 $u_S = 2[\varepsilon(t-4) - \varepsilon(t-8)]V$。
除电容之外的戴维南等效电路的参数：$U_{OC} = u_S$，$R_{eq} = 0.8\Omega$，有

$$u_C(0+) = u_C(0-) = 2V, \quad \tau = R_{eq}C = 0.8 \times 5 = 4(s)$$

零输入响应为

$$u_C = u_C(0+)e^{-\frac{t}{\tau}} = 2e^{-\frac{t}{4}}V$$

当 $U_{OC} = \varepsilon(t)$ 时，零状态响应为

$$u_C = (1 - e^{-\frac{1}{4}t})\varepsilon(t)V$$

当 $U_{OC} = 2[\varepsilon(t-4) - \varepsilon(t-8)]V$ 时，电容电压全响应为

$$u_C = [2(1 - e^{-\frac{1}{4}(t-4)})\varepsilon(t-4) - 2(1 - e^{-\frac{1}{4}(t-8)})\varepsilon(t-8) + 2e^{-\frac{1}{4}t}]V$$

电流为

$$i = \frac{u_S - u_C}{4} = \left[-\frac{1}{2}e^{-\frac{1}{4}t}\varepsilon(t) + \frac{1}{2}e^{-\frac{1}{4}(t-4)}\varepsilon(t-4) - \frac{1}{2}e^{-\frac{1}{4}(t-8)}\varepsilon(t-8)\right]A$$

习题【11】解　（1）换路后的等效电路如习题【11】解图（1）所示。

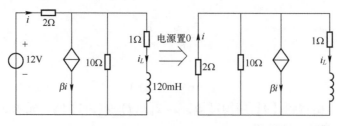

习题【11】解图（1）

电感以外的等效电阻为

$$R_{\text{eq}} = 1 + 10 // \frac{2}{1-\beta}$$

电路换路后的响应是稳定的，动态电路最终趋向稳定，即一阶电路响应指数部分为负指数，时间常数为

$$\tau > 0 \Rightarrow R_{\text{eq}} = 1 + 10 // \frac{2}{1-\beta} > 0$$

即

$$R_{\text{eq}} = 1 + \frac{10}{6-5\beta} > 0$$

解得

$$\beta < \frac{6}{5} \text{或} \beta > \frac{16}{5}$$

（2）时间常数为

$$\frac{L}{R_{\text{eq}}} = \frac{0.12}{1 + \frac{2}{1-\beta} // 10} = 0.02(\text{s})$$

解得

$$\beta = \frac{4}{5}$$

$t < 0$ 时的等效电路如习题【11】解图（2）所示。

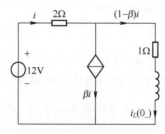

习题【11】解图（2）

电路初始值为

$$i_L(0_-)=(1-\beta)\cdot i$$

由 KVL 方程，有

$$12=2i+(1-\beta)i$$

所以有

$$i_L(0_-)=\frac{12(1-\beta)}{3-\beta}$$

当 $t>0$，且 $\beta=\frac{4}{5}$ 时，等效电路如习题【11】解图（3）所示。

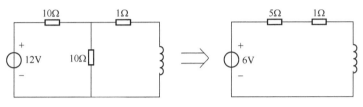

习题【11】解图（3）

初始值和稳态值分别为

$$i_L(0_+)=i_L(0_-)=\frac{12\left(1-\dfrac{4}{5}\right)}{3-\dfrac{4}{5}}=\frac{12}{11}(\mathrm{A})，i_L(\infty)=1\mathrm{A}$$

由三要素，有

$$i_L=\left(1+\frac{1}{11}\mathrm{e}^{-50t}\right)\mathrm{A}$$

习题【12】解 根据换路定则可得 $i_L(0_+)=i_L(0_-)=0\mathrm{A}$，如习题【12】解图所示。

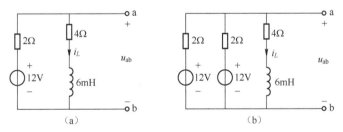

习题【12】解图

闭合开关 S_1 后，$i_L(\infty)=\dfrac{12}{2+4}=2(\mathrm{A})$，$\tau_1=\dfrac{L}{R_{\mathrm{eq}}}=\dfrac{6}{2+4}=1(\mathrm{ms})$。

由三要素，有 $i_L=i_L(\infty)+(i_L(0_+)-i_L(\infty))\mathrm{e}^{-\frac{t}{\tau_1}}=2-2\mathrm{e}^{-1000t}\mathrm{A}(0\leqslant t\leqslant1\mathrm{ms})$。

由 KVL 方程，有 $u_{\mathrm{ab}}=L\dfrac{\mathrm{d}i_L}{\mathrm{d}t}+4i_L=8+4\mathrm{e}^{-1000t}\mathrm{V}(0\leqslant t\leqslant1\mathrm{ms})$。

闭合开关 S_2 后，根据换路定则，有

$$i_L(1\text{ms}_+) = i_L(1\text{ms}_-) = \left(2 - \frac{2}{e}\right)\text{A}$$

当电路达到稳态时，有

$$4i_L(\infty) = \frac{\frac{12}{2} + \frac{12}{2}}{\frac{1}{2} + \frac{1}{2} + \frac{1}{4}} \Rightarrow i_L(\infty) = \frac{12}{5} = 2.4(\text{A})$$

$$\tau_2 = \frac{L}{R'_{\text{eq}}} = \frac{6}{4 + 2//2} = 1.2(\text{ms})$$

根据三要素，有

$$i_L = 2.4 + \left(2 - \frac{2}{e} - 2.4\right)e^{-\frac{(t-10^{-3})}{1.2\times10^{-3}}} = 2.4 - \left(0.4 + \frac{2}{e}\right)e^{-\frac{5}{6}\times10^3(t-10^{-3})}\text{A} \quad (t>1\text{ms})$$

$$u_{\text{ab}} = L\frac{\text{d}i_L}{\text{d}t} + 4i_L = 9.6 + 1.136e^{-\frac{5}{6}\times10^3(t-10^{-3})}\text{V}(t>1\text{ms})$$

综上有

$$u_{\text{ab}} = \begin{cases} 8 + 4e^{-1000t}\text{V}(0 \leqslant t \leqslant 1\text{ms}) \\ 9.6 + 1.136e^{-\frac{5}{6}\times10^3(t-10^{-3})}\text{V}(t>1\text{ms}) \end{cases}$$

习题【13】解 标出电量如习题【13】解图所示。

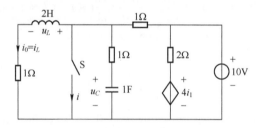

习题【13】解图

当 $t<0$ 时，电路已达稳态，有

$$i_L(0_+) = i_L(0_-) = \frac{10}{1+1} = 5(\text{A}), \quad u_C(0_+) = u_C(0_-) = 5\text{V}$$

当 $t>0$ 时，电路被分成电感电路、电容电路和电压源电路三个独立回路，有

$$\tau_L = \frac{L}{R_{\text{eq}L}} = 2\text{s}, \quad \tau_C = R_{\text{eq}C}C = 1\text{s}$$

稳态值 $i_L(\infty) = 0\text{A}$，$u_C(\infty) = 0\text{V}$。

由三要素，有 $i_L = 5e^{-0.5t}\text{A}$，$u_C(t) = 5e^{-t}\text{V}$。

电流 i 的分量 1：$i_1 = -i_L = -5e^{-0.5t}\text{A}$。

电流 i 的分量 2：$i_2 = -i_C = 5e^{-t}\text{A}$。

电流 i 的分量 3：$i_3 = \frac{10}{1} = 10(\text{A})$。

流过开关的电流为

$$i = i_1 + i_2 + i_3 = (10 - 5e^{-0.5t} + 5e^{-t})\,\text{A}$$

习题【14】解　当 $t<0$ 时，电路已达稳态，由 KCL、KVL 方程，有

$$\begin{cases} 2i_L(0_-) + u_C(0_-) = 16 \\[4pt] u_1(0_-) + u_C(0_-) = 4 \\[4pt] \dfrac{u_1(0_-)}{2} + i_L(0_-) + \dfrac{u_1(0_-) + 16 - u_C(0_-)}{6} - \dfrac{u_C(0_-)}{3} = 0 \end{cases}$$

联立解得 $i_L(0_+) = i_L(0_-) = 4\,\text{A}$，$u_C(0_+) = u_C(0_-) = 8\,\text{V}$，$u_1(0_-) = -4\,\text{V}$。

当 $t>0$ 时，由对应的方程可得

$$R_{eqL} = 2 + 3 = 5\,(\Omega)，\quad \tau_L = \frac{L}{R_{eqL}} = 0.2\,\text{s}，\quad i_L(\infty) = \frac{16}{3+2} = \frac{16}{5}\,(\text{A})$$

$$R_{eqC} = \frac{6}{5}\,\Omega，\quad \tau_C = R_{eqC}C = 0.6\,\text{s}，\quad u_C(\infty) = \frac{32}{5}\,\text{V}$$

由三要素法，有

$$i_L = \frac{4}{5}e^{-5t} + \frac{16}{5}\,(\text{A})，\quad u_C = \frac{8}{5}e^{-\frac{5}{3}t} + \frac{32}{5}\,(\text{V})$$

由 KVL 方程，有

$$u_O = u_C - 3i_L = \left(\frac{8}{5}e^{-\frac{5}{3}t} - \frac{12}{5}e^{-5t} - \frac{16}{5} \right)\text{V}$$

习题【15】解　当 $t<0$ 时，电流源被短路，初始值为

$$u_C(0_-) = u_C(0_+) = \frac{8//4//4}{6+2+8//4//4} \times 24 = 4\,(\text{V})$$

$$i_L(0_-) = i_L(0_+) = \frac{24}{6+2+8//4//4} \times \frac{8}{8+4//4} \times \frac{1}{2} = 1\,(\text{A})$$

当 $t>0$ 时，可以将电路分为两个独立部分（本题中，可以认为是在求解 R_{eq} 时将电流源断路，两个存储元件互不影响），即

$$i_L(\infty) = -\frac{1}{2}I_{S2} = -1.5\,\text{A}，\quad u_C(\infty) = \frac{R_1 + R_2}{R_1 + R_2 + R_3}I_{S2}R_3 + \frac{I_{S1}R_1}{R_1 + R_2 + R_3} \times R_3 = 24\,\text{V}$$

$$R_{eqL} = R_4 + R_5 = 8\,\Omega，\quad R_{eqC} = (R_1 + R_2)//R_3 = 4\,\Omega$$

$$\tau_L = \frac{L}{R_{eqL}} = 1.25 \times 10^{-3}\,\text{s}，\quad \tau_C = R_{eqL} \cdot C = 2 \times 10^{-3}\,\text{s}$$

由三要素法，有

$$u_C = (24 - 20e^{-500t})\,\text{V}，\quad i_L = (-1.5 + 2.5e^{-800t})\,\text{A}$$

由 KVL 方程，有

$$u = -u_C + i_L \times R_5 + L\frac{di_L}{dt} = (-30 + 20e^{-500t} - 10e^{-800t})\,\text{V}$$

习题【16】解　当 $t<0$ 时，电路处于稳态，由 KCL 和 KVL 方程，有

$$\begin{cases} 10 = 5i_L + u_C \\ i_L = i \\ u_C = 2i + 5i + 1 \times (i - 3i) \end{cases}$$

解得 $i_L(0_-)=i_L(0_+)=1\text{A}$，$u_C(0_-)=u_C(0_+)=5\text{V}$。

当 $t>0$ 时，等效电路如习题【16】解图所示。

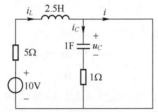

（右侧受控源与2Ω电阻等效为一根导线）

习题【16】解图

由图有

$$i_L(\infty)=2\text{A}, \quad u_C(\infty)=0\text{V}, \quad R_{\text{eq}L}=5\Omega, \quad R_{\text{eq}C}=1\Omega$$

所以有

$$\tau_1=\frac{L}{R_{\text{eq}L}}=0.5\text{s}, \quad \tau_2=R_{\text{eq}C}C=1\text{s}$$

由三要素，有

$$i_L=(2-\text{e}^{-2t})\text{A}, \quad u_C=5\text{e}^{-t}\text{V}$$

电容电流为

$$i_C=C\frac{\text{d}u_C}{\text{d}t}=-5\text{e}^{-t}\text{V}$$

根据 KCL 方程，有

$$i=i_L-i_C=(2-\text{e}^{-2t}+5\text{e}^{-t})\text{A}$$

习题【17】解 由换路定则，有 $i_L(0_+)=i_L(0_-)=0\text{A}$。电路时间常数 $\tau=L/R=1/3\text{s}$。稳态时，i_{LP} 的相量为

$$\dot{I}_{LP}=\frac{10\angle\theta}{3+\text{j}4}=2\angle(\theta-53.1°)(\text{A})$$

稳态电流为 $i_{LP}=2\sin(4t+\theta-53.1°)\text{A}$。

电流的全响应为

$$i_L=i_{LP}+[i_L(0_+)-i_{LP}(0_+)]\text{e}^{-\frac{t}{\tau}}=2\sin(4t+\theta-53.1°)-2\sin(\theta-53.1°)\text{e}^{-3t}\text{A}$$

要使闭合开关 S 后电路不产生过渡过程，则 $\theta=53.1°$。

习题【18】解 已知 $u_C=100-60\text{e}^{-0.1t}+40\sqrt{2}\sin(t+45°)\text{V}$，包含三个分量。其中，$u_{C_1}=100\text{V}$ 为恒定电压源 U_S 单独作用时产生的稳态分量，$u_{C_2}=40\sqrt{2}\sin(t+45°)\text{V}$ 为正弦电流源 i_S 单独作用时产生的正弦稳态分量，$u_C(0_+)=u_C(0_-)=80\text{V}$。

（1）当 c、d 端开路时，响应 u_C 由初始状态和恒定电压源 U_S 引起，稳态分量为

$$u_C(\infty)=u_{C_1}=100\text{V}$$

由全响应分解方式可得

$$u_C=K\text{e}^{-0.1t}+u_C(\infty)=K\text{e}^{-0.1t}+100\text{V}$$

式中，K 为待定常数，代入 $t=0_+$ 时刻的初始条件得

$$u_C(0_+)=K+100=80\text{V}$$

解得 $K=-20$，因此 c、d 端开路时的响应 u_C 为

$$u_C = -20\mathrm{e}^{-0.1t} + 100\mathrm{V} \quad (t \geqslant 0)$$

（2）当 a、b 端短路时，响应 u_C 由初始状态和正弦电源引起，正弦稳态分量为

$$u_{CP} = u_{C_2} = 40\sqrt{2}\sin(t+45°)\mathrm{V}$$

此时

$$u_C = C\mathrm{e}^{-0.1t} + u_{CP} = C\mathrm{e}^{-0.1t} + 40\sqrt{2}\sin(t+45°)\mathrm{V}$$

代入 $t=0_+$ 时刻的初始条件，有

$$u_C(0_+) = 80 = C + 40\sqrt{2}\sin45°\mathrm{V}$$

解得

$$C = 40$$

a、b 端短路时的响应 u_C 为

$$u_C = 40\mathrm{e}^{-0.1t} + 40\sqrt{2}\sin(t+45°)\mathrm{V} \quad (t \geqslant 0)$$

习题【19】解　（1）由题意有

$$u_C^{(1)}(\infty) = \frac{R_2}{R_1+R_2} \cdot u_S = \frac{1}{2}\mathrm{V}$$

$$u_C^{(2)}(\infty) = (R_1 /\!/ R_2) \cdot i_S = 2\mathrm{V}$$

解得

$$R_1 = R_2 = 4\Omega$$

时间常数为

$$\tau = (R_1 /\!/ R_2) \cdot C = 0.5\mathrm{s}$$

解得

$$C = 0.25\mathrm{F}$$

综上有

$$R_1 = R_2 = 4\Omega, \quad C = 0.25\mathrm{F}$$

（2）设电路的零输入响应为 $y_0(t)$，有

$$u_C(0_+) = u_C^{(1)}(0_+) = u_C^{(2)}(0_+) = 2.5\mathrm{V}$$

$$y_0(t) = 2.5\mathrm{e}^{-2t}\mathrm{V}$$

设电压源 u_S 和电流源 i_S 分别单独作用下的零状态响应为 $y_1(t)$ 和 $y_2(t)$，根据题意有

$$\begin{cases} u_C^{(1)} = y_1(t) + y_0(t) = 2\mathrm{e}^{-2t} + \dfrac{1}{2} \\ u_C^{(2)} = y_2(t) + y_0(t) = \dfrac{1}{2}\mathrm{e}^{-2t} + 2 \end{cases}$$

当电压源 u_S 和电流源 i_S 共同作用时，有

$$u_C = u_C^{(1)} + u_C^{(2)} - y_0(t) = 2.5\mathrm{V}$$

习题【20】解　在未断开开关 S 时，有

$$i_L(0_-) = 2.5\mathrm{A}, \quad u_C(0_-) = 5\mathrm{V}$$

根据换路定则，有

$$i_L(0_+) = i_L(0_-) = 2.5\mathrm{A}, \quad u_C(0_+) = u_C(0_-) = 5\mathrm{V}$$

对于左侧电路，有

$$u_C(\infty) = 10\text{V}, \quad \tau = RC = 0.5\text{s}$$

$$u_C = 10 - 5e^{-2t}\text{V}, \quad i_C = C\frac{du_C(t)}{dt} = 5e^{-2t}\text{A}$$

对于右侧电路，列写 KVL 方程，可得

$$L\frac{di_L}{dt} = -4i_L + 2.5e^{-2t}$$

求解后，有

$$i_L = \frac{5}{4}e^{-2t} + Ce^{-4t}\text{A}$$

又

$$i_L(0_+) = i_L(0_-) = 2.5\text{A}$$

可得

$$C = \frac{5}{4}$$

综上，有

$$u_C = (10 - 5e^{-2t})\text{V}$$

$$i_L = \frac{5}{4}(e^{-2t} + e^{-4t})\text{A}$$

习题【21】解　在闭合开关 S 前，电路如习题【21】解图（a）所示，$u_{C_1}(0_-) = 6\text{V}$，$u_{C_2}(0_-) = 0\text{V}$。

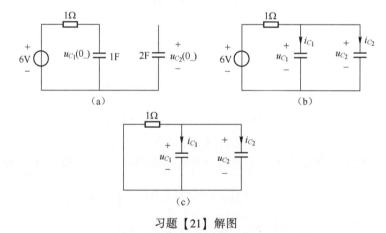

习题【21】解图

在闭合开关 S 后，电路如习题【21】解图（b）所示。由于存在电容回路，列写电荷守恒方程，可得

$$C_1 u_{C_1}(0_-) + C_2 u_{C_2}(0_-) = C_1 u_{C_1}(0_+) + C_2 u_{C_2}(0_+)$$

同时有

$$u_{C_1}(0_+) = u_{C_2}(0_+)$$

解得

$$u_{C_1}(0_+) = u_{C_2}(0_+) = 2\text{V}$$

在闭合开关 S 后，无源一阶 RC 电路如习题【21】解图（c）所示。

等效参数为

$$R_{eq}=1\Omega \quad C_{eq}=C_1+C_2=3F$$

时间常数为

$$\tau=R_{eq}C_{eq}=3s$$

稳态值为

$$u_{C_1}(\infty)=u_{C_2}(\infty)=6V$$

电容电压为

$$u_{C_1}=\left[6+(2-6)e^{-\frac{1}{3}t}\right]\varepsilon(t)+6\varepsilon(-t)=(6-4e^{-\frac{1}{3}t})\varepsilon(t)+6\varepsilon(-t)V$$

$$u_{C_2}=\left[6+(2-6)e^{-\frac{1}{3}t}\right]\varepsilon(t)=(6-4e^{-\frac{1}{3}t})\varepsilon(t)V$$

电容电流为

$$i_{C_1}=C_1\frac{du_{C_1}}{dt}=(-4)\times\left(-\frac{1}{3}\right)e^{-\frac{1}{3}t}\varepsilon(t)+\left[6-4e^{-\frac{1}{3}t}\right]\delta(t)-6\delta(t)=\frac{4}{3}e^{-\frac{1}{3}t}\varepsilon(t)-4\delta(t)A$$

$$i_{C_2}=C_2\frac{du_{C2}}{dt}=2\times(-4)\times\left(-\frac{1}{3}\right)e^{-\frac{1}{3}t}\varepsilon(t)+2\left[6-4e^{-\frac{1}{3}t}\right]\delta(t)=\frac{8}{3}e^{-\frac{1}{3}t}\varepsilon(t)+4\delta(t)A$$

习题【22】解　换路后，电路中有两个电感，这两个初始值不相等的电感并非可构成唯一的回路，所以电感两端电压不会出现冲激量，仍然满足换路定则。

（1）确定初始条件为

$$i_{L_1}(0_+)=i_{L_1}(0_-)=1A,\quad i_{L_2}(0_+)=i_{L_2}(0_-)=0A$$

则

$$u_0(0_+)=R_2i_{R_2}(0_+)=R_2\left[-i_{L_1}(0_+)-i_{L_2}(0_+)\right]=-0.5(V)$$

（2）等效电感为

$$L_{eq}=\frac{L_1L_2}{L_1+L_2}=\frac{2}{3}H$$

所以时间常数为

$$\tau=\frac{L_{eq}}{R_2}=\frac{2}{1.5}s$$

（3）求稳态解 $u_0(\infty)$。在开关合向 2 后，电路为零输入响应，所以

$$u_0(\infty)=0V$$

（4）求 u_0。应用三要素公式，可得响应为

$$u_0=u_0(\infty)+\left[u_0(0_+)-u_0(\infty)\right]e^{-\frac{t}{\tau}}=-0.5e^{-0.75t}V$$

习题【23】解　如习题【23】解图所示。

电路的初始状态为

$$i_{L_1}(0_-)=\frac{\frac{1}{R_2}}{\frac{1}{R_1}+\frac{1}{R_2}+\frac{1}{R_3}}I_S=4A,\quad i_{L_2}(0_-)=\frac{\frac{1}{R_3}}{\frac{1}{R_1}+\frac{1}{R_2}+\frac{1}{R_3}}I_S=2A$$

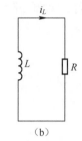

习题【23】解图

在断开开关 S 后，L_1 与 L_2 串联，两个电感的初始电流不同，在断开开关 S 后，回路电流为 i_L，如习题【23】解图（a）所示，根据回路磁链守恒方程，可得

$$-L_1 i_{L_1}(0_-) + L_2 i_{L_2}(0_-) = (L_1 + L_2) i_L(0_+)$$

解得

$$i_L(0_+) = \frac{-L_1 i_{L_1}(0_-) + L_2 i_{L_2}(0_+)}{L_1 + L_2} = -1.6\text{A}$$

在断开开关 S 后，等效电路如习题【23】解图（b）所示，等效电感 $L = L_1 + L_2 = 5\text{H}$，等效电阻 $R = R_2 + R_3 = 30\Omega$，$\tau = L/R = 1/6\text{s}$，有

$$i_L = i_L(0_+) \mathrm{e}^{-\frac{1}{\tau}t} = -1.6\mathrm{e}^{-6t}\text{A}$$

响应 i_{L_1}、i_{L_2} 分别为

$$i_{L_2} = i_L = -1.6\mathrm{e}^{-6t}\text{A}, \quad i_{L_1} = -i_{L_2} = 1.6\mathrm{e}^{-6t}\text{A}$$

习题【24】解 应用叠加定理，分别求各激励作用时的稳态分量。

（1）U_{S1} 直流电压源单独作用时，有

$$i_{L_1}(\infty) = \frac{U_{S1}}{R_1} = \frac{10}{3}\text{A}$$

（2）U_{S2} 直流电压源单独作用时，有

$$i_{L_2}(\infty) = 0\text{A}$$

（3）u_S 正弦电源单独作用时，取 $\dot{U}_S = 2\angle 0°\text{V}$，有

$$\dot{I}_{L_3} = -\frac{2\angle 0°}{R_1 // R_2 + \mathrm{j}\omega L} = -\frac{2\angle 0°}{2 + \mathrm{j}4} = \frac{\sqrt{5}}{5}\angle 116.57°\text{A}$$

写成时域形式为

$$i_{L_3}(\infty) = \frac{\sqrt{5}}{5}\sin(2t + 116.57°)\text{A}$$

时间常数为

$$\tau = \frac{L}{R_{\text{eq}}} = \frac{L}{R_1 // R_2} = 1\text{s}$$

电感电流的时域表达式为

$$i_L = \frac{10}{3} + \frac{\sqrt{5}}{5}\sin(2t + 116.57°) + C \cdot \mathrm{e}^{-t}$$

代入初始值 $i_L(0_+)=\dfrac{1}{3}$A，解得 $C=-3.4$。

电感电流为

$$i_L=\frac{10}{3}+0.45\sin(2t+116.57°)-3.4\mathrm{e}^{-t}\mathrm{A}$$

习题【25】解　由题意有

$$u_{C_1}(0_-)=u_{C_2}(0_-)=0\mathrm{V}$$

电压分配与电容成反比，可得

$$u_{C_1}(0_+)=200\mathrm{V},\ u_{C_2}(0_+)=100\mathrm{V}$$

在 $t=\infty$ 时刻，等效电路如习题【25】解图（1）所示。

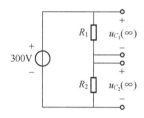

习题【25】解图（1）

稳态值为

$$u_{C_1}(\infty)=100\mathrm{V},\ u_{C_2}(\infty)=200\mathrm{V}$$

将电源置 0，等效电路如习题【25】解图（2）所示。

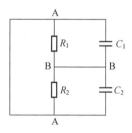

习题【25】解图（2）

时间常数为

$$\tau=R_{\mathrm{eq}}\cdot C_{\mathrm{eq}}=(100//200)\times(C_1+C_2)=10^{-2}(\mathrm{s})$$

$$u_{C_1}=(100+100\mathrm{e}^{-100t})\varepsilon(t)\mathrm{V},\ u_{C_2}=(200-100\mathrm{e}^{-100t})\varepsilon(t)\mathrm{V}$$

电容电流为

$$i_{C_1}=C_1\frac{\mathrm{d}u_{C_1}}{\mathrm{d}t}=10^{-2}\delta(t)-0.5\mathrm{e}^{-100t}\varepsilon(t)\mathrm{A}$$

$$i_{C_2}=C_2\frac{\mathrm{d}u_{C_2}}{\mathrm{d}t}=10^{-2}\delta(t)+\mathrm{e}^{-100t}\varepsilon(t)\mathrm{A}$$

习题【26】解 由题意，标出二端口电量如习题【26】解图所示。

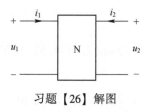

习题【26】解图

根据二端口参数，有

$$\begin{cases} u_1 = u_2 - 2i_2 \\ i_1 = 0.1u_2 - 1.2i_2 \end{cases}$$

又

$$u_S = i_1 R_1 + u_1 = 10i_1 + u_1 = 10\varepsilon(t) \Rightarrow u_2 = 5\varepsilon(t) + 7i_2$$

$$i_L = -i_2, \quad u_2 = 5\varepsilon(t) - 7i_L \text{（一步法）}$$

若表示为戴维南等效电路，那么 $U_{OC} = 5\text{V}$，$R_{eq} = 10\Omega$，$\tau = \dfrac{L}{R} = 0.01\text{s}$，则

$$i_L = 0.5(1 - e^{-100t})\varepsilon(t)\text{A}, \quad u_L = 5\varepsilon(t) - 10i_L = 5e^{-100t}\varepsilon(t)\text{V}$$

习题【27】解 （1）由条件1，最简等效电路如习题【27】解图（1）所示。

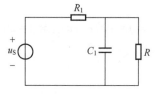

习题【27】解图（1）

当 $t \to \infty$ 时，有

$$\frac{R}{R+R_1} \cdot u_S = \frac{2}{3}\text{V}, \quad \tau_1 = R_3 C_1 = (R_1 /\!/ R)C_1 = \frac{2}{3}\text{s}$$

由条件2，最简等效电路如习题【27】解图（2）所示。

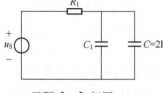

习题【27】解图（2）

当 $t \to \infty$ 时，有

$$u_S = 1\text{V}, \quad \tau_2 = R_1(C_1 + C) = 3\text{s}$$

得

$$R_1 = 1\Omega, \quad R = 2\Omega, \quad C_1 = 1\text{F}$$

（2）将 R、C 并联在 2-2' 端，如习题【27】解图（3）所示，有

$$u(\infty) = \frac{2}{3}\text{V}, \quad \tau_3 = (R_1 // R)(C_1 + C) = 2\text{s}$$

解得

$$u = \frac{2}{3}(1 - e^{-0.5t})\varepsilon(t)\text{V}$$

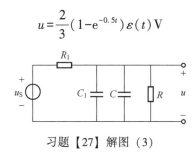

习题【27】解图（3）

注：电路结构需要一点猜测思想，根据题目中的条件一步一步地推导，得出可能的结构。

A6 第 8 章习题答案

习题【1】解 Z_1 吸收的平均功率为

$$P = U_1 I_1 \cos\varphi = 100 I_1 \times 0.8 = 400(\text{W}) \Rightarrow I_1 = 5\text{A}$$

则

$$|Z_1| = \frac{|\dot{U}_1|}{|\dot{I}_1|} = \frac{100}{5} = 20(\Omega)(\text{阻抗为感性}), \quad Z_1 = |Z_1|\cos\varphi + \text{j}|Z_1|\sin\varphi = 16 + \text{j}12\Omega$$

设 $\dot{U}_1 = 100\angle0°\text{V}$，则

$$\dot{I}_2 = \frac{100\angle0°}{\text{j}100} = 1\angle-90°(\text{A})$$

$$\dot{I} = \dot{I}_1 + \dot{I}_2 = 4\sqrt{2}\angle-45°\text{A} \Rightarrow I = 4\sqrt{2} = 5.66(\text{A})$$

$$\dot{U} = 25\dot{I} + \dot{U}_1 = 100\sqrt{5}\angle-26.56°\text{V} \Rightarrow U = 100\sqrt{5}\text{V}_\circ$$

习题【2】解 如习题【2】解图所示。

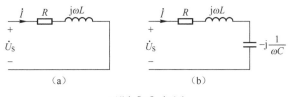

习题【2】解图

当闭合开关 S 时，如习题【2】解图（a）所示，有

$$|\dot{I}| = \frac{|\dot{U}_S|}{|R + \text{j}\omega L|} = 4\text{A} \tag{①}$$

当断开开关 S 时，如习题【2】解图（b）所示，有

$$|\dot{I}|=\frac{|\dot{U}_{\mathrm{S}}|}{\left|R+\mathrm{j}\left(\omega L-\dfrac{1}{\omega C}\right)\right|}=\frac{|\dot{U}_{\mathrm{S}}|}{|R+\mathrm{j}(\omega L-48)|}=4\mathrm{A}\qquad ②$$

联立①②可得 $R^2+(\omega L)^2=R^2+(\omega L-48)^2\Rightarrow\omega L=24\Omega$，则

$$L=\frac{24}{\omega}=\frac{24}{2\pi f}=\frac{24}{2\pi\times 50}=0.0764(\mathrm{H})$$

代入①有

$$\frac{120}{|R+\mathrm{j}24|}=4\Rightarrow R=18\Omega$$

习题【3】解　如习题【3】解图所示。

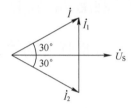

习题【3】解图

设 $\dot{U}_{\mathrm{S}}=U_{\mathrm{S}}\angle 0°=100\angle 0°\mathrm{V}$，则

$$P=UI\cos\varphi=100\cdot I\cos 30°=866(\mathrm{W})\Rightarrow \dot{I}=10\angle 30°\mathrm{A}$$

$$\begin{cases}\dot{I}_1=\mathrm{j}\omega C\dot{U}_{\mathrm{S}}=10\angle 90°\mathrm{A}\\[2mm]\dot{I}_2=\dfrac{\dot{U}_{\mathrm{S}}}{R+\mathrm{j}\omega L}=10\angle -30°\mathrm{A}\end{cases}\Rightarrow\begin{cases}\omega C=0.1s\\[2mm]R+\mathrm{j}\omega L=10\angle 30°\Omega\end{cases}$$

$$R=5\sqrt{3}\ \Omega,\quad \omega L=5\ \Omega$$

若 $f=25\mathrm{Hz}$，则

$$\omega' C=0.05s,\quad \omega' L=\frac{5}{2}\ \Omega$$

电流为

$$\dot{I}_1=\mathrm{j}\omega' C\dot{U}_{\mathrm{S}}=5\angle 90°\mathrm{A},\ \dot{I}_2=\frac{\dot{U}_{\mathrm{S}}}{R+\mathrm{j}\omega' L}=\frac{100\angle 0°}{5\sqrt{3}+\mathrm{j}\dfrac{5}{2}}=11.09\angle -16.10°(\mathrm{A})$$

由 KCL 方程有

$$\dot{I}=\dot{I}_1+\dot{I}_2=\frac{80\sqrt{3}+\mathrm{j}25}{13}=10.83\angle 10.23°(\mathrm{A})$$

功率为

$$P=100\times 10.83\cos 10.23°=1065.877(\mathrm{W})$$

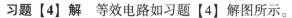

习题【4】解　等效电路如习题【4】解图所示。

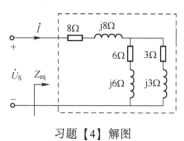

习题【4】解图

（1）设 $\dot{U}_\text{S}=220\angle 0°\text{V}$，从端口看进去的等效阻抗为

$$Z_\text{eq}=8+\text{j}8+\frac{(6+\text{j}6)(3+\text{j}3)}{9+\text{j}9}=10\sqrt{2}\angle 45°(\Omega)$$

则

$$\dot{I}=\frac{\dot{U}_\text{S}}{Z_\text{eq}}=\frac{220\angle 0°}{10\sqrt{2}\angle 45°}=11\sqrt{2}\angle -45°(\text{A})，\varphi=45°$$

功率因数为

$$\lambda=\cos 45°=0.707$$

负载功率为

$$P=U_\text{S}I\cos\varphi=2420\text{W}$$

（2）无功补偿前，有

$$\tan\varphi=\tan 45°=1$$

无功补偿后，有

$$\tan\varphi'=\tan(\arccos 0.9)=0.484$$

若要提高电路的功率因数，则

$$C=\frac{P}{\omega U_\text{S}^2}(\tan\varphi-\tan\varphi')=\frac{2420}{2\pi\times 50\times 220^2}(1-0.484)=82.073(\mu\text{F})$$

习题【5】解　相量图如习题【5】解图所示。

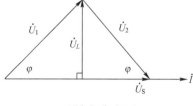

习题【5】解图

设 $\dot{I}=I\angle 0°\text{A}$，$\dot{I}$ 与 $\dot{U}_\text{S}$ 同相位，有

$$\sin\varphi=\frac{\dfrac{1}{2}U_\text{S}}{U_1}=\frac{50}{86.6}$$

$$\dot{U}_{S}=\dot{U}_{1}+\dot{U}_{2}$$

则

$$\varphi=54.73°$$

因为电压$\dot{U}_{1}=86.6\angle54.73°$V，$\dot{U}_{2}=86.6\angle-54.73°$V，所以有

$$\omega L=150\tan\varphi=212.1(\Omega)，\quad \dot{I}=\frac{86.6\angle54.73°}{150+j212.1}=0.33\angle0°(\text{A})$$

导纳为

$$Y=\frac{1}{R}+j\omega C=\frac{\dot{I}}{\dot{U}_{2}}=2.2\times10^{-3}+j3.11\times10^{-3}\text{S}$$

解得

$$R=454.55\Omega，\quad \omega C=3.11\times10^{-3}\text{S}$$

$$\frac{1}{\omega C}=321.54\Omega$$

综上有$\omega L=212.1\Omega$、$R=454.55\Omega$、$\frac{1}{\omega C}=321.54\Omega$、$I=0.33$A。

习题【6】解 等效电路如习题【6】解图所示。

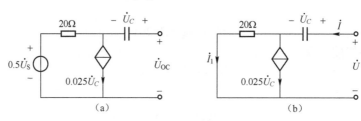

习题【6】解图

（1）由于开路，电容电压$\dot{U}_{C}=0$，因此受控电流源的电流为0，如习题【6】解图（a）所示。

开路电压为

$$\dot{U}_{OC}=0.5\dot{U}_{S}=10\angle0°\text{V}$$

（2）由于含有受控电流源，因此由外加电源求等效阻抗，如习题【6】解图（b）所示。

列写 KVL 方程可得

$$\dot{U}=-j40\cdot\dot{I}+20\dot{I}_{1}$$

又$\dot{I}=\dot{I}_{1}+0.025\dot{U}_{C}=\dot{I}_{1}+0.025\cdot(-j40\cdot\dot{I})$，整理可得

$$\dot{U}=(20-j20)\dot{I}$$

等效阻抗为

$$Z_{eq}=(20-j20)\Omega$$

当$Z_{L}=Z_{eq}^{*}=20+j20\Omega$时，获得最大功率，最大功率为

$$P_{\max}=\frac{10^2}{4\times20}=1.25(\text{W})$$

习题【7】解 如习题【7】解图所示。

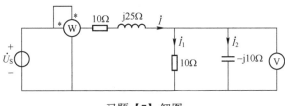

习题【7】解图

由功率守恒，有 $P_{R_1}+P_{R_2}=120\text{W}$。

$P_{R_2}=\dfrac{20^2}{10}=40(\text{W})$，$P_{R_1}=120-40=80(\text{W})$，则 $|\dot{I}|=2\sqrt{2}\text{A}$。

设 $\dot{U}_2=20\angle0°\text{V}$，则 $\dot{I}_1=\dfrac{\dot{U}_2}{R_2}=2\angle0°\text{A}$，$\dot{I}_2=\text{j}\omega C\dot{U}_2$。

因 $|\dot{I}_1|^2+|\dot{I}_2|^2=(2\sqrt{2})^2$，可得

$$\omega=100\text{rad/s}$$

$$\begin{cases}\dot{I}=\dot{I}_1+\dot{I}_2=2\sqrt{2}\angle45°\text{A}\\\dot{U}_\text{S}=\dot{I}\times(10+\text{j}25)+20\angle0°=50\sqrt{2}\angle98.13°(\text{V})\end{cases}$$

电压源发出的复功率 $\widetilde{S}=\dot{U}_\text{S}\times\dot{I}^{\,*}=120+\text{j}160\text{V}\cdot\text{A}$。

习题【8】解 （1）如习题【8】解图所示。

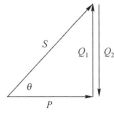

习题【8】解图

由 $I^2R=120\text{W}$，得 $R=120\Omega$。

由 $\dfrac{200}{1}=\sqrt{120^2+(\omega L)^2}$，得 $\omega L=160\Omega$，$L=\dfrac{160}{2\pi f}\approx0.51(\text{H})$。

由 $UI\cos\varphi=120\text{W}$，得 $\cos\varphi=0.6$。

（2）Q_2 为电容无功功率，即

$$C=\frac{Q_2}{\omega U_\text{S}^2}$$

电容无功功率为 -160Var，即

$$Q_2 = P\tan\varphi = 160\text{Var}$$

电容为

$$C = \frac{160}{314 \times 200^2} = 1.27 \times 10^{-5}(\text{F})$$

习题【9】解 对于两个电源，按习题【9】解图所示选择回路，对外网孔回路电流为 $\dot{I}_R$。

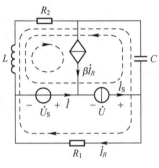

习题【9】解图

列写回路方程为

$$(65+45+\text{j}30-\text{j}90)\dot{I}_R + (45+\text{j}30)\times\beta\,\dot{I}_R - (45+\text{j}30-\text{j}90)\dot{I}_S = 0$$

解得

$$\dot{I}_R = 0.75\angle-53.1°\text{A}$$

电压源支路的电流为

$$\dot{I} = \dot{I}_S - \beta\,\dot{I}_R = 2 - 1.5\angle-53.1° = 1.1+\text{j}1.2(\text{A})$$

电流源支路的电压为

$$\dot{U} = R_1\,\dot{I}_R - \dot{U}_S = 65\times0.75\angle-53.1° - 100 = -70.75-\text{j}39(\text{V})$$

电压源发出的复功率为

$$\tilde{S}_{U_S} = \dot{U}_S\,\dot{I}^* = 100(1.1-\text{j}1.2) = 110-\text{j}120(\text{V}\cdot\text{A})$$

电流源发出的复功率为

$$\tilde{S}_{I_S} = \dot{U}\dot{I}_S^* = (-70.75-\text{j}39)\times2 = -141.5-\text{j}78(\text{V}\cdot\text{A})$$

习题【10】解 （1）方法一，纯代数法，根据 KCL 方程可得电流为

$$\dot{I} = \dot{I}_1 + \dot{I}_2 = \left(\text{j}\omega C + \frac{1}{R+\text{j}\omega L}\right)\dot{U} = \frac{1-\omega^2 LC+\text{j}\omega CR}{R+\text{j}\omega L}\dot{U}$$

按题中所给条件，当 R 可调时，电流 $\dot{I}$ 的有效值不变，这里不妨假设电流 $\dot{I}$ 的有效值为定值 k，即

$$|\dot{I}| = \left|\frac{1-\omega^2 LC+\text{j}\omega CR}{R+\text{j}\omega L}\dot{U}\right| = k(k>0)$$

为了方便化简，假设 $U=1\text{V}$，整理可得

$$(k^2-\omega^2 C^2)R^2 = (1-\omega^2 LC)^2 - \omega^2 L^2 k^2$$

若要对任意 R 均成立，必有 $k^2 = \omega^2 C^2$，回代可得 $\omega^2 LC = \dfrac{1}{2}$。

此时电流 $\dot{I}$ 的有效值为定值，即 $|\dot{I}| = |\omega C \dot{U}|$。

（2）方法二，极限赋值法，按题中要求改变 R 时，电流 $\dot{I}$ 的有效值不变，那么取 $R=0$ 和 $R=\infty$ 这两个极限条件依然满足条件。

当 $R=0$ 时，有效值 $|\dot{I}| = \left| \dfrac{1-\omega^2 LC}{\mathrm{j}\omega L} \dot{U} \right|$。

当 $R=\infty$ 时，有效值 $|\dot{I}| = |\mathrm{j}\omega C \dot{U}|$。

联立可得

$$|\dot{I}| = \left| \frac{1-\omega^2 LC}{\mathrm{j}\omega L} \dot{U} \right| = |\mathrm{j}\omega C \dot{U}| \Rightarrow \frac{1-\omega^2 LC}{\omega L} = \omega C$$

进而解得 $\omega^2 LC = \dfrac{1}{2}$，此时电流 $\dot{I}$ 的有效值为定值，即 $|\dot{I}| = |\omega C \dot{U}|$。

习题【11】解　设 $Z_1 = R_1 + \mathrm{j}X_1$，$Z_2 = R_2 + \mathrm{j}X_2$。

（1）当闭合开关 S 时，$I = 10\mathrm{A}$，$P = 1000\mathrm{W}$，则

$$I^2 R_2 = P = 1000\mathrm{W}$$

解得

$$R_2 = 10\Omega$$

因 $\sqrt{R_2^2 + X_2^2} = \dfrac{U}{I}$，则

$$\sqrt{10^2 + X_2^2} = \frac{220}{10}\Omega$$

解得

$$X_2 = \pm 19.6\Omega$$

（2）当断开开关 S 时，$I' = 12\mathrm{A}$，说明 Z_2 必为容性负载（因为 Z_1 为感性负载，断开开关 S 后，电流大于 10A），故 Z_2 取负值，$Z_2 = 10 - \mathrm{j}19.6\Omega$。

断开开关 S 时，$P' = 1600\mathrm{W}$，即

$$I'^2 (R_1 + R_2) = P'$$

则
$$R_1 = 1.11\Omega$$

因 $\sqrt{(R_1 + R_2)^2 + (X_1 + X_2)^2} = \dfrac{U}{I'}$，则

$$\sqrt{(10+1.11)^2 + (X_1 - 19.6)^2} = \frac{220}{12}\Omega$$

解得

$$X_1 = 5.02\Omega \text{ 或 } X_1 = 34.18\Omega$$

因此

$$Z_1 = 1.11 + \mathrm{j}34.18\Omega \text{ 或 } Z_1 = 1.11 + \mathrm{j}5.02\Omega, \quad Z_2 = 10 - \mathrm{j}19.6\Omega$$

习题【12】解 以 $\dot{U}_\mathrm{S}$ 为参考相量，相量图（共圆模型）如习题【12】解图所示。

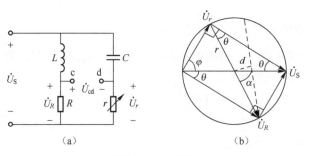

习题【12】解图

第一个关键点就是习题【12】解图（b）中的共圆模型。由于电阻 r 的变化导致 $\dot{U}_r$ 在上半圆运动，进而导致 $\dot{U}_{cd}$ 发生变化，而 $|\dot{U}_{cd}| = 2\sqrt{r^2-d^2}$（虚线所示），当且仅当 $d=0$ 时，$|\dot{U}_{cd}|$ 可以取得最大值，对应的就是 $\dot{U}_{cd}$ 穿过圆心，记 L、R 支路阻抗角为 θ，$\tan\theta = \dfrac{100\times0.03}{4}$ $=\dfrac{3}{4}$，则 C、r 支路阻抗角 $\varphi = \dfrac{\pi}{2}-\theta$，$\tan\varphi = \dfrac{4}{3} = \dfrac{40}{r}$，$r=30\Omega$。

根据几何知识可知，$\alpha = 2\theta = 73.74°$，$u_{cd} = 10\sqrt{2}\sin(100t-73.74°)\,\mathrm{V}$。

习题【13】解 沿用习题【12】的结论，A、B 均在以 C、D 为直径的圆上，如习题【13】解图所示。

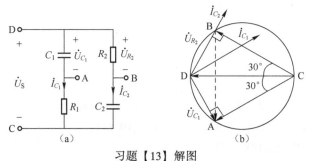

习题【13】解图

$\dot{U}_{AB}$、$\dot{U}_{BC}$、$\dot{U}_{CA}$ 构成一组对称电压，说明 A、B、C 三点组成一个等边三角形，结合相量图可以得出左右两个支路的阻抗角分别为 30°、60°，从而得到

$$\begin{cases}\dfrac{X_{C_1}}{R_1}=\tan30°\\[2mm]\dfrac{X_{C_2}}{R_2}=\tan60°\end{cases}\Rightarrow\begin{cases}R_1=\sqrt{3}X_{C_1}\\[2mm]X_{C_2}=\sqrt{3}R_2\end{cases}$$

习题【14】解 相量图如习题【14】解图（图中给出的是感性情况，容性情况可以通过共轭得到）所示。

由边角关系可得

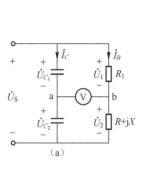

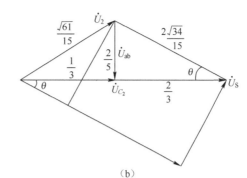

$$(a) \qquad\qquad\qquad\qquad (b)$$

习题【14】解图

$$\begin{cases} \dfrac{|\dot{U}_2|}{|\dot{U}_1|}=\dfrac{|R+\mathrm{j}X|}{10}=\dfrac{\sqrt{61}}{2\sqrt{34}} \\[3mm] \tan\theta=\dfrac{|X|}{R+10}=\dfrac{3}{5} \end{cases} \Rightarrow \begin{cases} R=1.072\Omega \\ X=\pm6.643\Omega \end{cases}$$

习题【15】解　将 R_3、C、C 进行 △-Y 形变换，如习题【15】解图所示。

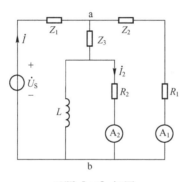

习题【15】解图

阻抗 1 为

$$Z_1=\frac{100(-\mathrm{j}100)}{100-\mathrm{j}100-\mathrm{j}100}=40-\mathrm{j}20(\Omega)$$

阻抗 2 为

$$Z_2=\frac{100(-\mathrm{j}100)}{100-\mathrm{j}100-\mathrm{j}100}=40-\mathrm{j}20(\Omega)$$

阻抗 3 为

$$Z_3=\frac{(-\mathrm{j}100)(-\mathrm{j}100)}{100-\mathrm{j}100-\mathrm{j}100}=-20-\mathrm{j}40(\Omega)$$

由题意，电流表 A_1 的读数为 0，即 a、b 端口的电压为 0，也就是 Z_2 与 R_1 所在支路被短路，Z_3、R_2 与 L 的总阻抗为 0。

并联阻抗 Z 为

$$Z = R_2 // \mathrm{j}X_L = \frac{R_2 X_L^2 + \mathrm{j}R_2^2 X_L}{R_2^2 + X_L^2}$$

总阻抗为 0，即 $Z_3 + R_2 // \mathrm{j}X_L = 0$，将实部和虚部分离得到

$$\begin{cases} \dfrac{R_2 X_L^2}{R_2^2 + X_L^2} = 20 \\ \dfrac{R_2^2 X_L}{R_2^2 + X_L^2} = 40 \end{cases} \Rightarrow \begin{cases} R_2 = 100\,\Omega \\ X_L = 50\,\Omega \end{cases}$$

电感为

$$L = \frac{X_L}{\omega} = 5\,\mathrm{mH}$$

取电压相量为

$$\dot{U}_\mathrm{S} = 100 \angle 30°\,\mathrm{V}$$

总电流为

$$\dot{I} = \frac{\dot{U}_\mathrm{S}}{Z_1} = \sqrt{5} \angle 56.5651°\,\mathrm{A}$$

流过电流表 A_2 的电流为

$$\dot{I}_2 = \frac{\mathrm{j}50}{100 + \mathrm{j}50} \cdot \dot{I} = 1 \angle 120°\,\mathrm{A}$$

综上有

$$R_2 = 100\,\Omega, \quad L = 5\,\mathrm{mH}, \text{电流表 } A_2 \text{ 的读数为 } 1\,\mathrm{A}$$

注：本题采用 △-Y 形变换的方法求解，也可以直接用节点电压法求解。

习题【16】解 如习题【16】解图所示。

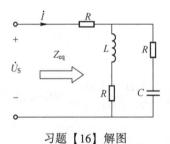

习题【16】解图

假设端口的等效阻抗为 $Z_\mathrm{eq} = r + \mathrm{j}x$。其中，$x$ 是与角频率有关的一个变量。

功率表的读数 $P = \mathrm{Re}(\dot{U}\,\dot{I}^*) = \mathrm{Re}\left(U\,\dfrac{U}{r - \mathrm{j}x}\right) = \dfrac{U^2 r}{r^2 + x^2}$。

当电源角频率改变时，欲使功率表的读数保持不变，即不随 x 变化，只有 $x = 0$ 这一种情况才符合条件。此时 Z_eq 虚部为 0，即题意等价为：端口的等效阻抗不随频率变化。

根据习题【16】图可知

$$Z_{\text{eq}} = R + \frac{(R+j\omega L)\left(R-j\dfrac{1}{\omega C}\right)}{2R+j\left(\omega L-\dfrac{1}{\omega C}\right)} = R + \frac{R^2+\dfrac{L}{C}+jR\left(\omega L-\dfrac{1}{\omega C}\right)}{2R+j\left(\omega L-\dfrac{1}{\omega C}\right)}$$

当且仅当 $\dfrac{R^2+\dfrac{L}{C}}{2R}=R$，即 $R^2=\dfrac{L}{C}$ 时，$Z_{\text{eq}}=2R$。

功率表的读数 $P=\text{Re}(\dot U \dot I^*)=\text{Re}\left(U\dfrac{U}{r-jx}\right)=\left.\dfrac{U^2 r}{r^2+x^2}\right|_{r=2R,x=0}=\dfrac{U^2}{2R}$。

习题【17】解　存在明显的边角关系，相量图如习题【17】解图所示。

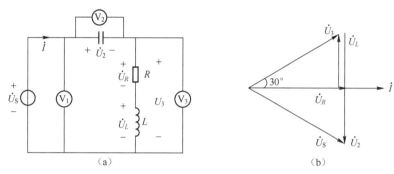

习题【17】解图

根据相量图可知 $X_C=2X_L$，$X_L=R\tan30°=\dfrac{R}{\sqrt 3}$，$U_2=X_C I=220\text{V}$，$I^2R=3630\text{W}$，解得

$$R=10\Omega,\quad X_L=\dfrac{10\sqrt 3}{3}\Omega,\quad X_C=\dfrac{20\sqrt 3}{3}\Omega$$

$$L=\dfrac{X_L}{\omega}=\dfrac{\dfrac{10\sqrt 3}{3}}{314}=18.38(\text{mH}),\quad C=\dfrac{1}{\omega X_C}=\dfrac{1}{314\times\dfrac{20\sqrt 3}{3}}=275.8(\mu\text{F})$$

习题【18】解　由于 $\dot U_1$ 与 $\dot U_2$ 同相位，$\dot U_1=\dot U_2+\dot U_3$，因此 $\dot U_1$、$\dot U_2$、$\dot U_3$ 都是同相位的，标出电量如习题【18】解图所示。

习题【18】解图

由图有

$$\dot{I} = \dot{U}_2\left(j\omega C_2 + \frac{1}{R_2}\right)$$

则

$$\dot{U}_3 = \dot{I}\left(R_1 + \frac{1}{j\omega C_1}\right) = \dot{U}_2\left(R_1 + \frac{1}{j\omega C_1}\right)\left(j\omega C_2 + \frac{1}{R_2}\right) = \dot{U}_2\left[\frac{R_1}{R_2} + \frac{C_2}{C_1} + j\left(\omega R_1 C_2 - \frac{1}{\omega R_2 C_1}\right)\right]$$

$\dot{U}_2$ 与 $\dot{U}_3$ 是同相位的，表明虚部为 0，可得

$$\frac{1}{\omega C_1 R_2} - \omega C_2 R_1 = 0$$

解得

$$\omega = \frac{1}{\sqrt{C_1 C_2 R_1 R_2}}$$

习题【19】解 如习题【19】解图所示。

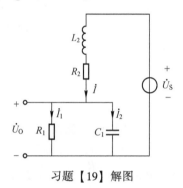

习题【19】解图

由 KCL 和 KVL 方程可得

$$\begin{cases} \dot{I} = \dot{I}_1 + \dot{I}_2 = \dfrac{\dot{U}_0}{R_1} + j\omega C_1\, \dot{U}_0 = \left(\dfrac{1}{R_1} + j\omega C_1\right)\dot{U}_0 \\[3mm] \dot{U}_S = \dot{U}_0 + \dot{I}\,(R_2 + j\omega L_2) = \left[\left(1 + \dfrac{R_2}{R_1} - \omega^2 L_2 C_1\right) + j\left(\dfrac{\omega L_2}{R_1} + \omega R_2 C_1\right)\right]\dot{U}_0 \end{cases}$$

由于 $\dot{U}_S$ 超前 $\dot{U}_0$ 90°，有 $1 + \dfrac{R_2}{R_1} - \omega^2 L_2 C_1 = 0 \Rightarrow \omega = \sqrt{\dfrac{R_1 + R_2}{R_1 C_1 L_2}}$。

习题【20】解 如习题【20】解图所示。

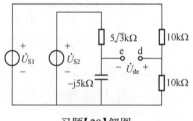

习题【20】解图

设 $\dot{U}_{S2}=150\angle0°\text{V}$，$\dot{U}_{S1}=150\angle\theta\text{V}$，则

$$\dot{U}_{de}=\frac{10}{10+10}\dot{U}_{S1}-\frac{-j5}{5\sqrt{3}-j5}\dot{U}_{S2}=75\angle\theta+75\angle120°\text{V}$$

当 $\theta=60°$ 时，$|\dot{U}_{de}|=75\sqrt{3}\,\text{V}>100\text{V}$，氖灯发亮。

当 $\theta=-60°$ 时，$|\dot{U}_{de}|=0\text{V}<100\text{V}$，氖灯不亮。

习题【21】解 当断开开关 S 时，电压表的读数为 10V，电容两端的开路电压 $\dot{U}_{OC}=10\angle0°\text{V}$（指定相位为 0），等效阻抗 $Z_{eq}=Z_1//Z_2=2+j2\,\Omega$（电流源、电压源全部置 0），由题意可知，$Z_1$ 上的电压最大，获得最大有功功率，由于 Z_1 与电容并联，相当于电容上的电压最大。

电容两端的戴维南等效电路如习题【21】解图所示。

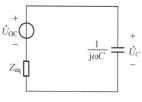

习题【21】解图

$$\dot{U}_C=\frac{\dot{U}_{OC}}{Z_{eq}+1/j\omega C}\times\frac{1}{j\omega C}=\frac{10\angle0°}{1-2\omega C+j2\omega C}(\text{V})$$

当 $1-2\omega C+j2\omega C$ 的模值最小时，电容电压最大，模值为

$$\sqrt{(1-2\omega C)^2+(2\omega C)^2}$$

当 $2\omega C=0.5$ 时，模值最小，即

$$C=2.5\times10^{-3}\text{F}，\qquad \dot{U}_C=10\sqrt{2}\angle-45°\text{V}$$

电压表的读数为 14.14V。

习题【22】解 求 R_L 以外的戴维南电路（一步法），标出电量如习题【22】解图所示。

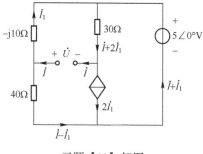

习题【22】解图

根据电路列出方程为

$$\begin{cases} \dot{U}=40(\dot{I}-\dot{I_1})-5\angle0°+30(\dot{I}+2\dot{I_1}) \\ \dot{U}=-j10\dot{I_1}+30(\dot{I}+2\dot{I_1}) \end{cases}$$

解得

$$\dot{U}=88.948\angle3.033°\cdot\dot{I}+7.376\angle-175.426°$$

戴维南参数为

$$Z_{eq}=88.948\angle3.033°\Omega, \quad \dot{U}_{OC}=7.376\angle-175.426°V$$

由于负载电阻 R_L 无法完成共轭匹配，只能在共模匹配时取得最大功率，因此当 $R_L=|Z_{eq}|=88.948\Omega$ 时，有最大功率，即

$$P_{max}=\left|\frac{\dot{U}_{OC}}{R_L+Z_{eq}}\right|^2\cdot R_L=\left|\frac{7.376}{88.948+88.948\angle3.033°}\right|^2\cdot88.948=0.153(W)$$

习题【23】解 （1）输入阻抗为

$$Z_{in}=R_2+\frac{-jX_2(R_1+jX_1)}{-jX_2+R_1+jX_1}=10+\frac{-j20(20+j40)}{-j20+20+j40}=20-j30(\Omega)$$

$$U=120V, \quad I=\frac{U}{|Z_{in}|}=\frac{120}{\sqrt{20^2+30^2}}(A)$$

有功功率 $P=I^2R_{in}=\dfrac{120^2}{20^2+30^2}\times20=221.54(W)$。

无功功率 $Q=I^2X_{in}=\dfrac{120^2}{20^2+30^2}\times(-30)=-332.31(Var)$。

（2）如习题【23】解图所示。

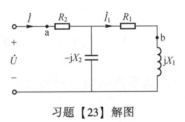

习题【23】解图

令 $\dot{U}=120\angle0°V$，电流为

$$\dot{I}=\frac{\dot{U}}{Z_{in}}=\frac{24}{13}+j\frac{36}{13}(A), \quad \dot{I_1}=\frac{-jX_2}{-jX_2+R_1+jX_1}\times\dot{I}=\frac{6}{13}-j\frac{30}{13}(A)$$

电压为

$$\dot{U}_{ab}=\dot{U}-\dot{I_1}jX_1=120\angle0°-\left(\frac{6}{13}-j\frac{30}{13}\right)\cdot j40=\frac{360}{13}-j\frac{240}{13}(V)$$

功率 $P=U_{ab}I_1\cos(\varphi_{U_{ab}}-\varphi_{I_1})=55.38W$。

习题【24】解 由题意知，电阻 R 上的电压最大时，电阻 R 获得的功率最大。

$$\dot{U}_R = \frac{\dot{U}_s}{j\omega L + R//\dfrac{1}{j\omega C}} \times \left(R//\frac{1}{j\omega C}\right) = \frac{\dot{U}_s}{1-\omega^2 LC + j\dfrac{\omega L}{R}}$$

显然 $\left|1-\omega^2 LC + j\dfrac{\omega L}{R}\right|$ 模值最小时，$\dot{U}_R$ 最大，即

$$\sqrt{\left(1-\omega^2 LC\right)^2 + \left(\frac{\omega L}{R}\right)^2} = \sqrt{\omega^4 L^2 C^2 + \left(\frac{L^2}{R^2}-2LC\right)\omega^2 + 1}$$

当 $\omega^2 = -\dfrac{1}{2L^2 C^2}\left(\dfrac{L^2}{R^2}-2LC\right) = 10000$ 时取得最大值，则 $\omega = 100\text{rad/s}$，有

$$P_{\max} = \frac{U_R^2}{R} = 1800\text{W}$$

习题【25】解 由题可知，$L_2 = 2L_1$，$C_1 = 2C_2$，$\omega = \dfrac{1}{\sqrt{L_1 C_1}}$，$L_1$、$C_1$ 并联谐振对外等效为断路，L_2、C_2 串联谐振对外等效为短路，如习题【25】解图所示。

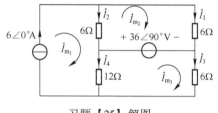

习题【25】解图

列写方程可得

$$\begin{cases} \dot{I}_{m_1} = 6\angle 0°\text{A} \\ -6\dot{I}_{m_1} + (6+6)\dot{I}_{m_2} = 36\angle 90°\text{V} \\ -12\dot{I}_{m_1} + (12+6)\dot{I}_{m_3} = -36\angle 90°\text{V} \end{cases} \Rightarrow \begin{cases} \dot{I}_{m_1} = 6\angle 0°\text{A} \\ \dot{I}_{m_2} = 3\sqrt{2}\angle 45°\text{A} \\ \dot{I}_{m_3} = 2\sqrt{5}\angle -26.57° = 4-j2\,(\text{A}) \end{cases}$$

则

$$\dot{I}_1 = \dot{I}_{m_2} = 3\sqrt{2}\angle 45°\text{A}, \quad \dot{I}_2 = \dot{I}_{m_1} - \dot{I}_{m_2} = 6-3-j3 = 3\sqrt{2}\angle -45°\,(\text{A})$$

$$\dot{I}_3 = \dot{I}_{m_3} = 2\sqrt{5}\angle -26.57°\text{A}, \quad \dot{I}_4 = \dot{I}_{m_1} - \dot{I}_{m_3} = 6-4+j2 = 2\sqrt{2}\angle 45°\,(\text{A})$$

瞬时表达式为

$$i_1 = 6\sin(\omega t + 45°)\text{A}, \quad i_2 = 6\sin(\omega t - 45°)\text{A}$$

$$i_3 = 2\sqrt{10}\sin(\omega t - 26.57°)\text{A}, \quad i_4 = 4\sin(\omega t + 45°)\text{A}$$

习题【26】解 如习题【26】解图所示。

当直流电源作用时，有

$$R = \frac{U}{I} = \frac{20}{4} = 5\,(\Omega)$$

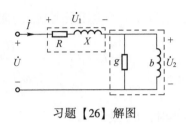

习题【26】解图

当正弦交流电源作用时，由于 $\dot{U}_1$ 与 $\dot{U}_2$ 同相位，因此图中两个虚线框的阻抗角和整个系统的阻抗角相等，即 $\theta_1 = \theta_2 = \theta$。

有功功率 $P = UI\cos\theta = 100 \times 2 \times \cos\theta = 80(\text{W})$，则 $\cos\theta = 0.4$。

进而得到 $\tan\theta_1 = \tan\theta_2 = \tan\theta = \dfrac{\sqrt{21}}{2}$。其中

$$\tan\theta_1 = \frac{X}{R} = \frac{X}{5} = \frac{\sqrt{21}}{2}, \quad \tan\theta_2 = \frac{b}{g} = \frac{\sqrt{21}}{2}$$

因 $R = 5\Omega$，有

$$X = \frac{5\sqrt{21}}{2}\Omega$$

电压为

$$|\dot{U}_1| = |\dot{I}| \times |R + jX| = 2 \times \left| 5 + j\frac{5\sqrt{21}}{2} \right| = 25(\text{V})$$

因 $\dot{U}_1$ 与 $\dot{U}_2$ 同相位，有

$$|\dot{U}_2| = |\dot{U}| - |\dot{U}_1| = 100 - 25 = 75(\text{V})$$

又因

$$P = |\dot{I}|^2 \times R + |\dot{U}_2|^2 \times g = 2^2 \times 5 + g \times 75^2 = 80(\text{W})$$

有

$$g = \frac{60}{75^2} = \frac{4}{375}(\text{S}), \quad b = \frac{\sqrt{21}}{2} \times g = \frac{\sqrt{21}}{2} \times \frac{4}{375} = \frac{2\sqrt{21}}{375}(\text{S})$$

综上，有

$$R = 5\Omega, \quad X = \frac{5\sqrt{21}}{2}\Omega, \quad g = \frac{4}{375}\text{S}, \quad b = \frac{2\sqrt{21}}{375}\text{S}$$

习题【27】解 由已知条件可知 N 为有源线性网络，故可用叠加定理求解。当 $\dot{U}_S = 0$ 时，$\dot{I}$ 为 N 单独作用的结果，用 $\dot{I}'$ 表示，有

$$\dot{I}' = \frac{3}{\sqrt{2}} \angle 0° \text{A}$$

当 $\dot{U}_S = \dfrac{3}{\sqrt{2}} \angle 30° \text{V}$ 时，$\dot{I} = 3\angle 45° \text{A}$，为 $\dot{U}_S$ 与 N 共同作用的结果，所以 $\dot{U}_S = \dfrac{3}{\sqrt{2}} \angle 30° \text{V}$ 单独作用时，有

$$\dot{I}'' = \dot{I} - \dot{I}' = 3\angle 45° - \frac{3}{\sqrt{2}} = j\frac{3}{\sqrt{2}}(A)$$

当 $\dot{U}_S = \frac{4}{\sqrt{2}}\angle 30°$V 与 N 共同作用时，N 单独作用的结果不变，即 $\dot{I}'$ 不变，仍为 $\frac{3}{\sqrt{2}}\angle 0°$A。

由齐次性定理可求出 $\dot{U}_S = \frac{4}{\sqrt{2}}\angle 30°$V 单独作用时的结果 $\dot{I}''$，即

$$\frac{\frac{3}{\sqrt{2}}\angle 30°}{\frac{4}{\sqrt{2}}\angle 30°} = \frac{\frac{3}{\sqrt{2}}\angle 90°}{\dot{I}''}$$

$$\dot{I}'' = \frac{4}{\sqrt{2}}\angle 90°\text{A}$$

$$\dot{I} = \dot{I}' + \dot{I}'' = \frac{3}{\sqrt{2}}\angle 0° + \frac{4}{\sqrt{2}}\angle 90° = \frac{5}{\sqrt{2}}\angle 53.1°(A)$$

$$i = 5\sin(\omega t + 53.1°)\text{A}$$

习题【28】解　（1）设 $Z_2 = R_2 + jX_2$，由 $P = 50\text{W} \Rightarrow I_2^2 R_2 = 50$，取 $\dot{U}_S = 100\angle 0°$V，$U_1 = 100$V，$U_2 = 51.76$V，相量图如习题【28】解图所示。

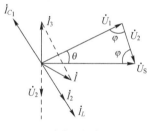

习题【28】解图

由相量图可知

$$\cos\theta = \frac{100^2 + 100^2 - 51.76^2}{2\times 100\times 100} \Rightarrow \theta = 30°$$

$$U_1 = U_S \Rightarrow \varphi = 75°$$

$$\dot{U}_2 = \dot{I}_2(R_2 + jX_2) = 51.76\angle -75°\text{V} \Rightarrow R_2 + jX_2 = \frac{51.76\angle -75°}{I_2\angle -60°}\Omega$$

故有

$$\begin{cases} I_2 \cdot \sqrt{R_2^2 + X_2^2} = 51.76 \\ \tan 15 = \dfrac{X_2}{R} \\ I_2^2 R_2 = 50 \end{cases} \Rightarrow \begin{cases} I_2 = 1\text{A} \\ R_2 = 50\Omega \\ X_2 = 13.4\Omega \end{cases}, \quad Z_2 = 50 - j13.4(\Omega)\ \text{（电路为感性）}$$

$$\dot{U}_1 = 100\angle 30°\text{V}, \quad \dot{I}_L = \frac{100\angle 30°}{50\text{j}} = 2\angle -60°(A), \quad I_L = 2\text{A}$$

根据 $I_2 = 1\text{A} \Rightarrow I_{C_1} = 1\text{A} \Rightarrow X_{C_1} = 100\Omega$。

综上，$Z_2 = 50 - \text{j}13.4\Omega$，$X_{C_1} = 100\Omega$。

（2）功率因数是 0.9，$\dot{U}_\text{S}$ 超前 $\dot{I}$，有

$$\arccos 0.9 = 25.84°$$

$$U_\text{S} I \cos\alpha = 50\text{W}$$

$$\dot{I} = \frac{5}{9} \angle -25.84°\text{A}$$

由 $\dot{I} = \dot{I}_2 + \dot{I}_3$，得 $\dot{I}_3 = \dot{I} - \dot{I}_2 = \frac{5}{9} \angle -25.84° - 1\angle -60° = 0.62 \angle 90°\text{A}$，$X_{C_2} = \frac{100}{0.62} = 161.29(\Omega)$。

习题【29】解 相量形式电路图如习题【29】解图所示。

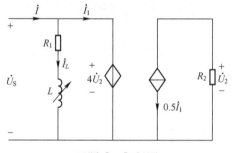

习题【29】解图

（1）根据电路图，有

$$\begin{cases} \dot{U}_\text{S} = 4\dot{U}_2 \\ \dot{U}_2 = -R_2 \times 0.5\dot{I}_1 = -\dfrac{1}{2}R_2\dot{I}_1 \end{cases} \Rightarrow \dot{I}_1 = \frac{\dot{U}_\text{S}}{-2R_2}$$

由

$$\dot{I}_1 + \dot{I}_L = \dot{I}$$

$$\dot{U}_\text{S} \cdot \left(-\frac{1}{2R_2} + \frac{1}{R_1 + \text{j}\omega L} \right) = \dot{I}$$

若 $\dot{I}$ 的有效值不变，则 $\left| -\dfrac{1}{2R_2} + \dfrac{1}{R_1 + \text{j}\omega L} \right|$ 不变，整理得

$$\left| \frac{R_1 - 2R_2 + \text{j}\omega L}{-2R_2(R_1 + \text{j}\omega L)} \right| = \frac{1}{2R_2} \left| \frac{R_1 - 2R_2 + \text{j}\omega L}{-R_1 - \text{j}\omega L} \right|$$

要求分子和分母的模长为定值 $\Rightarrow R_1 - 2R_2 = -R_1$，即 $R_1 = R_2$。

（2）由（1）得

$$\frac{\dot{U}_\text{S}}{-2R_2} + \frac{\dot{U}_\text{S}}{R_1 + \text{j}\omega L} = \dot{I} \Rightarrow |\dot{I}| = |\dot{U}_\text{S}| \cdot \left| \frac{1}{-2R_2} + \frac{1}{R_1 + \text{j}\omega L} \right| = \frac{U_\text{m}}{\sqrt{2}} \cdot \left| \frac{-R_1 + \text{j}\omega L}{-R_1 - \text{j}\omega L} \right| \cdot \frac{1}{2R_1} = \frac{U_\text{m}}{2\sqrt{2}R_1}$$

$$\dot{I} = \dot{U}_\text{S} \cdot \left(\frac{1}{-2R_2} + \frac{1}{R_1 + \text{j}\omega L} \right) = \frac{U_\text{m}}{\sqrt{2}} \angle 0° \cdot \left(\frac{R_1 - \text{j}\omega L}{R_1 + \text{j}\omega L} \right) \cdot \frac{1}{2R_1}$$

$\dot{i}$ 的相位记为 α，$\alpha=\alpha_1-\alpha_2$，$\tan\alpha_1=-\dfrac{\omega L}{R_1}$，$\tan\alpha_2=\dfrac{\omega L}{R_1}$，可知 $\alpha\in(-180°,0°)$（通过取极限值可判断）。

习题【30】解 并联部分的导纳为

$$Y=\mathrm{j}\omega C+\frac{1}{R+\mathrm{j}\omega L}=\frac{R}{R^2+\omega^2 L^2}+\frac{\mathrm{j}\omega(R^2 C+\omega^2 L^2 C-L)}{R^2+\omega^2 L^2}$$

要使电流表的读数最小，则 $|Y|$ 应取最小值，导纳 Y 虚部为 0，即

$$R^2 C+\omega^2 L^2 C-L=0$$

折算到原边的电阻消耗 $P_{60\Omega}=1^2\times60=60(\mathrm{W})$，电阻 R 上的功率 $P_R=100-60=40(\mathrm{W})$，即

$$P_R=\frac{R^2+\omega^2 L^2}{R}\times1^2=40(\mathrm{W})$$

则 $L=4\times10^{-3}R$。由 $R^2 C+\omega^2 L^2 C-L=0$，解得

$$R=15.51\Omega,\qquad L=0.062\mathrm{H}$$

A7　第9、10章习题答案

习题【1】解 先指定电流 i_1 从线圈 1 的 1 端流入，根据线圈 1 的绕向和电流 i_1 的方向，按右手螺旋法则确定电流 i_1 所产生的磁通链方向（经线圈 2），再根据磁通链经线圈 2 的方向，i_2 从线圈 2 的 2 端流入，看 i_1、i_2 所产生的磁通链是否为同向耦合。如果同向耦合，则 i_1、i_2 一对电流的入端（或出端）为耦合线圈的同名端。

（1）线圈 1 和线圈 2 通入电流，用右手螺旋法则判断习题【1】图（a）的同名端为（1，2′）或（1′，2），如习题【1】解图（1）所示。

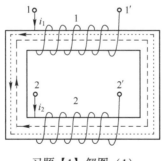

习题【1】解图（1）

（2）习题【1】图（b）中，由于是三线圈组合，因此采用两两线圈判断同名端的方法。

①线圈 1 和线圈 2 通入电流，用右手螺旋法则判断同名端为（1，2′），如习题【1】解图（2）所示。

②线圈 1 和线圈 3 通入电流，用右手螺旋法则判断同名端为（1，3′），如习题【1】解图（3）所示。

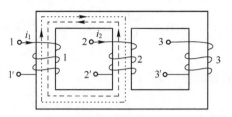

习题【1】解图（2）

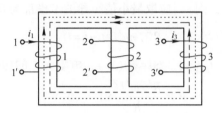

习题【1】解图（3）

③ 线圈 2 和线圈 3 通入电流，用右手螺旋法则判断同名端为（2，3'），如习题【1】解图（4）所示。

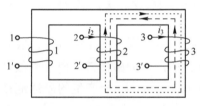

习题【1】解图（4）

综上，习题【1】图（b）的同名端为（1，2'）、（1，3'）和（2，3'）。

习题【2】解 首先进行解耦，等效电路如习题【2】解图所示。

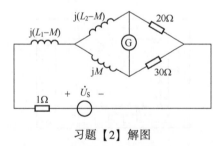

习题【2】解图

电流计 G 的示数为 0，说明该支路没有电流，满足电桥平衡条件，则

$$30 \times (L_2 - M) = 20M$$

解得

$$M = 2.4\text{H}$$

习题【3】解 （1）当 C、D 两端开路时，取相量 $\dot{U}_S = 10 \angle 0°\text{V}$，则电流相量 $\dot{I} = 0.1 \angle -90°\text{A}$，电压相量 $\dot{U}_{CD} = 20 \angle 0°\text{V}$。

耦合电路电压为

$$\dot{U}_{\mathrm{S}} = \mathrm{j}\omega L_1 \cdot \dot{I} + \mathrm{j}\omega M \cdot 0 \Rightarrow \dot{I} = \frac{\dot{U}_{\mathrm{S}}}{\mathrm{j}\omega L_1}, \quad \text{即 } \omega L_1 = 100\Omega$$

解得电感为

$$L_1 = 0.25\mathrm{H}$$

二次侧线圈电压为

$$\dot{U}_{\mathrm{CD}} = \mathrm{j}\omega M \cdot \dot{I} \Rightarrow \omega M = 200\Omega$$

解得互感为

$$M = 0.5\mathrm{H}$$

（2）当 C、D 两端短路时，取相量 $\dot{U}_{\mathrm{S}} = 10\angle 0°\mathrm{V}$，则电流相量 $\dot{I}_{\mathrm{SC}} = 0.2\angle -90°\mathrm{A}$。

耦合电路一次侧电压为

$$\dot{U}_{\mathrm{S}} = \mathrm{j}\omega L_1 \cdot \dot{I} - \mathrm{j}\omega M \cdot \dot{I}_{\mathrm{SC}}$$

耦合电路二次侧电压为

$$\mathrm{j}\omega L_2 \cdot \dot{I}_{\mathrm{SC}} - \mathrm{j}\omega M \cdot \dot{I} = 0$$

进一步化简可得

$$\omega \frac{L_1 \cdot L_2}{M} - \omega M = 50$$

解得

$$L_2 = 1.25\mathrm{H}$$

综上有

$$L_1 = 0.25\mathrm{H}, \quad L_2 = 1.25\mathrm{H}, \quad M = 0.5\mathrm{H}$$

习题【4】解 本题第一个需要注意的是非同名端的问题，即

$$u_2 = -M \frac{\mathrm{d}i_{\mathrm{S}}}{\mathrm{d}t} = \begin{cases} -\dfrac{A}{4}M & 0 \leqslant t < 4 \\ AM & 4 \leqslant t < 5 \end{cases}$$

第二个需要注意的是电压表测量的为有效值，有

$$U_2 = \sqrt{\frac{1}{5}\int_0^5 u_2^2 \mathrm{d}t} = \sqrt{\frac{1}{5}\left[\int_0^4 \left(-\frac{MA}{4}\right)^2 \mathrm{d}t + \int_4^5 (MA)^2 \mathrm{d}t\right]} = \frac{25A}{2} = 25 \Rightarrow A = 2$$

画出二次侧电压波形如习题【4】解图所示。

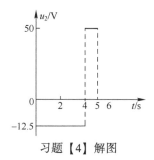

习题【4】解图

习题【5】解 令 $\dot{U}_{S}=220\angle 0°\text{V}$，等效电路如习题【5】解图所示。

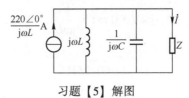

习题【5】解图

根据题意得电感和电容发生并联谐振，且 $I=\left|\dfrac{220\angle 0°}{\text{j}\omega L}\right|=10\text{A}$。

解得 $L=\dfrac{220}{10\times 2\pi f}=\dfrac{220}{10\times 314}=70(\text{mH})$，$\omega L=\dfrac{1}{\omega C}\Rightarrow C=\dfrac{1}{\omega^{2}L}=144.76\mu\text{F}$。

习题【6】解 本题可以先进行去耦处理，再求 R_{L} 左侧等效电路，如习题【6】解图所示。

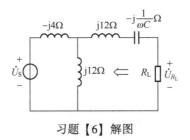

习题【6】解图

戴维南参数为

$$\dot{U}_{OC}=\frac{\text{j}12}{\text{j}12-\text{j}4}\dot{U}_{S}=\frac{3}{2}\dot{U}_{S}$$

$$Z_{eq}=-\text{j}4//\text{j}12+\text{j}12-\text{j}\frac{1}{\omega C}=\text{j}\left(6-\frac{1}{\omega C}\right)$$

$$\dot{U}_{R_{L}}=\frac{R_{L}}{R_{L}+Z_{eq}}\dot{U}_{OC}=\frac{R_{L}}{R_{L}+Z_{eq}}\frac{3}{2}\dot{U}_{S}$$

欲使 $\dot{U}_{S}$ 与 $\dot{U}_{R_{L}}$ 同相位，必有 $\text{Im}(Z_{eq})=0$，而 $\text{Im}(Z_{eq})=6-\dfrac{1}{\omega C}=0$，则 $\dfrac{1}{\omega C}=6\Omega$，$C=\dfrac{1}{6\omega}=$

$\dfrac{1}{6\times 2\pi\times 10^{3}}=26.526(\mu\text{F})$，$\dot{U}_{R_{L}}=\dfrac{3}{2}\dot{U}_{S}=\dfrac{3}{2}\times 10\sqrt{2}\angle 0°=15\sqrt{2}\angle 0°(\text{V})$，则 $u_{R_{L}}=15\sqrt{2}\cos\omega t\text{V}$。

习题【7】解 将理想变压器用电路模型代替，等效电路如习题【7】解图所示。

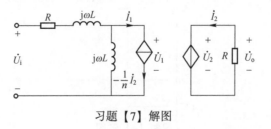

习题【7】解图

列出电路方程为

$$\begin{cases} \dfrac{\dot{U}_1}{j\omega L}-\dfrac{1}{n}\dot{I}_2=\dfrac{\dot{U}_i-\dot{U}_1}{R+j\omega L} \\ \dot{I}_2=-\dfrac{\dot{U}_o}{R}, \dot{U}_o=\dfrac{1}{n}\dot{U}_1 \end{cases}$$

化简可得

$$\left(\dfrac{n}{j\omega L}+\dfrac{1}{nR}+\dfrac{n}{R+j\omega L}\right)\dot{U}_o=\dfrac{\dot{U}_i}{R+j\omega L}$$

进一步有

$$\dfrac{2n^2R\omega L+R\omega L+j(\omega^2 L^2-n^2R^2)}{nR\omega L}\dot{U}_o=\dot{U}_i$$

当 $\dot{U}_o$ 与 $\dot{U}_i$ 同相时，虚部为 0，则

$$\omega^2 L^2-n^2R^2=0$$

角频率为

$$\omega=\dfrac{nR}{L}$$

此时有

$$\dfrac{\dot{U}_o}{\dot{U}_i}=\dfrac{n}{2n^2+1}$$

习题【8】解　（1）电路去耦后如习题【8】解图所示。

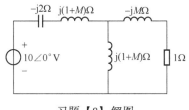

习题【8】解图

整个电路的电压、电流同相位，输入阻抗虚部为 0，有

$$Z_{in}=-j2+j(1+M)+j(1+M)//(1-jM)=\dfrac{(1+M)^2}{2}-j\dfrac{(M-1)^2}{2}$$

得

$$(M-1)^2=0\Rightarrow M=1H$$

（2）此时 $R_{eq}=\dfrac{(1+1)^2}{2}=2(\Omega)$，$P=\dfrac{U^2}{R_{eq}}=\dfrac{10^2}{2}=50(W)$。

习题【9】解　等效电路如习题【9】解图所示。
由图有

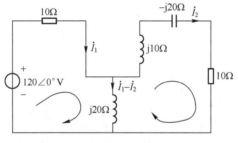

习题【9】解图

$$\frac{\dot{U}_1}{\dot{U}_2}=\frac{1}{2}\ ,\ \ \frac{\dot{U}_3}{\dot{U}_4}=\frac{1}{4}\ ,\ \ \frac{\dot{I}_1}{\dot{I}_2}=-2,\ \ \frac{\dot{I}_1}{\dot{I}_3}=-4$$

其中 $\dot{I}=\dot{I}_2-\dot{I}_3,\ \dot{U}_2=-8\dot{I}-10\dot{I}_2=7\dot{I}_1,\ \dot{U}_4=8(\dot{I}_2-\dot{I}_3)=8\left(-\dfrac{\dot{I}_1}{2}+\dfrac{\dot{I}_1}{4}\right),$ 则

$$40\angle0°=5\dot{I}_1+\dot{U}_1+\dot{U}_3=5\dot{I}_1+\frac{1}{2}\dot{U}_2+\frac{1}{4}\dot{U}_4=8\dot{I}_1$$

解得

$$\dot{I}_1=5\text{A},\ \ \dot{I}=\dot{I}_2-\dot{I}_3=1.25\angle180°\text{A}$$

因此 $\dot{I}=1.25\angle180°\text{A}$。

习题【10】解 T形去耦，并将理想变压器的二次侧等效到一次侧，如习题【10】解图所示。

习题【10】解图

列写 KVL 方程有

$$\begin{cases}120\angle0°=10\dot{I}_1+\text{j}20(\dot{I}_1-\dot{I}_2)\\ \text{j}20(\dot{I}_1-\dot{I}_2)=(10-\text{j}10)\dot{I}_2\end{cases}$$

联立解得

$$\dot{I}_1=4\angle0°\text{A},\ \ \ \dot{I}_2=4\sqrt{2}\angle45°\text{A}$$

则

$$\dot{I}_3=\frac{1}{2}\times4\sqrt{2}\angle45°=2\sqrt{2}\angle45°(\text{A})$$

习题【11】解　如习题【11】解图（1）所示。由习题【11】图的广义 KCL 可以看出电流 i 与电容电流相等。

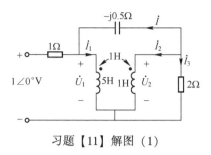

习题【11】解图（1）

去耦合后电路图如习题【11】解图（2）所示。

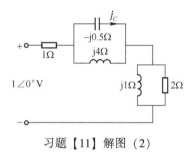

习题【11】解图（2）

$$\dot{I} = -\left(\dot{I}_2 + \frac{\mathrm{j}\dot{I}_2 + \mathrm{j}\dot{I}_1}{2}\right) = -(\dot{I}_2 + \dot{I}_3)$$

由 KCL 方程有

$$\dot{I} = -\dot{I}_C = -\frac{1}{1+(\mathrm{j}4)//(-\mathrm{j}0.5)+2//\mathrm{j}1} \times \frac{\mathrm{j}4}{\mathrm{j}4-\mathrm{j}0.5} = 0.81\angle 170.7°(\mathrm{A})$$

$$i = 0.81\sqrt{2}\cos(t+170.7°)\,\mathrm{A}$$

习题【12】解　（1）当 b、c 未短接时，$R_{ab} = 1+2^2 \times 1 = 5(\Omega)$。

（2）当 b、c 短接时，采用外加电源法求解，如习题【12】解图所示。

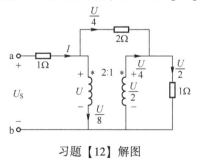

习题【12】解图

电流为

$$I = \frac{U}{4} + \frac{U}{8} = \frac{3}{8}U$$

等效电阻为

$$R_{ab} = \frac{U_S}{I} = \frac{I \cdot 1 + U}{I} = 1 + \frac{U}{I} = 1 + \frac{8}{3} = \frac{11}{3}(\Omega)$$

习题【13】解 本题不可以用戴维南定理求解，因为开路电压和等效电阻都和变比 n 有关，如习题【13】解图所示。

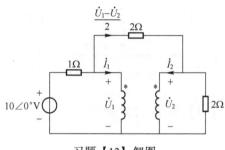

习题【13】解图

首先利用变压器的性质有

$$\frac{\dot{U}_1}{\dot{U}_2} = \frac{n}{1}, \quad \frac{\dot{I}_1}{\dot{I}_2} = -\frac{1}{n}$$

然后列写 KVL 方程可得

$$\left(\dot{I}_1 + \frac{\dot{U}_1 - \dot{U}_2}{2}\right) \times 1 + \dot{U}_1 = 10\angle 0°V, \quad \left(\dot{I}_2 + \frac{\dot{U}_1 - \dot{U}_2}{2}\right) \times 2 = \dot{U}_2$$

解得

$$|\dot{U}_2| = \frac{20n}{3n^2 - 2n + 2} = \frac{20}{3n + \frac{2}{n} - 2}(V)$$

当 $n = \sqrt{\frac{2}{3}}$ 时，$|\dot{U}_2|_{max} = \frac{20}{2\sqrt{6} - 2}V$，$P_{max} = \left(\frac{20}{2\sqrt{6} - 2}\right)^2 / 2 = 23.8(W)$。

习题【14】解 电路图如习题【14】解图所示。

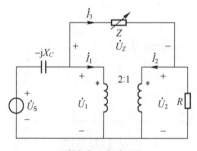

习题【14】解图

由变压器的性质有

$$\begin{cases} \dot{U}_1 = 2\dot{U}_2 \\ \dot{I}_1 = -\dfrac{1}{2}\dot{I}_2 \end{cases} \Rightarrow \begin{cases} \dfrac{\dot{U}_S - \dot{U}_1}{-jX_C} = \dot{I}_1 + \dot{I}_3 \\ \dot{I}_3 = \dot{I}_2 + \dfrac{\dot{U}_2}{R} \end{cases}$$

$$\dot{U}_2 = \frac{\dot{U}_S + \dfrac{1}{2}\dot{I}_3 \cdot jX_C}{2 - \dfrac{jX_C}{2R}} = 2\sqrt{2}\angle 45° + \frac{\sqrt{2}}{2}\angle 135° \dot{I}_3$$

得到 $\dot{U}_Z = \dot{U}_1 - \dot{U}_2 = 2\sqrt{2}\angle 45° - \dfrac{\sqrt{2}}{2}\angle -45° \dot{I}_3$，由一步法可以看出，开路电压 $\dot{U}_{OC} = 2\sqrt{2}\angle 45°\text{V}$，等

效阻抗 $Z_{eq} = \dfrac{\sqrt{2}}{2}\angle -45°\Omega$，当 $Z = Z_{eq}^* = \dfrac{\sqrt{2}}{2}\angle 45° = \dfrac{1}{2} + j\dfrac{1}{2}(\Omega)$ 时，$P_{max} = \dfrac{(2\times\sqrt{2})^2}{4\times\dfrac{1}{2}} = 4(\text{W})$。

习题【15】解 功率表读数为 0，说明网络中没有有功功率。网络中只有电阻可以产生有功功率，通过电阻 R 的电流为 0，由解耦后的电桥平衡可知

$$\frac{1}{j\omega C_1} \times j\omega(L_2 - M) = \frac{1}{j\omega C_2} \times j\omega(L_1 - M) \Rightarrow \begin{cases} \dfrac{L_2 - M}{C_1} = \dfrac{L_1 - M}{C_2} \Rightarrow \dfrac{L_2 - M}{L_1 - M} = 1.2 \\ C_1 = 1.2C_2 \end{cases}$$

解得 $M = 0.5\text{H}$。

习题【16】解 将原电路去耦合并将理想变压器二次侧折算至一次侧后，等效电路如习题【16】解图所示。

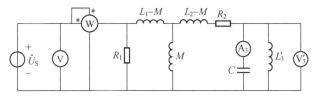

习题【16】解图

由题意知

$$P_{R_1} = \frac{U^2}{R_1} = 100\text{W}$$

电路中的功率应全部消耗在电阻 R_1 上，即电阻 R_2 上的电流为 0，L_3' 与 C 发生并联谐振，角频率为

$$\omega = \frac{1}{\sqrt{L_3' C}} = \frac{1}{\sqrt{3 \times 3}} = \frac{1}{3}(\text{rad/s})$$

此时电流表 A_3 的读数为

$$I_3 = \frac{U_3'}{\dfrac{1}{\omega C}} = \frac{10 \times 0.5}{\dfrac{1}{\dfrac{1}{3} \times 3}} = 5(\text{A})$$

根据等效电路，由串联分压关系，有

$$\frac{\omega M}{\omega M + \omega(L_1 - M)} = \frac{U_3'}{U_S}$$

解得

$$M = L_1 \frac{U_3'}{U_S} = 1 \times \frac{10 \times 0.5}{10} = 0.5(\text{H})$$

习题【17】解 （1）当断开开关时，电路的等效电感 $L_{eq} = L_1 + L_2 + 2M = 0.5\text{H}$，当电路发生谐振时，有

$$\frac{1}{\omega C} = \omega L_{eq}$$

解得 $C = 200\mu\text{F}$，$\dot{I} = \dfrac{100\angle 0°}{10 + 10} = 5\angle 0°(\text{A})$，$\dot{U}_1 = 5\angle 0° \times (\text{j}20 + \text{j}10) = 150\angle 90°(\text{V})$，所以

$$u_1 = 150\sqrt{2}\cos(100t + 90°)\text{V}$$

（2）当闭合开关时，如习题【17】解图所示。

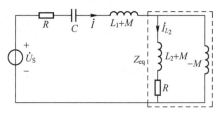

习题【17】解图

虚线框内的等效阻抗为

$$Z_{eq} = (10 + \text{j}20) /\!/ (-\text{j}10) = 5 - \text{j}15(\Omega)$$

当电路发生谐振时，有

$$\frac{1}{\omega C} = \omega(L_1 + M) + \text{Im}(Z_{eq}) = 15\Omega$$

解得 $C = 666.7\mu\text{F}$，$\dot{I} = \dfrac{100\angle 0°}{10 + 5} = 6.67\angle 0°(\text{A})$，$\dot{I}_{L_2} = \dfrac{-\text{j}10}{10 + \text{j}20 - \text{j}10}\dot{I} = 4.72\angle -135°(\text{A})$，$\dot{U}_1 = $

$\dot{I} \times \text{j}\omega L_1 + \dot{I}_{L_2} \times \text{j}\omega M = 105.41\angle 71.57°\text{V}$，有

$$u_1 = 105.41\sqrt{2}\cos(100t + 71.57°)\text{V}$$

习题【18】解 首先进行消耦，简化计算，如习题【18】解图所示。
等效阻抗为

$$Z_{eq} = \text{j}4 /\!/ (\text{j}6 - \text{j}X_C) + \text{j}4 + 10 = \frac{\text{j}4 \times (\text{j}16 - \text{j}2X_C)}{\text{j}10 - \text{j}X_C} + 10$$

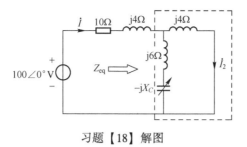

习题【18】解图

通过调节 X_C 来控制等效阻抗的大小，进而调节电流的大小。

（1）当电流 $\dot{I}$ 最小可以达到 0 时，相当于右侧断路，也就是分母为 0，即 $X_C = 10\Omega$，虚线框中发生并联谐振（并联谐振对外相当于断路，内部依然有电流！），即

$$C = \frac{1}{\omega X_C} = \frac{1}{10^4 \times 10} = 10^{-5}(\text{F}), \quad \dot{I}_{\min} = 0\,\text{A}, \quad \dot{I}_2 = \frac{100\angle 0^\circ}{\text{j}4} = 25\angle -90^\circ(\text{A})$$

（2）当电流 $\dot{I}$ 最大时，阻抗的模值达到最小，由于电阻固定不变，只能将虚部变为 0，$X_C = 8\Omega$，则

$$C = \frac{1}{\omega X_C} = \frac{1}{10^4 \times 8} = 1.25 \times 10^{-5}(\text{F})$$

$$\dot{I}_{\max} = \frac{100\angle 0^\circ}{10} = 10\angle 0^\circ(\text{A}), \quad \dot{I}_2 = \frac{-\text{j}2}{-\text{j}2 + \text{j}4} \times 10\angle 0^\circ = 10\angle 180^\circ(\text{A})$$

习题【19】解 若功率表读数为 0，则 R 应无电流，即 R 两端电压为 0。若从 R 处断开电路，可得

$$\text{j}\omega L_2 \dot{I}_2 + \text{j}\omega M \dot{I}_1 = 0, \quad \dot{I}_1 = -\frac{L_2}{M}\dot{I}_2$$

考虑 a、d、e、b 构成的回路，由 KVL 方程有

$$\text{j}\left(\omega L_1 - \frac{1}{\omega C}\right)\dot{I}_1 + \text{j}\omega M \dot{I}_2 = \dot{U}$$

考虑 a、d、k、b 构成的回路，由 KVL 方程有

$$-\text{j}\frac{1}{\omega C}\dot{I}_2 = \dot{U}$$

解此方程组可得

$$\left[\text{j}\left(\omega L_1 - \frac{1}{\omega C}\right) \times \left(-\text{j}\omega \frac{L_2 C}{M}\right) + \text{j}\omega M \times \text{j}\omega C\right]\dot{U} = \dot{U}$$

有

$$\omega^2 \frac{L_1 L_2 C}{M} - \frac{L_2}{M} - \omega^2 MC = 1 \Rightarrow \omega = \sqrt{\frac{L_2 + M}{C(L_1 L_2 - M^2)}}$$

习题【20】解 如习题【20】解图所示。

由于 $U_2 = U_3$，$Z_2 = R_2 - \text{j}X_C$，$Z_3 = R_1 + \text{j}X_L$，Z_2、Z_3 串联，电流相等，电压相等，所以 $|Z_2| = |Z_3|$。

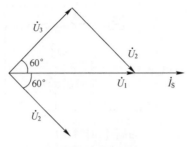

习题【20】解图

因为 $|Z_2|=\sqrt{R_2^2+X_C^2}$，$|Z_3|=\sqrt{R_1^2+X_L^2}$，可得 $X_L=X_C$，端口发生谐振，整个电路呈阻性，于是 $\dot{U}_1$ 与 $\dot{I}_S$ 同相，$\varphi=0°$，有

$$U_1=\frac{P}{I_S\cos\varphi}=\frac{162}{9}=18(\text{V})\qquad(R_1+R_2)//3=\frac{U_1}{I_S}=2\Omega$$

又因 $R_1=R_2$，所以 $R_1=R_2=3\Omega$。

又 $U_1=U_2=U_3$，$\dot{U}_1=\dot{U}_2+\dot{U}_3$，因此 $\dot{U}_1$、$\dot{U}_2$、$\dot{U}_3$ 构成等边三角形，有

$$\arctan\frac{X_L}{R_1}=\arctan\frac{X_C}{R_2}=60°$$

故 $X_L=X_C=3\tan 60°=3\sqrt{3}(\Omega)$。

综上，有

$$R_1=R_2=3\Omega,\quad X_L=X_C=3\sqrt{3}\,\Omega$$

习题【21】解 如习题【21】解图所示。

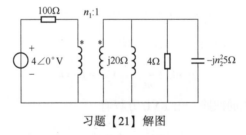

习题【21】解图

电压源的内阻抗 $Z_g=100\Omega$。对 $n_1:1$ 变压器而言，二次侧在一次侧的折合阻抗也应为 100Ω 才能获得最大功率，由于 L、C 均不损耗有功功率，故对 $n_2:1$ 变压器而言，在一次侧的折合阻抗为 $-jn_2^2 5\Omega$，若与 $j20\Omega$ 电感发生谐振，则一次侧阻抗等效为一个电阻，即

$$Y_L=\frac{1}{j20}+\frac{1}{4}+\frac{1}{-jn_2^2 5}=0.25+j\left(\frac{1}{5n_2^2}-\frac{1}{20}\right)$$

$$\frac{1}{5n_2^2}-\frac{1}{20}=0$$

当 $n_2=2$ 时，$-j5\Omega$ 的电容容抗折合到变压器 $n_2:1$ 一次侧的容抗与 $j20\Omega$ 电感的感抗恰好发生谐振，对 $n_1:1$ 变压器而言，二次侧阻抗为 4Ω，在一次侧的折合阻抗为

$$Z_{in} = n_1^2 R_2 = 100\Omega \Rightarrow n_1 = \sqrt{\frac{100}{4}} = 5$$

故两个变压器的匝数比分别为 $n_1 = 5$、$n_2 = 2$ 时，电阻 R_2 可以获得最大功率，即

$$P_{max} = \frac{U_S^2}{4 \times Z_g} = \frac{16}{4 \times 100} = 0.04(\text{W})$$

习题【22】解 由耦合系数 $k = \dfrac{M}{\sqrt{L_1 \cdot L_2}}$ 得 $M = 1\text{H}$。对原电路进行 T 形去耦，得到一次侧对应的等效电路如习题【22】解图（1）所示。

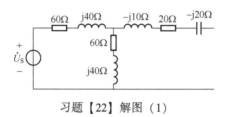

习题【22】解图（1）

进行戴维南等效如习题【22】解图（2）所示。

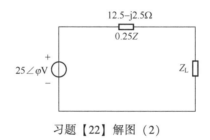

习题【22】解图（2）

（1）若 Z_L 任意可调，则由共轭匹配可知，当 $Z_L = \dfrac{1}{4}Z^* = 12.5 + j2.5\Omega$ 时，可获得最大功率，即 $P_{Lmax} = \dfrac{U_{OC}^2}{4\text{Re}[Z_L]} = \dfrac{25^2}{4 \times 12.5} = 12.5(\text{W})$。

（2）若 $Z_L = R_L$，由共模匹配可知，$R_L = |0.25Z| = \dfrac{\sqrt{50^2 + 10^2}}{4} = \dfrac{5\sqrt{26}}{2}(\Omega)$ 时可获得最大功率。

习题【23】解 如习题【23】解图所示。

并联阻抗为

$$Z_1 = \frac{j10 \times \left(-j\dfrac{1}{10C}\right)}{j10 - j\dfrac{1}{10C}} = -j\frac{10}{100C - 1}, \quad Z_2 = j10 + Z_1 = j\frac{1000C - 20}{100C - 1}$$

整个动态元件部分的阻抗为

$$Z_3 = \frac{j10 \times Z_2}{j10 + Z_2} = j\frac{1000C - 20}{200C - 3}$$

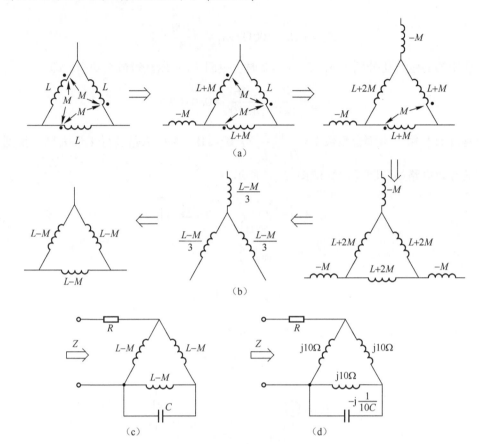

习题【23】解图

当 $Z_3 = 0$ 时，电路发生串联谐振，$Z = R = 5\Omega$，对应的电容为

$$1000C - 20 = 0, \quad C = \frac{20}{1000} = 0.02(\mathrm{F})$$

当 $Z_3 \to \infty$ 时，$Z \to \infty$，电路发生并联谐振，对应的电容为

$$200C - 3 = 0, \quad C = \frac{3}{200} = 0.015(\mathrm{F})$$

习题【24】解 由题得

$$-\mathrm{j}\frac{1}{\omega C_2} = -\mathrm{j}\frac{1}{2 \times 0.05} = -2\mathrm{j}(\Omega)$$

$$j\omega L_2 = \mathrm{j} \times 2 \times 2 = 4\mathrm{j}(\Omega), \quad j\omega L_1 = \mathrm{j} \times 2 \times 4 = 8\mathrm{j}(\Omega)$$

$$-\mathrm{j}\frac{1}{\omega C_1} = -\mathrm{j}\frac{1}{2 \times 0.05} = -10\mathrm{j}(\Omega), \quad j\omega M = \mathrm{j} \times 2 \times 1 = 2\mathrm{j}(\Omega)$$

电压表左侧等效电路如习题【24】解图（1）所示。

由图得到

$$\dot{U}_2 = \frac{1}{4}\dot{U}_S = 50\angle 0°(\mathrm{V}), \quad \dot{I}_2 = \frac{\dot{U}_2}{-10\mathrm{j}} = \frac{50\angle 0°}{-10\mathrm{j}} = 5\mathrm{j}(\mathrm{A})$$

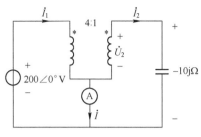

习题【24】解图（1）

其中

$$\frac{\dot{I}_1}{\dot{I}_2}=\frac{1}{4},\quad \dot{I}=\dot{I}_1-\dot{I}_2=-\frac{15}{4}\text{j A}$$

电流表读数为 3.75A。

电压表右侧等效电路如习题【24】解图（2）所示。

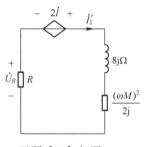

习题【24】解图（2）

电流为

$$\dot{I}_1'=\frac{2\dot{I}}{8\text{j}+2+\dfrac{4}{2\text{j}}}=\frac{-\dfrac{15}{2}\text{j}}{8\text{j}+2-2\text{j}}=1.19\angle-161.6°(\text{A})$$

电阻上电压 $\dot{U}_R=-2\dot{I}_1'=2.38\angle18.4°\text{V}$，得到电压表读数为

$$\dot{U}_V=\dot{U}_2-\dot{U}_R=50-2.38\angle18.4°=47.75\angle-0.9°(\text{V})$$

电压表读数为 47.75V。

习题【25】解　去耦后的电路如习题【25】解图（a）所示，习题【25】解图（b）为其相量图。

先画 $\dot{I}_1=\dot{I}_2+\dot{I}_3$ 且构成等边三角形。$\dot{U}_2\perp\dot{I}_3$ 且滞后 $\dot{I}_3$90°，有

$$U_2=I_3[(1/\omega C)-\omega M]=1\times(15-5)=10(\text{V})$$
$$U_{R_2}=U_2\cos30°=10\times\cos30°=8.66(\text{V})$$
$$U_{X_2}=U_2\sin30°=10\times\sin30°=5(\text{V})$$

求得 $R_2=U_{R_2}/I_2=8.66/1=8.66(\Omega)$，$X_2=U_{X_2}/I_2=5/1=5(\Omega)$，$\omega L_2=X_2+\omega M=5+5=$

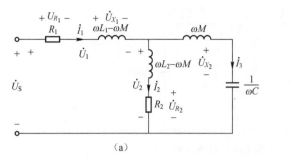 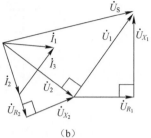

（a）   （b）

习题【25】解图

$10(\Omega)$，又

$$P_2 = I_2^2 R_2 = 1^2 \times 8.66 = 8.66(\text{W}), \quad P_1 = P - P_2 = 13.6 - 8.66 = 5(\text{W})$$

则 $R_1 = P_{R_1} / I_1^2 = 5/1^2 = 5(\Omega)$，其中

$$Q_{X_2} = I_2^2 X_2 = 1^2 \times (10 - 5) = 5(\text{Var}), \quad Q_{X_3} = I_3^2 X_3 = I_3^2 (5 - 15) = -10(\text{Var})$$

则

$$Q_{X_1} = Q - Q_{X_2} - Q_{X_3} = 3.66 - 5 - (-10) = 8.66(\text{Var})$$

得到

$$X_1 = Q_{X_1} / I_1^2 = 8.66/1^2 = 8.66(\Omega)$$

求得

$$\omega L_1 = X_1 + \omega M = 8.66 + 5 = 13.66(\Omega)$$

由相量图分析得知（构成 U_1 和 U_2 的两个三角形全等）$\dot{U}_1 \perp \dot{U}_2$，则

$$U_{R_1} = I_1 R_1 = 1 \times 5 = 5(\text{V}), \quad U_{X_1} = I_1 X_1 = 1 \times 8.66 = 8.66(\text{V})$$

$$U_1 = \sqrt{U_{R_1}^2 + U_{X_1}^2} = \sqrt{5^2 + 8.66^2} = 10(\text{V})$$

$$U_S = \sqrt{U_1^2 + U_2^2} = \sqrt{10^2 + 10^2} = 14.14(\text{V})$$

综上，有

$$R_1 = 5\Omega, \quad R_2 = 8.66\Omega, \quad \omega L_1 = 13.66\Omega, \quad \omega L_2 = 10\Omega, \quad U_S = 14.14\text{V}$$

习题【26】解 虚线框内电路谐振，$\dot{U}_2$ 与 $\dot{I}$ 同相，相量图如习题【26】解图所示。

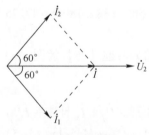

习题【26】解图

由图可得

$$\begin{cases} \dot{U}_2 = \dot{I}_1(R_1 + jX_1) - \dot{I}jX_M & \text{①} \\ \dot{U}_2 = \dot{I}_2(R_2 - jX_2) & \text{②} \end{cases}$$

令 $\dot{I} = I\angle0°\text{A}$，$\dot{I}_1 = I_1\angle-60° = I\angle-60°\text{A}$，$\dot{I}_2 = I_2\angle60° = I\angle60°\text{A}$，则

$$\begin{cases} \dot{U}_2 = \dot{I}_1(R_1 + jX_1 - 10\angle150°) \\ \dot{U}_2 = \dot{I}_1(10\angle120° - jX_2\angle120°) \end{cases} \Rightarrow \begin{cases} \dot{U}_2 = \dot{I}_1\left[(R + 5\sqrt{3}) + j(X_1 - 5)\right] \\ \dot{U}_2 = \dot{I}_1\left[\left(-5 + \dfrac{\sqrt{3}}{2}X_2\right) + j\left(5\sqrt{3} + \dfrac{X_2}{2}\right)\right] \end{cases}$$

由①②实、虚部分别对应，得

$$\begin{cases} R_1 + 5\sqrt{3} = -5 + \dfrac{\sqrt{3}}{2}X_2 & \text{③} \\ X_1 - 5 = 5\sqrt{3} + \dfrac{X_2}{2} & \text{④} \end{cases}$$

补充方程为

$$\frac{X_2}{R_2} = \sqrt{3} \qquad \text{⑤}$$

由③④⑤得

$$R_1 = (10 - 5\sqrt{3})\,\Omega, \quad X_1 = (10\sqrt{3} + 5)\,\Omega, \quad X_2 = 10\sqrt{3}\,\Omega$$

A8 第 11 章习题答案

习题【1】解 将△形连接负载变为Y形连接负载，有

$$Z_2' = \frac{Z_2}{3} = 16 + j12\,\Omega$$

取 $\dot{U}_A = 220\angle0°\text{V}$，A 相等效电路如习题【1】解图所示。

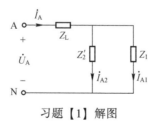

习题【1】解图

并联阻抗为

$$Z = Z_1 /\!/ Z_2' = \frac{50}{7}(1 + j)\,\Omega$$

总阻抗为

$$Z_{总} = Z_L + Z = \frac{57}{7} + j\frac{64}{7}\,\Omega$$

总电流为

$$\dot{I}_A = \frac{\dot{U}_A}{Z_{\text{总}}} = 17.969\angle-48.31°\text{A}$$

电流 1 为

$$\dot{I}_{A1} = \frac{16+\text{j}12}{28+\text{j}28}\dot{I}_A = 9.076\angle-56.44°\text{A}$$

电流 2 为

$$\dot{I}_{A2} = \frac{12+\text{j}16}{28+\text{j}28}\dot{I}_A = 9.076\angle-40.18°\text{A}$$

负载 1 相电流为

$$I'_{A1} = I_{A1} = 9.076\text{A}$$

负载 2 相电流为

$$I'_{A2} = \frac{I_{A2}}{\sqrt{3}} = 5.24\text{A}$$

每相负载功率为

$$P = I_A^2 \cdot \frac{50}{7} = 2306.32\text{W}$$

三相电源功率为

$$P_{\text{总}} = 3\text{Re}\left[\dot{U}_A \cdot \dot{I}_A^*\right] = 7887.78\text{W}$$

综上，负载 1 相电流 $I'_{A1} = 9.076\text{A}$；负载 2 相电流 $I'_{A2} = 5.24\text{A}$；传输导线的线电流 $I_A = 17.969\text{A}$；每相负载功率 $P = 2306.32\text{W}$；三相电源功率 $P_{\text{总}} = 7887.78\text{W}$。

习题【2】解 第一相负载 $\cos\varphi_1 = 0.5 \Rightarrow \varphi_1 = 60°$，有

$$P_1 = \frac{Q_1}{\tan\varphi_1} = \frac{5700}{\sqrt{3}}\text{W}$$

电路的 $\cos\varphi = \frac{\sqrt{3}}{2} \Rightarrow \varphi = 30°$ 或 $-30°$（该电路可能呈感性也可能呈容性），有

$$P_{\text{总}} = P_1 = \frac{5700}{\sqrt{3}}\text{W}$$

（1）当 $\varphi = 30°$ 时，有

$$Q_{\text{总}} = P_{\text{总}}\tan\varphi = \frac{5700}{\sqrt{3}}\times\tan30° = 1900(\text{Var})$$

三相电容吸收的无功功率为

$$Q_2 = Q_{\text{总}} - Q_1 = 1900 - 5700 = -3800(\text{Var})$$

每个电容吸收的无功功率为

$$Q_C = \frac{1}{3}Q_2 = -\frac{3800}{3}\text{Var}$$

又因

$$Q_C = -U_l^2\omega C = -380^2\times100C = -\frac{3800}{3}(\text{Var})$$

所以

$$C = \frac{1}{11400}\text{F}$$

（2）当 $\varphi = -30°$ 时，有

$$Q_\text{总} = P_\text{总}\tan\varphi = \frac{5700}{\sqrt{3}} \times \tan(-30°) = -1900(\text{Var})$$

三相电容吸收的无功功率为

$$Q_2 = Q_\text{总} - Q_1 = -1900 - 5700 = -7600(\text{Var})$$

每个电容吸收的无功功率为

$$Q_C = \frac{1}{3}Q_2 = -\frac{7600}{3} = -U_l^2\omega C = -380^2 \times 100C = -\frac{7600}{3}(\text{Var})$$

解得

$$C = \frac{1}{5700}\text{F}$$

习题【3】解 令 $\dot{U}_\text{A} = U\angle 0°\text{V}$，$\dot{I}_\text{A} = I\angle -\varphi\text{A}$。

功率表 W_1：$P_1 = U_\text{AC}I_\text{A}\cos(\varphi_{\dot{U}_\text{AC}} - \varphi_{\dot{I}_\text{A}}) = \sqrt{3}UI\cos(\varphi - 30°)$。

功率表 W_2：$P_2 = U_\text{BC}I_\text{B}\cos(\varphi_{\dot{U}_\text{BC}} - \varphi_{\dot{I}_\text{B}}) = \sqrt{3}UI\cos(\varphi + 30°)$。

$$\frac{P_1}{P_2} = \frac{\cos(\varphi - 30°)}{\cos(\varphi + 30°)}$$

解得

$$\varphi = \arctan\frac{\sqrt{3}(P_1 - P_2)}{P_1 + P_2}$$

习题【4】解 经过丫-△形变换的电路如习题【4】解图所示，图中

$$R = \frac{10}{3}\Omega$$

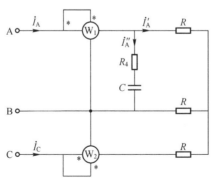

习题【4】解图

对于对称部分，取 A 相进行计算，有

$$\dot{I}_\text{A}' = \frac{\dot{U}_\text{A}}{R} = \frac{380/\sqrt{3}\angle -30°}{10/3} = 38\sqrt{3}\angle -30°(\text{A})$$

C 相线电流为

$$\dot{I}_C = I'_A \angle 120° = 38\sqrt{3} \angle 90° (\text{A})$$

并联 A、B 相之间的负载电流为

$$\dot{I}''_A = \frac{\dot{U}_{AB}}{R_4 - jX_C} = \frac{380 \angle 0°}{10 - j10} = 19\sqrt{2} \angle 45° (\text{A})$$

A 相总电流为

$$\dot{I}_A = \dot{I}'_A + \dot{I}''_A = 38\sqrt{3} \angle -30° + 19\sqrt{2} \angle 45° = 77.26 \angle -10.37° (\text{A})$$

功率表 W_1 的读数为

$$P_1 = U_{AB} I_A \cos(\varphi_{\dot{U}_{AB}} - \varphi_{\dot{I}_A}) = 380 \times 77.26 \times \cos 10.37° = 28.88 (\text{kW})$$

因

$$\dot{U}_{CB} = -\dot{U}_{BC} = -380 \angle -120° = 380 \angle 60° (\text{V})$$

所以功率表 W_2 的读数为

$$P_2 = U_{CB} I_C \cos(\varphi_{\dot{U}_{CB}} - \varphi_{\dot{I}_C}) = 380 \times 38\sqrt{3} \times \cos(60° - 90°) = 21.66 (\text{kW})$$

习题【5】解 （1）电流参考方向如习题【5】解图所示。

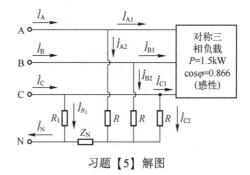

习题【5】解图

设 $\dot{U}_{AN} = 220 \angle 0° \text{V}$，则 $\dot{U}_{BN} = 220 \angle -120° \text{V}$，$\dot{U}_{CN} = 220 \angle 120° \text{V}$。$R_1$ 不影响对称三相负载的运行，即从对称三相负载看，三相电源是对称的。

对三相感性负载，有

$$I_{A1} = \frac{1500}{\sqrt{3} \times 380 \times 0.866} = 2.63 (\text{A}), \quad \varphi = 30°$$

$$\dot{I}_{A1} = 2.63 \angle -30° \text{A}, \quad \dot{I}_{B1} = 2.63 \angle -150° \text{A}, \quad \dot{I}_{C1} = 2.63 \angle 90° \text{A}$$

对三相电阻负载，有

$$\dot{I}_{A2} = \frac{220 \angle 0°}{100} = 2.2 \angle 0° (\text{A}), \quad \dot{I}_{B2} = 2.2 \angle -120° \text{A}, \quad \dot{I}_{C2} = 2.2 \angle 120° \text{A}$$

对单相负载电阻，有

$$I_{R_1} = \frac{P}{U_{CN}} = \frac{1650}{220} = 7.5 (\text{A}), \quad \dot{I}_{R_1} = 7.5 \angle 120° \text{A}$$

线电流分别为

$$\dot{I}_{\mathrm{A}} = \dot{I}_{\mathrm{A1}} + \dot{I}_{\mathrm{A2}} = 4.478 - \mathrm{j}1.315 = 4.67\angle-16.4°(\mathrm{A})$$

$$\dot{I}_{\mathrm{B}} = 4.67\angle-136.4°\mathrm{A}$$

$$\dot{I}_{\mathrm{C}} = \dot{I}_{R_1} + \dot{I}_{\mathrm{C1}} + \dot{I}_{\mathrm{C2}} = -4.848 + \mathrm{j}11.03 = 12.08\angle113.7°(\mathrm{A})$$

$$\dot{I}_{\mathrm{N}} = \dot{I}_{R_1} = 7.5\angle120°\mathrm{A}$$

（2）三相电源发出的总有功功率，即负载消耗的总有功功率为

$$P = 1500 + 1650 + 2.2^2 \times 100 \times 3 = 4602(\mathrm{W})$$

习题【6】解　如习题【6】解图所示。

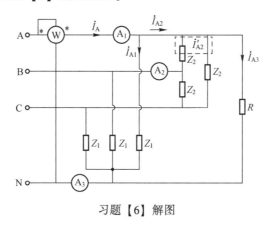

习题【6】解图

设 $\dot{U}_{\mathrm{A}} = 220\angle0°\mathrm{V}$，有

$$\dot{I}_{\mathrm{A1}} = \frac{\dot{U}_{\mathrm{A}}}{Z_1} = \frac{220\angle0°}{12+\mathrm{j}9} = 14.667\angle-36.87°(\mathrm{A})$$

将 Z_2 的△形连接转换为Y形连接，则

$$Z' = \frac{Z_2}{3} = \frac{\mathrm{j}20}{3}\Omega$$

电流为

$$\dot{I}'_{\mathrm{A2}} = \frac{\dot{U}_{\mathrm{A}}}{Z'_2} = \frac{220\angle0°}{\frac{20}{3}\angle90°} = 33\angle-90°(\mathrm{A})$$

$$\dot{I}_{\mathrm{A3}} = \frac{\dot{U}_{\mathrm{A}}}{R} = \frac{220\angle0°}{10} = 22\angle0°(\mathrm{A})$$

$$\dot{I}_{\mathrm{B2}} = \dot{I}'_{\mathrm{A2}}\angle-120° = 33\angle-90°-120° = 33\angle150°(\mathrm{A})$$

A 相电流 $\dot{I}_{\mathrm{A}} = \dot{I}_{\mathrm{A1}} + \dot{I}'_{\mathrm{A2}} + \dot{I}_{\mathrm{A3}} = 53.714\angle-51.10°\mathrm{A}$。

功率表 $P_{\mathrm{W}} = \mathrm{Re}[\dot{U}_{\mathrm{A}}\dot{I}^*_{\mathrm{A}}] = \mathrm{Re}[220\angle0° \times 53.714\angle51.10°] = 7420.69(\mathrm{W})$。

A_1 的读数为 53.714A，A_2 的读数为 33A，A_3 的读数为 22A，W 的读数为 7420.69W。

习题【7】解 （1）测量电路总功率如习题【7】解图所示。

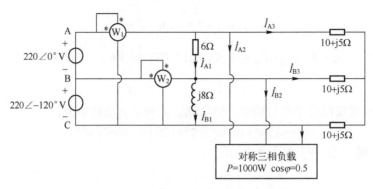

习题【7】解图

功率为

$$
\begin{aligned}
P &= P_1 + P_2 = \mathrm{Re}(\dot{U}_{AC}\dot{I}_A^*) + \mathrm{Re}(\dot{U}_{BC}\dot{I}_B^*) \\
&= \mathrm{Re}\left[(\dot{U}_A - \dot{U}_C)\dot{I}_A^* + (\dot{U}_B - \dot{U}_C)\dot{I}_B^* \right] \\
&= \mathrm{Re}\left[\dot{U}_A\dot{I}_A^* + \dot{U}_B\dot{I}_B^* + \dot{U}_C(-\dot{I}_A^* - \dot{I}_B^*) \right] \\
&= \mathrm{Re}\left[\dot{U}_A\dot{I}_A^* + \dot{U}_B\dot{I}_B^* + \dot{U}_C\dot{I}_C^* \right] \\
&= \mathrm{Re}\left[\widetilde{S}_A + \widetilde{S}_B + \widetilde{S}_C \right] \\
&= \mathrm{Re}(\widetilde{S}) \\
&= P_{总}
\end{aligned}
$$

证毕！

（2）由题意知，三相电路电压分别为

$$
\dot{U}_A = \frac{220}{\sqrt{3}}\angle -30°\mathrm{V}, \quad \dot{U}_B = \frac{220}{\sqrt{3}}\angle -150°\mathrm{V}, \quad \dot{U}_C = \frac{220}{\sqrt{3}}\angle 90°\mathrm{V}
$$

电路消耗的功率为

$$
P' = \frac{220^2}{6} + 3\times\left(\frac{\dfrac{220}{\sqrt{3}}}{|10+\mathrm{j}5|}\right)^2\times 10 + 1000 = 12924(\mathrm{W})
$$

功率表读数的计算过程为

$$
\dot{I}_A = \dot{I}_{A1} + \dot{I}_{A2} + \dot{I}_{A3} = \frac{220\angle 0°}{6} + \frac{100\angle -90°}{11\sqrt{3}} + \frac{\dfrac{220}{\sqrt{3}}\angle -30°}{10+\mathrm{j}5} = 45.36\angle -18.92°(\mathrm{A})
$$

$$
\dot{I}_B = \dot{I}_{B1} + \dot{I}_{B2} + \dot{I}_{B3} - \dot{I}_{A1}
$$

$$
= \frac{220\angle -120°}{\mathrm{j}8} + \frac{100\angle -210°}{11\sqrt{3}} + \frac{\dfrac{220}{\sqrt{3}}\angle -150°}{10+\mathrm{j}5} - \frac{220\angle 0°}{6}
$$

$$= 76.37 \angle 168.38° (\text{A})$$

$$\begin{cases} P_1 = U_{AC} I_A \cos(\varphi_{\dot{U}_{AC}} - \varphi_{\dot{I}_A}) = 220 \times 45.36 \cos(-60° + 18.92°) = 7522.25 (\text{W}) \\ P_2 = U_{BC} I_B \cos(\varphi_{\dot{U}_{BC}} - \varphi_{\dot{I}_B}) = 220 \times 76.37 \cos(-120° - 168.38°) = 5297.78 (\text{W}) \end{cases}$$

$$P_{总} = P_1 + P_2 \approx 12820\text{W}$$

功率表测得的功率 $P_{总}$ 与电路消耗的功率在计算误差内是一致的，验证了所求总功率的正确性。

习题【8】解 （1）设 $\dot{U}_A = U \angle 0°\text{V}$，$\dot{I}_A = I \angle -\varphi \text{A}$，故

$$\dot{U}_{AB} = \sqrt{3} U \angle 30°\text{V}, \quad \dot{U}_{BC} = \sqrt{3} U \angle -90°\text{V}, \quad \dot{U}_{CA} = \sqrt{3} U \angle 150°\text{V}, \quad \dot{U}_{AC} = \sqrt{3} U \angle -30°\text{V}$$

功率为

$$P_1 = \sqrt{3} UI \cos(-30° + \varphi) = 4000 (\text{W}), \quad P_2 = \sqrt{3} UI \cos(-90° + \varphi + 120°) = 2000 (\text{W})$$

功率比值为

$$\frac{P_1}{P_2} = \frac{\cos(\varphi - 30°)}{\cos(\varphi + 30°)} = 2 \Rightarrow \varphi = 30°$$

功率因数为

$$\cos\varphi = 0.866 \quad (三相对称负载功率因数)$$

（2）由题有

$$P_3 = \text{Re}[\dot{U}_{CA} \cdot \dot{I}_B^*] = \sqrt{3} UI \cos(\varphi + 270°) = 2000 \quad (\text{W})$$

（3）两种方法。

方法一：

$$Q = 3UI\sin\varphi = 3 \times \frac{4000}{\sqrt{3}} \times \frac{1}{2} = 2000\sqrt{3} (\text{Var})$$

方法二：

$$Q = P\tan\varphi = (4000 + 2000) \times \frac{\sqrt{3}}{3} = 2000\sqrt{3} (\text{Var})$$

习题【9】解 Y形等效电路如习题【9】解图所示。

习题【9】解图

电压为

$$\dot{U}_{A'} = \frac{\dot{U}_{A'B'}}{\sqrt{3}} \angle -30° = 220 \angle -30° (\text{V})$$

因为 $P = 3U_{A'}I_A\cos\varphi = 10000(\text{W}) \Rightarrow I_A = 18.94\text{A}$，且 $\varphi = \arccos 0.8 = 36.87°$，则

$$\dot{I}_A = 18.94 \angle -66.87°\text{A}, \qquad \frac{Z}{3} = \frac{\dot{U}_{A'}}{\dot{I}_A} \Rightarrow Z = 34.85 \angle 36.87°\Omega$$

解得

$$\dot{U}_A = \dot{I}_A \left(Z_1 + \frac{Z}{3} \right) = 285.32 \angle -25.43°\text{V}$$

线电压为

$$\begin{cases} \dot{U}_{AB} = \sqrt{3}\dot{U}_A \times 1 \angle 30° = 494.2 \angle 4.57°\text{V} \\ \dot{U}_{BC} = 494.2 \angle -115.43°\text{V} \\ \dot{U}_{CA} = 494.2 \angle 124.57°\text{V} \end{cases}$$

习题【10】解　取电压相量为

$$\dot{U}_A = 220 \angle 0°\text{V}$$

负载转换为Y形连接，有

$$Z' = \frac{1}{3}Z = 6 + j8\Omega$$

A相电流为

$$\dot{I}_A = \frac{\dot{U}_A}{Z'} = 22 \angle -53.13°\text{A}$$

线电压为

$$\dot{U}_{AC} = 380 \angle 30°\text{V}$$

功率为

$$P = \text{Re}[\dot{U}_{AC} \cdot \dot{I}_A^*] = 380 \times 22 \times \cos 83.13° = 1000\text{W}$$

习题【11】解　（1）设 $\dot{U}_A = 220 \angle 0°\text{V}$，$\dot{U}_{AB} = 380 \angle 30°\text{V}$，$\dot{I}_Z = \frac{\dot{U}_{AB}}{Z} = 2 \angle 0°\text{A}$，$\dot{I}_{Z_1} = \frac{\dot{U}_A}{Z_1} =$

$\frac{220 \angle 0°}{176 - j132} = 1 \angle 36.8°(\text{A})$，功率为

$$P_2 = 3U_A I_2 \cos\varphi = 528\text{W}$$

电流 $\dot{I}_2 = 1 \angle -36.8°\text{A}$，$|\dot{I}_A| = |\dot{I}_Z + \dot{I}_{Z_1} + \dot{I}_2| = 3.6\text{A}$，则 $I_A = 3.6\text{A}$。

（2）功率 $P_W = U_{AB}I_A\cos\varphi_{\dot{U}_{AB}} - \varphi_{\dot{I}_A} = 380 \times 3.6 \times \cos 30° = 1184.7(\text{W})$。

接线图如习题【11】解图所示。

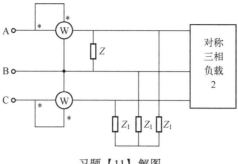

习题【11】解图

习题【12】解　(1) 令对称三相电源的相电压 $\dot{U}_A = U\angle 0°\mathrm{V}$，对称线电流 $I_A = I_B = I_C = I$。

令 $\dot{I}_A = I\angle -\varphi_Z$，有 $\dot{I}_C = I\angle(-\varphi_Z + 120°)\mathrm{A}$，$\dot{U}_{AB} = \sqrt{3}\,U\angle 30°\mathrm{V}$，$\dot{U}_{CB} = \sqrt{3}\,U\angle 90°\mathrm{V}$，功率表的读数可表示为

$$\begin{cases} P_1 = \mathrm{Re}[\dot{U}_{AB}\dot{I}_A^*] = \mathrm{Re}[\sqrt{3}\,U\angle 30° \cdot I\angle\varphi_Z] = \sqrt{3}\,UI\cos(30° + \varphi_Z) \\ P_2 = \mathrm{Re}[\dot{U}_{CB}\dot{I}_C^*] = \mathrm{Re}[\sqrt{3}\,U\angle 90° \cdot I\angle(-120° + \varphi_Z)] = \sqrt{3}\,UI\cos(-30° + \varphi_Z) \end{cases}$$

解得

$$\tan\varphi_Z = \frac{\sqrt{3}\left(1 - \dfrac{P_1}{P_2}\right)}{1 + \dfrac{P_1}{P_2}} = 0.75, \quad \varphi_Z = 36.87°$$

吸收的无功功率 Q 为

$$Q = P\tan\varphi_Z = \tan\varphi_Z \cdot (P_1 + P_2) = 2068.83\,\mathrm{Var}$$

吸收的复功率 $\tilde{S}$ 为

$$\tilde{S} = (P_1 + P_2) + \mathrm{j}Q = 3448.05\angle 36.87°(\mathrm{V}\cdot\mathrm{A})$$

因为 $\tilde{S} = 3\times(\sqrt{3}\,U)^2 Y^* = 9U^2 Y^*$，所以

$$Z = \frac{9U^2}{\tilde{S}} = \frac{9\times 220^2}{3448.05\angle -36.87°} = 126.33\angle 36.87°(\Omega)$$

(2) 当断开开关 S 后，W_1 的读数为 A、B 相负载的功率，W_2 的读数为 C、B 相负载吸收的功率，则 $P_1 = P_2$，即

$$P_1 = P_2 = \left(\frac{\sqrt{3}\,U}{|Z|}\right)^2 \times \mathrm{Re}[Z] = \left(\frac{220\sqrt{3}}{126.33}\right)^2 \times 100.5 = 914.37(\mathrm{W})$$

习题【13】解　(1) 令对称线电压 $\dot{U}_{AB} = 1\angle 0°\mathrm{V}$，则 △ 形负载的相电流分别为

$$\dot{I}_{AB} = G\angle 0°\mathrm{A}, \quad \dot{I}_{BC} = \mathrm{j}\omega C\angle -120°\mathrm{A}, \quad \dot{I}_{CA} = -\mathrm{j}\frac{1}{\omega L}\angle 120°\mathrm{A}$$

线电流分别为

$$\dot{I}_A = \dot{I}_{AB} - \dot{I}_{CA} = G\angle 0° - \frac{1}{\omega L}\angle 30° \text{A}, \quad \dot{I}_B = \dot{I}_{BC} - \dot{I}_{AB} = j\omega C\angle -120° - G\angle 0° \text{A}$$

$$\dot{I}_C = \dot{I}_{CA} - \dot{I}_{BC} = -j\frac{1}{\omega L}\angle 120° - j\omega C\angle -120° \text{A}$$

若线电流为正序，则有

$$\dot{I}_A = \dot{I}_B \cdot 1\angle 120° = \dot{I}_C \cdot 1\angle -120°$$

实部和虚部分别对应相等，解得 $\omega C = \frac{1}{\omega L} = \frac{1}{\sqrt{3}R}$。

对称线电流为

$$\dot{I}_A = \frac{1}{\omega L}\angle -30°\text{A}, \quad \dot{I}_B = \dot{I}_A \cdot 1\angle -120° = \frac{1}{\omega L}\angle -150°\text{A}, \quad \dot{I}_C = \dot{I}_A \cdot 1\angle 120° = \frac{1}{\omega L}\angle 90°\text{A}$$

（2）若 $R = \infty$（开路），则线电流分别为

$$\dot{I}_A = \frac{1}{\omega L}\angle -150°\text{A}, \quad \dot{I}_B = \omega C\angle -30°\text{A}, \quad \dot{I}_C = -(\dot{I}_B + \dot{I}_A) = \frac{1}{\omega L}\angle 90°\text{A}$$

线电流的模值不变，$\dot{I}_A$、$\dot{I}_B$ 和 $\dot{I}_C$ 为负序对称。

习题【14】解 解耦后的等效电路如习题【14】解图（1）所示。

习题【14】解图（1）

（1）线电压 $U_1 = 380\text{V}$，相电压 $\dot{U}_P = 220\text{V}\angle 0°$，相电流为

$$\begin{cases} \dot{I}_{AN} = \frac{220\angle 0°}{R+j\omega(L-M)} = 3.6\angle -60.7°\text{A} \\ \dot{I}_{BN} = 3.6\angle -180.7°\text{A} \\ \dot{I}_{CN} = 3.6\angle 59.3°\text{A} \end{cases}$$

负载吸收的总功率 $P = 3I_{AN}^2 R = 3\times 3.6^2\times 30 = 1166.4(\text{W})$。

（2）如习题【14】解图（2）所示（注：二表法接法不唯一）。

功率表读数为

$$P_1 = \text{Re}[\dot{U}_{AB} \cdot \dot{I}_{AN}^*], \quad P_2 = \text{Re}[\dot{U}_{CB} \cdot \dot{I}_{CN}^*]$$

电压为

$$\dot{U}_{AB} = 380\angle 30°\text{V}, \quad \dot{U}_{CB} = 380\angle 90°\text{V}$$

代入数据解得

$$P_1 = -16.7\text{W}, \quad P_2 = 1176.3\text{W}$$

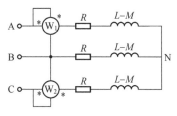

习题【14】解图（2）

电路总功率为

$$P_总 = P_1 + P_2 = 1159.6\text{W}$$

（3）无功补偿需要电容（Y形连接），即

$$C = \frac{P}{3\omega \cdot U_P}(\tan\varphi_1 - \tan\varphi_2)$$

其中

$$\omega = 2\pi f, \quad U_P = 220\text{V}, \quad P = 1166.4\text{W}$$

代入数据有

$$\tan\varphi_1 = \frac{0.17 \times 100\pi}{30}, \quad \tan\varphi_2 = 0.48$$

解得

$$C = 33.24 \times 10^{-6}\text{F}$$

习题【15】解　（1）标出电量如习题【15】解图所示。

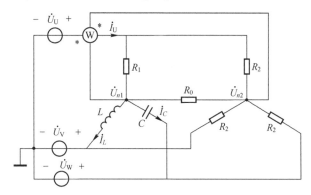

习题【15】解图

设 $\dot{U}_U = 220\angle 0°\text{V}$，$\dot{U}_V = 220\angle 120°\text{V}$，$\dot{U}_W = 220\angle 120°\text{V}$，列出节点电压方程为

$$
\begin{cases}
\left(\dfrac{1}{R_1} + \dfrac{1}{j\omega L} + j\omega C + \dfrac{1}{R_0}\right)\dot{U}_{n1} - \dfrac{1}{R_0}U_{n2} = \dfrac{\dot{U}_U}{R_1} + \dfrac{\dot{U}_V}{j\omega L} + \dfrac{\dot{U}_W}{\dfrac{1}{j\omega C}} \\[4mm]
-\dfrac{1}{R_0}\dot{U}_{n1} + \left(\dfrac{3}{R_2} + \dfrac{1}{R_0}\right)\dot{U}_{n2} = \dfrac{\dot{U}_U}{R_2} + \dfrac{\dot{U}_V}{R_2} + \dfrac{\dot{U}_W}{R_2} = 0
\end{cases}
$$

解得

$$\dot{U}_{n1} = -120.78\text{V}, \qquad \dot{U}_{n2} = -40.26\text{V}$$

根据 KCL 方程，有

$$\dot{I}_{U} = \frac{\dot{U}_{U} - \dot{U}_{n1}}{R_1} + \frac{\dot{U}_{U} - \dot{U}_{n2}}{R_2} = 4.275\angle 0°\text{A}$$

功率为

$$P = (U_{n2} - U_{n1})I_{U}\cos\varphi = 344.223\text{W}$$

（2）电感电流为

$$\dot{I}_{L} = \frac{\dot{U}_{n1} - \dot{U}_{V}}{j\omega L} = 1.91\angle 3.24°\text{A}$$

电容电流为

$$\dot{I}_{C} = \frac{\dot{U}_{n1} - \dot{U}_{W}}{\dfrac{1}{j\omega C}} = 1.91\angle -3.24°\text{A}$$

三相电源发出的无功功率为

$$Q_{总} = -I_{L}^2 \cdot \omega L + I_{C}^2 \cdot \frac{1}{\omega C} = 0\text{Var}$$

习题【16】解 （1）第二组负载功率 $P_2 = 3\times220I_{A2}\times0.5 \Rightarrow I_{A2} = 21.88\text{A}$，$\varphi_2 = \arccos 0.5 = 60°$，假设第二组负载为Y形连接，如习题【16】解图（1）所示，$\dot{U}_{A}' = 220\angle 0°\text{V}$，则电流

$$\dot{I}_{A_2} = 21.88\angle -60° = 10.94 - j18.95(\text{A}), \qquad \dot{I}_{A_1} = \frac{220\angle 0°}{j22} = 10\angle -90°(\text{A})$$

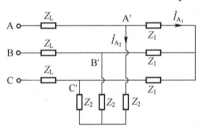

习题【16】解图（1）

阻抗为

$$Z_2 = \frac{\dot{U}_{A}'}{\dot{I}_{A_2}} = 10\angle 60°\Omega$$

由 KCL 方程有

$$\dot{I}_{A} = \dot{I}_{A_1} + \dot{I}_{A_2} = 30.95\angle -69.3°\text{A}$$

A 相电压为

$$\dot{U}_{A} = j2 \cdot \dot{I}_{A} + \dot{U}_{A}' = 278.76\angle 4.5°\text{V}$$

电源侧的线电压及功率因数分别为

$$U_{L} = 278.76\sqrt{3} = 482.83\text{V}, \quad \cos[4.5° - (-69.3°)] = 0.28$$

（2）A 相 P 点发生开路故障的等效电路如习题【16】解图（2）所示。

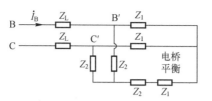

习题【16】解图（2）

由图可知

$$I_B = I_C = \frac{U_{BC}}{|2Z_L + 2Z_1 /\!/ 2Z_2|} = \frac{482.83}{|j4 + 5.01 + j13.24|} = \frac{482.83}{17.95} = 26.9(A)$$

习题【17】解 令 $\dot{U}_A = 1\angle 0°V$，则 $\dot{U}_B = 1\angle -120°V$，$\dot{U}_C = 1\angle 120°V$，有

$$\left(\frac{1}{Z_A} + \frac{1}{Z_B} + \frac{1}{Z_C}\right)\dot{U}_N' = \frac{\dot{U}_A}{Z_A} + \frac{\dot{U}_B}{Z_B} + \frac{\dot{U}_C}{Z_C}$$

即

$$(j\omega C + \omega C + \omega C)\dot{U}_N' = j\omega C + \omega C\angle -120° + \omega C\angle 120° \Rightarrow \dot{U}_N' = 0.63\angle 108.4°V$$

电压为

$$\begin{cases} \dot{U}_{N'A} = \dot{U}_N' - \dot{U}_A = 1.34\angle 153.5°V \\ \dot{U}_{N'B} = \dot{U}_N' - \dot{U}_B = 1.49\angle 78.4°V \\ \dot{U}_{N'C} = \dot{U}_N' - \dot{U}_C = 0.4\angle -41.7°V \end{cases}$$

两个灯泡的电压不同，导致亮度不一样，以对称三相电源中连接电容 Z_A 为参考相，灯泡较亮的相位滞后参考相，灯泡较暗的相位超前参考相。

习题【18】解 等效电路如习题【18】解图所示。

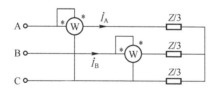

习题【18】解图

令 $\dot{U}_A = \dfrac{100}{\sqrt{3}}\angle 0°V$，$\dot{U}_B = \dfrac{100}{\sqrt{3}}\angle -120°V$，$\dot{U}_C = \dfrac{100}{\sqrt{3}}\angle 120°V$。

相电流为

$$\dot{I}_A = \frac{\dot{U}_A}{Z/3} = \frac{100\sqrt{3}}{|Z|}\angle -\varphi_Z A, \qquad \dot{I}_B = \frac{100\sqrt{3}}{|Z|}\angle -\varphi_Z - 120°A$$

功率表的读数为

$$P_{W_1} = U_{AC}I_A\cos\varphi_1 = \frac{10000\sqrt{3}}{|Z|}\cos(\varphi_Z - 30°) = 250\sqrt{3}(W)$$

$$P_{W_2} = U_{BC}I_B\cos\varphi_2 = \frac{10000\sqrt{3}}{|Z|}\cos(\varphi_Z + 30°) = 500\sqrt{3}\ (\text{W})$$

令 $\dfrac{10000\sqrt{3}}{|Z|} = B$，则

$$\begin{cases} \dfrac{\sqrt{3}}{2}B\cos\varphi_Z + \dfrac{1}{2}B\sin\varphi_Z = 250\sqrt{3} & ① \\ \dfrac{\sqrt{3}}{2}B\cos\varphi_Z - \dfrac{1}{2}B\sin\varphi_Z = 500\sqrt{3} & ② \end{cases} \Rightarrow \begin{cases} ①+② & B\cos\varphi_Z = 750 \\ ①-② & B\sin\varphi_Z = -250\sqrt{3} \end{cases}$$

解得

$$\varphi_Z = \arctan\left(\frac{-250\sqrt{3}}{750}\right) = -30°, \quad B = 500\sqrt{3} = \frac{10000\sqrt{3}}{|Z|} \Rightarrow |Z| = 20\Omega$$

解得阻抗 $Z = |Z| \angle \varphi_Z = 20 \angle -30°\Omega$。

习题【19】解 （1）当断开开关 S 时，有

$$\dot{U}_{AB} = 380 \angle 30°\text{V} \Rightarrow \dot{U}_A = 220 \angle 0°\text{V}$$

电流为

$$\dot{I}_A = \frac{\dot{U}_A}{10+30} = 5.5 \angle 0°(\text{A}), \quad \dot{I}_B = 5.5 \angle -120°\text{A}, \quad \dot{I}_C = 5.5 \angle 120°\text{A}$$

故有

$$\dot{I}_{B'C'} = \frac{5.5}{\sqrt{3}} \angle -90°\text{A}, \quad \dot{U}_{B'C'} = \dot{I}_{B'C'} \times 90 = 165\sqrt{3} \angle -90°(\text{V})$$

（2）当闭合开关 S 时，对阻抗 Z 两端进行戴维南等效，开路电压为

$$\dot{U}_{OC} = \dot{U}_{B'C'} = 165\sqrt{3} \angle -90°\text{V}$$

如习题【19】解图（1）所示。

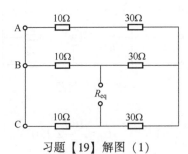

习题【19】解图（1）

满足电桥平衡条件

$$R_{eq} = (10+10) // (30+30) = 15(\Omega)$$

戴维南等效电路如习题【19】解图（2）所示。由图有

$$\dot{I} = \frac{165\sqrt{3} \angle -90°}{15+j15} = \frac{11\sqrt{6}}{2} \angle -135°(\text{A})$$

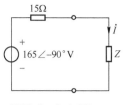

习题【19】解图（2）

习题【20】解 标出电量如习题【20】解图（1）所示。

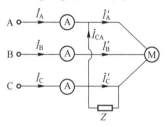

习题【20】解图（1）

设各电流相量的正方向如习题【20】解图（2）所示。

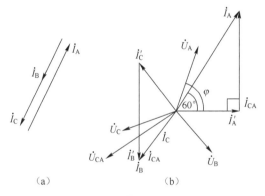

习题【20】解图（2）

因为 $I_A = 10\text{A}$，$I_B = 5\text{A}$，$I_C = 5\text{A}$，所以有习题【20】解图（2）（a）所示的相量关系。设 $\dot{I}'_A = 5\angle 0°\text{A}$，则 $\dot{I}'_B = 5\angle -120°\text{A}$，$\dot{I}'_C = 5\angle 120°\text{A}$。根据题意可画出如习题【20】解图（2）（b）所示的相量图，可得

$$\dot{I}_B = \dot{I}'_B = 5\angle -120°\text{A}, \quad \dot{I}_A = 10\angle(-120°-180°) = 10\angle 60°(\text{A})$$

$$\dot{I}_{CA} = \dot{I}'_A - \dot{I}_A = 5\angle 0° - 10\angle 60° = 8.66\angle -90°(\text{A})$$

$$\dot{I}_{CA} = \dot{I}_C - \dot{I}'_C = 5\angle -120° - 5\angle 120° = 8.66\angle -90°(\text{A})$$

对称三相感性负载的功率因数为

$$\cos\varphi = \frac{P}{\sqrt{3}\,U_B I_B} = 1000 / \sqrt{3} \times 380 \times 5 = 0.303, \quad \varphi = 72.3°$$

电压为

$$\begin{cases} \dot{U}_A = 220\angle 72.3°(\text{V}) \\ \dot{U}_B = 220\angle(72.3°-120°) = 220\angle -47.7°(\text{V}) \\ \dot{U}_C = 220\angle(-47.7°-120°) = 220\angle -167.7°(\text{V}) \\ \dot{U}_{CA} = 220\sqrt{3}\angle(-167.7°+30°) = 380\angle -137.7°(\text{V}) \end{cases}$$

阻抗为

$$Z = \dot{U}_{CA}/\dot{I}_{CA} = 29.5-j32.4(\Omega)$$

功率为

$$P_Z = I_{CA}^2 R_Z = 2.21\text{kW}, \quad Q_Z = I_{CA}^2(-X_Z) = -2.43\text{kVar}$$

习题【21】解 （1）由题意，令

$$\dot{U}_{AB} = 380\angle 30°\text{V}, \quad \dot{U}_A = 220\angle 0°\text{V}, \quad \dot{U}_{BC} = 380\angle -90°\text{V}$$

设电流 $\dot{I}_A = 2\sqrt{3}\angle -\varphi\text{A}$，其中 $\varphi \in \left[-\dfrac{\pi}{2}, \dfrac{\pi}{2}\right]$。

依题意有 $0°<\varphi<90°$（负载为感性），故

$$P_W = 380\times 2\sqrt{3}\times\cos(-90°+\varphi) = 658.2\text{W} \Rightarrow \varphi = 30°$$

功率因数为

$$\cos\varphi = \frac{\sqrt{3}}{2}$$

总功率为

$$P_\text{总} = \sqrt{3}\times 380\times 2\sqrt{3}\times\cos 30° = 1974.54(\text{W})$$

（2）标出电量如习题【21】解图（1）所示。

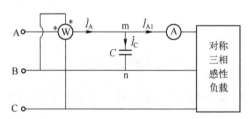

习题【21】解图（1）

依题意，$P_W = U_{BC}I_A\cos(-90°+\varphi_A)$，有 $\dot{I}_A$ 的角度为 $\varphi_A = 0°$。

$\dot{I}_{A1}$ 不变，$\dot{I}_{A1} = 2\sqrt{3}\angle -30°\text{A}$，$\dot{I}_C = \dfrac{\dot{U}_{AB}}{-jX_C} = \dfrac{\dot{U}_{AB}j}{X_C}$。

相量图如习题【21】解图（2）所示。

根据 KCL 方程有

$$\dot{I}_A = \dot{I}_{A1} + \dot{I}_C \Rightarrow I_C = 2\text{A}$$

解得

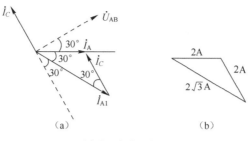

习题【21】解图（2）

$$X_C = \frac{U_{AB}}{I_C} = \frac{380}{2} = 190(\Omega)$$

习题【22】解　（1）设 $\dot{U}_{AB} = 220\angle 30°$ V。因为 R_V 很大，与 W 电压线圈阻值相等，看作Y形负载，有 $\dot{U}_{N'N''} = 0$，则

$$\dot{U}_{AN'} = \dot{U}_{AN''} = \frac{220}{\sqrt{3}} \angle 0°V$$

所以

$$\dot{I}_A = \frac{\dot{U}_{AN'}}{Z} = \frac{220/\sqrt{3} \angle 0°}{4+j3} = 25.4\angle -36.9°(A)$$

功率表 W 的读数为

$$P = U_{AN''}I_A\cos(\varphi_{\dot{U}_{AN''}} - \varphi_{\dot{i}_A}) = \frac{220}{\sqrt{3}}\times 25.4\times\cos 36.9° = 2580(W)$$

（2）当断开 P 点后，N′ 与 N″仍为等电位点，即 $\dot{U}_{N'N''} = 0$，功率表上的电压为 $\frac{1}{2}\dot{U}_{AC}$，是 R_V 与 W 电压线圈阻值的分压，$\dot{U}_{CA} = 220\angle 150°$V，所以 $\dot{U}_{AC} = 220\angle -30°$V，其中

$$\dot{U}_{AN''} = \frac{1}{2}\dot{U}_{AC} = 110\angle -30°V$$

电流为

$$\dot{I}_A = \frac{\dot{U}_{AN'}}{Z} = \frac{\dot{U}_{AN''}}{Z} = \frac{\dot{U}_{AC}}{2Z} = \frac{220\angle -30°}{2\times(4+j3)} = 22\angle -66.9°(A)(B相被断开)$$

功率表 W 的读数为

$$P = U_{AN''}I_A\cos(\varphi_{\dot{U}_{AN}} - \varphi_{\dot{i}_A}) = 110\times 22\times\cos 36.9° = 1935(W)$$

（3）当断开 Q 点后，虽 N′ 与 N″不再为等电位点，$\dot{U}_{N'N''}\neq 0$，但 N″仍与三相电源中性点 N 等电位，$\dot{U}_{NN''} = 0$，所以

$$\dot{U}_{AN''} = \frac{220}{\sqrt{3}}\angle 0°V(相当于 A 相的相电压)$$

电流为

$$\dot{I}_A = \frac{\dot{U}_{AC}}{2Z} = 22 \angle -66.9° \text{A}$$

功率表 W 的读数为

$$P = \dot{U}_{AN''}I_A\cos(\varphi_{\dot{U}_{AN''}} - \varphi_{\dot{i}_A}) = \frac{220}{\sqrt{3}} \times 22 \times \cos66.9° = 1096(\text{W})（\text{B 相仍被断开}）$$

A9　第 12 章习题答案

习题【1】解　正弦段波形表达式为

$$i = 4\sin\left[\frac{2\pi}{4\times10^{-3}}(t - 4\times10^{-3})\right] = 4\sin\frac{2\pi}{4\times10^{-3}}t(\text{A})$$

有效值为

$$I = \sqrt{\frac{1}{T}\int_0^T i^2 dt} = \sqrt{\frac{1}{8\times10^{-3}}\left[\int_0^{2\times10^{-3}}16dt + \int_{2\times10^{-3}}^{4\times10^{-3}}4dt + \int_{4\times10^{-3}}^{8\times10^{-3}}\left[4\sin\left(\frac{2\pi}{4\times10^{-3}}t\right)\right]^2dt\right]} = 3(\text{A})$$

习题【2】解　基波分量和三次谐波分量分别为 U_1 和 U_3，相应的电流分别为 I_1 和 I_3。
当只有基波分量时，$U = U_1 = 100\text{V}$ 和 $I = 10\text{A}$，电感阻抗 $X_L = 10\Omega$。
当含有三次谐波分量时，有

$$\begin{cases} U = \sqrt{U_1^2 + U_3^2} = 100\text{V} \\ I = \sqrt{I_1^2 + I_3^2} = 8\text{A} \\ I_1 = \frac{U_1}{X_L}, \quad I_3 = \frac{U_3}{3X_L} \end{cases}$$

解得

$$U_1 = 77.14\text{V}, \quad U_3 = 63.64\text{V}$$

习题【3】解　（1）由题意知，当 $\omega = 3000\text{rad/s}$ 时，L 与 C_1 发生并联谐振；当 $\omega = 1000\text{rad/s}$ 时，L 与 C_1 并联后，再与 C_2 发生串联谐振，有

$$3000L = \frac{1}{C_1 \times 3000} \Rightarrow C_1 = \frac{1}{3000^2 \times 1} = 1.11\times10^{-7}(\text{F})$$

$$-\text{j}1000 // \frac{1}{\text{j}1000C_1} + \frac{1}{\text{j}1000C_2} \Rightarrow C_2 = \frac{1}{1000 \times 1125} = 8.89\times10^{-7}(\text{F})$$

（2）当直流分量 $u_S = 10\text{V}$ 单独作用时，$P_1 = 0\text{W}$，$\dot{U}'_V = 0$。
当基波分量 $u_S = 200\cos1000t\text{V}$ 单独作用时，有

$$P_2 = \frac{\left(\frac{200}{\sqrt{2}}\right)^2}{1000} = 20(\text{W}), \quad \dot{U}''_V = \text{j}1125 \times \left(\frac{200}{1000\sqrt{2}}\right) = 159.1\angle90°(\text{V})$$

当三次谐波分量 $u_S = 15\cos3000t\text{V}$ 单独作用时，有

$$P_3 = 0\text{W}, \quad \dot{U}'''_V = \frac{15}{\sqrt{2}}\angle0°\text{V}$$

$$U_V = \sqrt{159.1^2 + \left(\frac{15}{\sqrt{2}}\right)^2} = 159.45(V), \qquad P = P_1 + P_2 + P_3 = 20W$$

综上，电压表 V 的读数为 159.45V，功率表 W 的读数为 20W。

习题【4】解　(1) 当基波分量 $u_S = 40\cos 1000t\text{V}$ 单独作用时，电路发生串联谐振，如习题【4】解图（1）所示，有

$$\dot{I}' = \frac{40\angle 0°}{5 \times 4 \times \sqrt{2}} \times 2 = 2\sqrt{2}\angle 0°(\text{A}), \qquad P_1 = \frac{\left(\frac{40}{2\sqrt{2}}\right)^2}{5} = 40(\text{W})$$

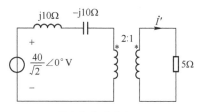

习题【4】解图（1）

(2) 当二次谐波分量 $u_S = 10\cos 2000t\text{V}$ 单独作用时，如习题【4】解图（2）所示，有

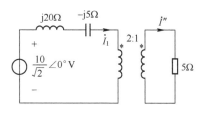

习题【4】解图（2）

$$\dot{I}_1 = \frac{\frac{10}{\sqrt{2}}\angle 0°}{20 + j15} = \frac{\sqrt{2}}{5}\angle -36.87°(\text{A})$$

由理想变压器的特性，有

$$\dot{I}'' = 2\dot{I}_1 = \frac{2\sqrt{2}}{5}\angle -36.87°\text{A}$$

功率为

$$P_2 = \left(\frac{2\sqrt{2}}{5}\right)^2 \times 5 = 1.6(\text{W})$$

综上，有

$$P = P_1 + P_2 = 41.6\text{W}, \qquad i = 4\cos 1000t + 0.8\cos(2000t - 36.87°)\text{A}$$

习题【5】解　如习题【5】解图所示。

(1) 当直流分量 $U_{S2} = 3\text{V}$ 单独作用时，如习题【5】解图（a）所示，将电感视为短路，电容视为开路，有

$$U_{C(0)}=0\text{V}, \quad U_{(0)}=-\frac{1}{1+2}\times3=-1(\text{V})$$

（2）当基波分量 $i_s=\sqrt{2}\cos(t+30°)\text{A}$ 单独作用时，如习题【5】解图（b）所示，L_1 与 C 串联后，与 L_2 发生并联谐振，对外等效为开路，有

$$\dot{U}_{(1)}=1\angle30°\times(1+2)=3\angle30°(\text{V}), \quad \dot{U}_{C(1)}=\frac{-\text{j}3}{\text{j}\frac{1}{3}-\text{j}3}\times2\angle30°=\frac{9}{4}\angle30°(\text{V})$$

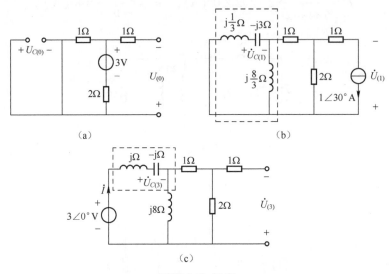

习题【5】解图

（3）当三次谐波分量 $U_{S1}=3\sqrt{2}\cos3t\text{V}$ 单独作用时，如习题【5】解图（c）所示，L_1 与 C 发生串联谐振，对外等效为短路，有

$$\dot{U}_{(3)}=-\frac{2}{1+2}\times3\angle0°=-2\angle0°(\text{V}), \quad \dot{I}=\frac{3\angle0°}{3//\text{j}8}=\frac{\sqrt{73}}{8}\angle-20.56°(\text{A})$$

则

$$\dot{U}_{C(3)}=-\text{j}\cdot\dot{I}=\frac{\sqrt{73}}{8}\angle-110.56°\text{V}$$

综上，有

$$\begin{cases}u_C=\frac{9}{4}\sqrt{2}\cos(t+30°)+\frac{\sqrt{146}}{8}\cos(3t-110.56°)\text{V}\\u=-1+3\sqrt{2}\cos(t+30°)-2\sqrt{2}\cos3t\text{V}\end{cases}$$

习题【6】解 如习题【6】解图所示。

（1）当直流分量 $u_S=30\text{V}$ 单独作用时，如习题【6】解图（a）所示，有

$$I_{10}=I_{30}=\frac{30}{30}=1(\text{A}), \quad I_{20}=0\text{A}, \quad U_0=30\text{V}, \quad P_0=U_0I_{10}=30\times1=30(\text{W})$$

（2）当基波分量 $u_S=120\sqrt{2}\sin1000t\text{V}$ 单独作用时，如习题【6】解图（b）（相量电路）

所示，40mH 与 25μF 发生并联谐振，A、B 相当于开路，有

$$\dot{I}_{11}=\dot{I}_{31}=0\text{A}，\quad \dot{U}_1=120\angle 0°\text{V}，\quad \dot{I}_{21}=\frac{120\angle 0°}{-\text{j}40}=\text{j}3(\text{A})，\quad P_1=0\text{W}$$

（3）当二次谐波分量 $u_S=60\sqrt{2}\sin(2000t+45°)\text{V}$ 单独作用时，如习题【6】解图（c）所示，10mH 与 25μF 发生并联谐振，C、D 相当于开路，有

$$\dot{I}_{12}=\dot{I}_{22}=0\text{A}，\quad \dot{U}_2=0\text{V}，\quad \dot{I}_{32}=\frac{60}{20}=3(\text{A})，\quad P_2=0\text{W}$$

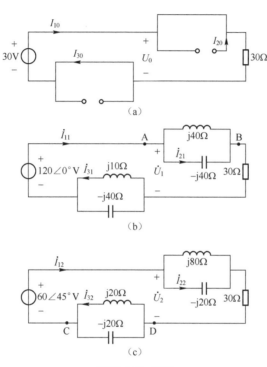

习题【6】解图

因此，各电表的读数如下。

A_1 读数：$\sqrt{I_{10}^2+I_{11}^2+I_{12}^2}=\sqrt{1^2+0^2+0^2}=1(\text{A})$。

A_2 读数：$\sqrt{I_{20}^2+I_{21}^2+I_{22}^2}=\sqrt{0^2+3^2+0^2}=3(\text{A})$。

A_3 读数：$\sqrt{I_{30}^2+I_{31}^2+I_{32}^2}=\sqrt{1^2+0^2+3^2}=3.16(\text{A})$。

V 读数：$\sqrt{U_0^2+U_1^2+U_2^2}=\sqrt{30^2+120^2+0^2}=123.7(\text{V})$。

W 读数：$P=P_0+P_1+P_2=30+0+0=30(\text{W})$。

习题【7】解 理想变压器 $u_1/u_2=1/2$，由习题【7】图可知 $u_1=u_2$，故 $u_1=u_2=0$。去耦等效电路如习题【7】解图所示。

（1）当 $\omega=1\text{rad/s}$ 时，$\dot{U}_{S1}=18\angle 0°\text{V}$，$\dot{I}_S=6\angle 0°\text{A}$。

a、b 支路发生串联谐振，相当于短路，有

$$\dot{I}=\frac{\dot{U}_{S1}}{-\text{j}3}+6=6+6\text{j}\Rightarrow i'=12\cos(t+45°)\text{A}$$

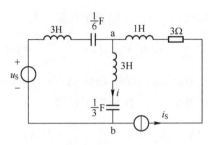

习题【7】解图

当 $\omega = 2\text{rad/s}$ 时，即 $\dot{U}_{S2} = 9\angle 30°\text{V}$，有

$$\dot{I}'' = \frac{\dot{U}_{S2}}{\text{j}7.5} = 1.2\angle -60°\text{A} \Rightarrow i'' = 1.2\sqrt{2}\cos(2t-60°)\text{A}$$

综合有

$$i = i' + i'' = 12\cos(t+45°) + 1.2\sqrt{2}\cos(2t-60°)\text{A}, \quad I = \sqrt{(6\sqrt{2})^2 + 1.2^2} = 8.57(\text{A})$$

（2）电源发出的有功功率全部消耗在电阻上，有

$$P = 6^2 \times 3 = 108(\text{W})$$

习题【8】解 （1）当直流分量 $u_S = 15\text{V}$ 单独作用时，$i' = 0\text{A}$。

当基波分量 $u_S = 20\sqrt{2}\cos\left(\dfrac{1}{3}t + 30°\right)\text{V}$ 单独作用时，有

$$\dot{U}'' = 20\angle 30°\text{V}, \quad \dot{I}'' \approx 1\angle 30°\text{A}$$

（2）当三次谐波分量 $u_S = 10\sqrt{2}\cos t\text{V}$、$i_S = 9\sqrt{2}\cos t\text{A}$ 一起作用时，有

$$\dot{I}''' = 5\angle 0°\text{A} \Rightarrow i''' = 5\sqrt{2}\cos t\text{A}$$

综合有

$$i = i' + i'' + i''' = \sqrt{2}\cos\left(\frac{1}{3}t + 30°\right) + 5\sqrt{2}\cos t\text{A}$$

有效值

$$I = \sqrt{1^2 + 5^2} = 5.1(\text{A})$$

（3）电阻 R_1 吸收的平均功率为

$$P = 1^2 \cdot R_1 + 4^2 \cdot R_1 = 170(\text{W})$$

习题【9】解 （1）C_1 中只有基波电流。当 $\omega_3 = 3000\text{rad/s}$ 的三次谐波分量单独作用时，L 与 C_2 发生并联谐振，有

$$\omega_3 = \frac{1}{\sqrt{LC_2}} \Rightarrow C_2 = \frac{1}{\omega_3^2 L} = \frac{1}{(3000)^2 \times 0.1} = \frac{1}{9} \times 10^{-5}(\text{F})$$

C_3 中只有三次谐波电流，当 $\omega = 1000\text{rad/s}$ 的基波分量单独作用时，C_1 与 $(L//C_2)$ 发生串联谐振，有

$$\text{j}\omega L // \left(\frac{1}{\text{j}\omega C_2}\right) = \text{j}\frac{225}{2} \Rightarrow C_1 = \frac{8}{9} \times 10^{-5}\text{F}$$

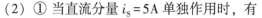

（2）① 当直流分量 $i_S = 5A$ 单独作用时，有

$$i_1' = 5A, \quad i_2' = i_3' = 0A$$

② 当基波分量 $i_S = 20\sin1000t\,A$ 单独作用时（串联谐振相当于短路），有

$$i_2'' = i_S = 20\sin1000t\,A, \quad i_1'' = i_3'' = 0A$$

③ 当三次谐波分量 $i_S = 10\sin3000t\,A$ 单独作用时，有

$$\dot{I}_S = \frac{10}{\sqrt{2}}\angle 0°A, \quad \dot{I}_2''' = 0A$$

$$\begin{cases} \dot{I}_1''' + \dot{I}_3''' = \dfrac{10}{\sqrt{2}}\angle 0°A \\ 100\dot{I}_1''' = \dot{I}_3'''\left(200 + j\dfrac{1}{j\omega_3 C_3}\right) \end{cases} \Rightarrow \begin{cases} \dot{I}_1''' = 6.13\angle -11°A \\ \dot{I}_3''' = 1.58\angle 48°A \end{cases}$$

综上，有

$$i_1 = 5 + 6.13\sqrt{2}\sin(3000t - 11°)A, \quad i_2 = 20\sin1000t\,A, \quad i_3 = 1.58\sqrt{2}\sin(3000t + 48°)A$$

习题【10】解 由题意有 $P = 5^2 \times 0.4 + 5^2 \times R = 17.5(W)$，解得 $R = 0.3\Omega$。

当直流电流源 $I_0 = 7A$ 单独作用时，有

$$A_1 : 3A, \quad A_3 : 4A, \quad A_2 : 0A \text{（电容开路）}$$

当正弦交流电压源 u_S 单独作用时，有

$$I_1 = \sqrt{5^2 - 3^2} = 4A, \quad I_3 = \sqrt{5^2 - 4^2} = 3A, \quad I_2 = 5A$$

设 $\dot{U}_C = U_C\angle 0°V$，电路及电压、电流相量图如习题【10】解图所示。

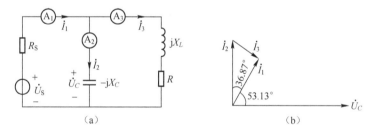

习题【10】解图

根据相量图，有

$$X_L = R \cdot \tan36.87° = 0.225\Omega$$

$$5X_C = 3\sqrt{X_L^2 + R^2} \Rightarrow X_C = 0.225\Omega$$

$$\dot{I}_1 = 4\angle 53.13°A$$

$$\dot{U}_C = -j0.225 \times 5j = 1.125\angle 0°(V), \quad \dot{U}_S = 0.4 \times \dot{I}_1 + \dot{U}_C = 2.447\angle 31.5°(V)$$

综上有

$$R = 0.3\Omega, \quad X_L = 0.225\Omega, \quad X_C = 0.225\Omega, \quad U_S = 2.447V$$

习题【11】解 （1）当基波分量单独作用时，$u' = 100\cos314t\,V$，$i' = 10\cos314t\,A$，L 与 C 发生串联谐振，有

$$R = \frac{100}{10} = 10(\Omega), \quad \frac{1}{\omega C} = \omega L$$

当三次谐波分量单独作用时，有
$$u'' = 50\cos(924t - 30°)\text{V}, \quad i'' = 1.755\cos(924t + \theta_3)\text{A}$$
$$R + j\left(3\omega L - \frac{1}{3\omega C}\right) = \frac{50\angle -30°}{1.755\angle\theta_3} = 28.5\angle(-30° - \theta_3)$$

实部和虚部分别相等，结合基次谐波得到的关系式，联立方程，有
$$\begin{cases} 10 = 28.5\cos(-30° - \theta_3) \\ 3\omega L - \dfrac{1}{3\omega C} = 28.5\sin(-30° - \theta_3) \\ \dfrac{1}{\omega C} = \omega L \end{cases} \Rightarrow \begin{cases} \theta_3 = -99.46° \\ L = 31.87\text{mH} \\ C = 318.22\mu\text{F} \end{cases}$$

（2）电流为
$$I = \sqrt{\left(\frac{10}{\sqrt{2}}\right)^2 + \left(\frac{1.755}{\sqrt{2}}\right)^2} = 7.18(\text{A})$$

消耗的功率为
$$P_{总} = I^2 \cdot R = 515.52\text{W}$$

习题【12】解　（1）i_s 的有效值 $I_s = \sqrt{15^2 + 12^2 + 16^2} = 25(\text{A})$。

（2）对基波分量，调节 R_2，使 $i_3' = 0$，即电桥平衡，满足
$$\frac{1}{R_1 R_2} = j\omega C_2\left(j\omega C_1 + \frac{1}{j\omega L_1}\right)$$

代入数值，可得
$$R_2 = 2\Omega$$

（3）当三次谐波分量单独作用时，取 $\dot{I}_{S(3)} = 16\angle 0°\text{A}$，等效电路如习题【12】解图（1）所示。

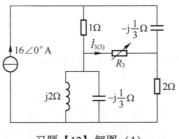

习题【12】解图（1）

断开 R_3，求开路电压 $\dot{U}_{OC}$，其中 L_1、C_1 并联的等效阻抗 $Z = j2//\left(-j\frac{1}{3}\right) = -j\frac{2}{5}\Omega$，如习题【12】解图（2）所示。

习题【12】解图（2）

开路电压为

$$\dot{U}_{\text{OC}} = \frac{2-j\frac{1}{3}}{2-j\frac{1}{3}+1-j\frac{2}{5}}\times 16\angle 0°\times\left(-j\frac{2}{5}\right) - \frac{1-j\frac{2}{5}}{2-j\frac{1}{3}+1-j\frac{2}{5}}\times 16\angle 0°\times 2 = 11.05\angle -166.26°(\text{V})$$

R_3 以外的等效阻抗为

$$Z_{\text{eq}} = \left(1-j\frac{1}{3}\right)\,/\!/\,\left(2-j\frac{2}{5}\right) = 0.7\angle -16°(\Omega)$$

R_3 为纯电阻，等效阻抗含有虚部，无法共轭匹配，因而为共模匹配的情况。
$R_3 = |Z_{\text{eq}}| = 0.7\Omega$ 时，最大功率为

$$P_{\max} = \left(\frac{U_{\text{OC}}}{|Z_{\text{eq}}+R_3|}\right)^2\times R_3 = 44.46\text{W}$$

A10 第13章习题答案

习题【1】解 $t<0$ 时，$i_L(0_-)=2\text{A}$，$u_C(0_-)=6\text{V}$，$t\geqslant 0_+$ 时，运算电路如习题【1】解图所示，有

$$(3+s)I_L(s)-2 = \frac{2}{s}\left(\frac{2}{s}-I_L(s)\right)+5+\frac{6}{s} \Rightarrow I_L(s) = \frac{7s^2+6s+4}{s(s+1)(s+2)}$$

则

$$U_C(s) = \left[\frac{2}{s}-I_L(s)\right]\frac{2}{s}+\frac{6}{s} = \frac{6}{s}-\frac{10}{s+1}+\frac{10}{s+2}, \quad U_L(s) = sI_L(s)-2 = 5+\frac{5}{s+1}-\frac{20}{s+2}$$

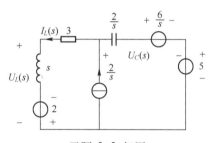

习题【1】解图

由拉普拉斯反变换得

$$u_C = (6-10e^{-t}+10e^{-2t})\varepsilon(t)\text{V}, \quad u_L = 5\delta(t)+(5e^{-t}-20e^{-2t})\varepsilon(t)\text{V}$$

习题【2】解 运算电路如习题【2】解图所示。
列节点电压方程为

$$\left(1+\frac{1}{1+\frac{1}{s}}+\frac{1}{3+s}\right)U(s) = \frac{10}{s}+5 \Rightarrow U(s) = \frac{5(s+1)(s+2)(s+3)}{2s(s^2+4s+2)}$$

则

$$\begin{cases} I_L(s) = \dfrac{U(s)}{s+3} = \dfrac{5(s+1)(s+2)}{2s(s^2+4s+2)} = \dfrac{5}{2}\left(\dfrac{1}{s} + \dfrac{-0.35}{s+0.59} + \dfrac{0.35}{s+3.41}\right) \\[4mm] U_C(s) = \dfrac{\frac{1}{s}}{1+\frac{1}{s}}U(s) = \dfrac{5(s+2)(s+3)}{2s(s^2+4s+2)} = \dfrac{5}{2}\left(\dfrac{3}{s} + \dfrac{-2.04}{s+0.59} + \dfrac{0.06}{s+3.41}\right) \end{cases}$$

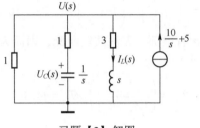

习题【2】解图

故

$$\begin{cases} i_L = L^{-1}[I_L(s)] = (2.5 - 0.875e^{-0.59t} + 0.875e^{-3.41t})\varepsilon(t)\ \text{A} \\ u_C = L^{-1}[U_C(s)] = (7.5 - 5.1e^{-0.59t} + 0.15e^{-3.41t})\varepsilon(t)\ \text{V} \end{cases}$$

习题【3】解 当 $t<0$ 时，等效电路如习题【3】解图（1）所示。
电路初始值有

$$i_L(0_-) = \dfrac{4}{2+2} = 1(\text{A}), \quad u_C(0_-) = 2i_L(0_-) = 2(\text{V})$$

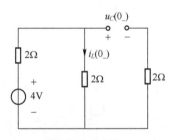

习题【3】解图（1）

当 $t>0$ 时，运算电路（阶跃函数相当于一个开关）如习题【3】解图（2）所示。

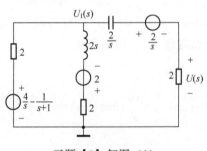

习题【3】解图（2）

由节点电压方程有

$$\left(\frac{1}{2}+\frac{1}{2+2s}+\frac{1}{2+\dfrac{2}{s}}\right)U_1(s)=\frac{\dfrac{4}{s}-\dfrac{1}{s+1}}{2}-\frac{2}{2s+2}+\frac{\dfrac{2}{s}}{2+\dfrac{2}{s}}$$

解得

$$U_1(s)=\frac{2}{s}-\frac{0.5}{s+1}$$

电压为

$$U(s)=\frac{U_1(s)-\dfrac{2}{s}}{\dfrac{2}{s}+2}\times 2=\frac{0.5}{(s+1)^2}+\frac{-0.5}{s+1}$$

由拉普拉斯反变换，有

$$u=(0.5te^{-t}-0.5e^{-t})\varepsilon(t)\,\mathrm{V}$$

习题【4】解 运算电路如习题【4】解图所示。

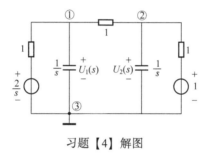

习题【4】解图

以③为参考节点，列写节点电压方程为

$$\begin{cases}\left(\dfrac{1}{1}+\dfrac{1}{1}+\dfrac{1}{\dfrac{1}{s}}\right)U_1(s)-\dfrac{1}{1}U_2(s)=\dfrac{2}{s}\\[4mm] -\dfrac{1}{1}U_1(s)+\left(\dfrac{1}{1}+\dfrac{1}{1}+\dfrac{1}{\dfrac{1}{s}}\right)U_2(s)=1\end{cases}\Rightarrow\begin{cases}U_1(s)=\dfrac{3s+4}{s(s+1)(s+3)}\\[4mm] U_2(s)=\dfrac{s^2+2s+2}{s(s+1)(s+3)}\end{cases}$$

解得

$$U_1(s)=\frac{3s+4}{s(s+1)(s+3)}=\frac{A}{s}+\frac{B}{s+1}+\frac{C}{s+3}$$

得到

$$U_1(s)=\frac{4}{3}\times\frac{1}{s}-\frac{1}{2}\times\frac{1}{s+1}-\frac{5}{6}\times\frac{1}{s+3}$$

由拉普拉斯反变换，可得

$$u_1 = \left(\frac{4}{3} - \frac{1}{2}e^{-t} - \frac{5}{6}e^{-3t} \right) \varepsilon(t)\, \text{V}$$

同理

$$U_2(s) = \frac{s^2 + 2s + 2}{s(s+1)(s+3)} = \frac{k_1}{s} + \frac{k_2}{s+1} + \frac{k_3}{s+3}$$

解得

$$U_2(s) = \frac{2}{3} \times \frac{1}{s} - \frac{1}{2} \times \frac{1}{s+1} + \frac{5}{6} \times \frac{1}{s+3}$$

经过拉普拉斯反变换可得

$$u_2 = \left(\frac{2}{3} - \frac{1}{2}e^{-t} + \frac{5}{6}e^{-3t} \right) \varepsilon(t)\, \text{V}$$

习题【5】解 结合习题【5】图可知，当 $t<0$ 时，有

$$i_L(0_-) = \frac{U_S}{R} = \frac{10}{1} = 10(\text{A})$$

$$u_{C_1}(0_-) = \frac{C_2}{C_1 + C_2}U_S = 5\text{V}, \quad u_{C_2}(0_-) = \frac{C_1}{C_1 + C_2}U_S = 5\text{V}$$

当 $t>0$ 时，运算电路如习题【5】解图（1）所示。

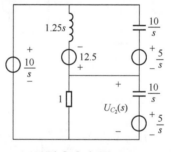

习题【5】解图（1）

化简后如习题【5】解图（2）所示。

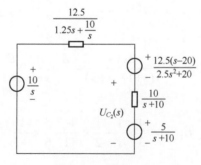

习题【5】解图（2）

由习题【5】解图（2），有

$$U_{C_2}(s) = \frac{\dfrac{10}{s} - \dfrac{12.5(s-20)}{2.5s^2+20} - \dfrac{5}{s+10}}{1.25s + \dfrac{\dfrac{12.5}{s}\cdot\dfrac{10}{s+10}}{}} \times \frac{10}{s+10} + \frac{5}{s+10} = -\frac{20}{3} \times \frac{1}{s+4} + \frac{5}{3} \times \frac{1}{s+1} + \frac{10}{s}$$

由拉普拉斯反变换，有

$$u_{C_2} = L^{-1}[U_{C_2}(s)] = \left(-\frac{20}{3}e^{-4t} + \frac{5}{3}e^{-t} + 10\right)\varepsilon(t)\ \text{V}$$

习题【6】解 开关未动作前，电路达到稳态，根据分压公式有

$$\dot{U}_C = \frac{\dfrac{1}{\text{j}\omega C_2}}{R + \dfrac{1}{\text{j}\omega C_2}} \cdot \dot{U}_S = \frac{-\text{j}500}{500-\text{j}500} \cdot 100\angle 0° = 50\sqrt{2}\angle -45°\ (\text{V}).$$

则

$$u_C = 50\sqrt{2}\sin(\omega t - 45°)\ \text{V}, \quad u_C(0_-) = 50\sqrt{2}\sin(-45°) = -50\text{V}$$

换路后的运算电路如习题【6】解图所示，有

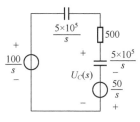

习题【6】解图

$$U_C(s) = \frac{\dfrac{5\times10^5}{s}}{\dfrac{5\times10^5}{s} + \dfrac{5\times10^5}{s} + 500}\left(\frac{100}{s} + \frac{50}{s}\right) - \frac{50}{s} = \frac{-50s+50000}{s(s+2000)} = \frac{A}{s} + \frac{B}{s+2000}$$

则

$$U_C(s) = \frac{25}{s} - \frac{75}{s+2000}$$

由拉氏反变换，有

$$u_C = L^{-1}[U_C(s)] = (25-75e^{-2000t})\varepsilon(t)\ \text{V}$$

习题【7】解 运算电路如习题【7】解图（1）所示。

4Ω 电阻以外的戴维南等效电路如习题【7】解图（2）所示。

由习题【7】解图（2）（a）求开路电压为

$$U_{OC}(s) = \left(\frac{6s}{9s} - \frac{4s}{10s}\right) \times \frac{4}{s^2+4} = \frac{16}{15(s^2+4)}$$

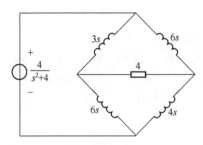

习题【7】解图（1）

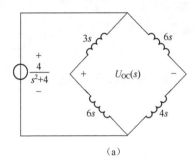 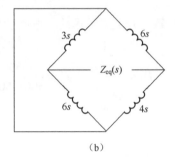

（a）   （b）

习题【7】解图（2）

由习题【7】解图（2）（b）求等效阻抗为

$$Z_{eq}(s) = 3s//6s + 4s//6s = 4.4s$$

故

$$I_R(s) = \frac{U_{OC}(s)}{Z_{eq}(s)+R} = \frac{-\frac{11}{219}s}{s^2+4} + \frac{2\times\frac{5}{219}}{s^2+4} + \frac{\frac{11}{219}}{s+\frac{10}{11}}$$

由拉普拉斯反变换，有

$$i_R = \left(-\frac{11}{219}\cos 2t + \frac{5}{219}\sin 2t + \frac{11}{219}e^{-\frac{10}{11}t}\right)\varepsilon(t)\ \mathrm{A}$$

习题【8】解 运算电路如习题【8】解图所示。

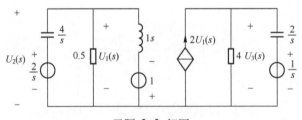

习题【8】解图

由节点电压方程有

$$\left(\frac{s}{4}+2+\frac{1}{s}\right)U_1(s) = \frac{1}{2} - \frac{1}{s}$$

$$U_3(s) = \frac{2+8U_1(s)}{2s+1} = \frac{2}{2s+1} + \frac{8(2s-4)}{(s^2+8s+4)(2s+1)} = -\frac{79}{s+\frac{1}{2}} - \frac{1.569}{s+7.464} + \frac{81.56}{s+0.536}$$

由拉普拉斯反变换，有

$$u_3 = \left(-79\mathrm{e}^{-\frac{1}{2}t} - 1.569\mathrm{e}^{-7.464t} + 81.56\mathrm{e}^{-0.536t}\right)\varepsilon(t)\,\mathrm{V}$$

习题【9】解 当 $t<0$ 时，稳态电路如习题【9】解图（1）所示。

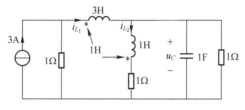

习题【9】解图（1）

由习题【9】解图（1）可得

$$i_{L_1}(0_-) = 2\mathrm{A}, \quad i_{L_2}(0_-) = 1\mathrm{A}, \quad i_C(0_-) = 1\mathrm{A}, \quad u_C(0_-) = 1\mathrm{V}$$

当 $t \geq 0$ 时，运算电路如习题【9】解图（2）所示。

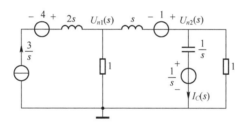

习题【9】解图（2）

由节点电压方程有

$$\begin{cases} \left(1+\dfrac{1}{s}\right)U_{n1}(s) - \dfrac{1}{s}U_{n2}(s) = \dfrac{3}{s} + \dfrac{-1}{s} \\ -\dfrac{1}{s}U_{n1}(s) + \left(1+s+\dfrac{1}{s}\right)U_{n2}(s) = 1 + \dfrac{1}{s} \end{cases}$$

解得

$$U_{n2}(s) = \frac{s^2+2s+3}{s(s^2+2s+2)}, \quad I_C(s) = \left(U_{n2}(s) - \frac{1}{s}\right) \cdot s = \frac{1}{(s+1)^2+1}$$

由拉普拉斯反变换，有

$$i_C = \mathrm{e}^{-t}\sin t\,\varepsilon(t)\,\mathrm{A}$$

习题【10】解 运算电路如习题【10】解图所示，得网孔方程为

$$\begin{cases} -5I_2(s) + (sL_1+5)I_1(s) = U_S(s) - M[sI_2(s) - i_2(0_-)] + L_1 i_1(0_-) - 0.5U_2(s) \\ -5I_1(s) + (5+sL_2+10)I_2(s) = 0.5U_2(s) + L_2 i_2(0_-) - M[sI_1(s) - i_1(0_-)] \end{cases}$$

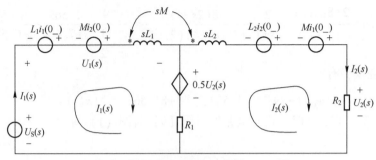

习题【10】解图

补充方程为

$$U_2(s) = 10I_2(s)$$

联立上述方程，代入数据并整理，得

$$\begin{cases} (s+5)I_1(s) + 0.5sI_2(s) = \dfrac{2}{s} + 0.25 \\ (-5+0.5s)I_1(s) + (s+10)I_2(s) = 0.2 \end{cases}$$

解得

$$\begin{cases} I_1(s) = \dfrac{3s^2+90s+400}{15s\left(s+\dfrac{10}{3}\right)(s+20)} = \dfrac{0.15s^2+4.5s+20}{0.75s\left(s+\dfrac{10}{3}\right)(s+20)} \\ I_2(s) = \dfrac{1.5s^2+25s+200}{15s\left(s+\dfrac{10}{3}\right)(s+20)} = \dfrac{0.075s^2+1.25s+10}{0.75s\left(s+\dfrac{10}{3}\right)(s+20)} \end{cases}$$

所以

$$U_1(s) = M[sI_2(s) - i_2(0_-)] - L_1 i_1(0_-) + sL_1 I_1(s) = \dfrac{0.8}{s+\dfrac{10}{3}} + \dfrac{0.2}{s+20}$$

$$U_2(s) = 10I_2(s) = \dfrac{2}{s} - \dfrac{1.6}{s+\dfrac{10}{3}} + \dfrac{0.6}{s+20}$$

由拉普拉斯反变换，可得

$$u_1 = \left(0.8e^{-\frac{10}{3}t} + 0.2e^{-20t}\right)\varepsilon(t)\,\mathrm{V}, \quad u_2 = \left(2 - 1.6e^{-\frac{10}{3}t} + 0.6e^{-20t}\right)\varepsilon(t)\,\mathrm{V}$$

习题【11】解 如习题【11】解图所示。

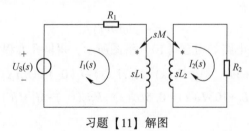

习题【11】解图

由图可知，$U_S(s) = \dfrac{1}{s}$，按网孔分析法，有

$$\begin{cases} R_1 I_1(s) + sL_1 I_1(s) - sMI_2(s) = U_S(s) \\ -sMI_1(s) + sL_2 I_2(s) + R_2 I_2(s) = 0 \end{cases}$$

代入数值，整理得

$$\begin{cases} (s+1) I_1(s) - 2s I_2(s) = \dfrac{1}{s} \\ -2s I_1(s) + (4s+1) I_2(s) = 0 \end{cases}$$

解得

$$I_1(s) = \frac{4s+1}{s(5s+1)} = \frac{1}{s} - \frac{1}{5} \times \frac{1}{s + \dfrac{1}{5}}, \quad I_2(s) = \frac{2}{5s+1}$$

零状态响应 i_1、i_2 分别为

$$i_1 = L^{-1}[I_1(s)] = \left(1 - \frac{1}{5} e^{-\frac{1}{5}t}\right) \varepsilon(t) \, \mathrm{A}, \quad i_2 = L^{-1}[I_2(s)] = \frac{2}{5} e^{-\frac{1}{5}t} \varepsilon(t) \, \mathrm{A}$$

习题【12】解 由题意，设网络函数为

$$H(s) = \frac{k(s-2)}{s+2}$$

因 $H(0) = \dfrac{-2k}{2} = -k = -1$，解得

$$k = 1$$

网络函数为

$$H(s) = \frac{s-2}{s+2} = 1 - \frac{4}{s+2}$$

单位冲激响应为

$$h(t) = L^{-1}[H(s)] = \delta(t) - 4e^{-2t}\varepsilon(t)$$

习题【13】解 当 $u_S = 12\varepsilon(t) \, \mathrm{V}$ 时，零状态响应为

$$u_o' = [6 - 3e^{-10t} - (-e^{-10t})]\varepsilon(t) = (6 - 2e^{-10t})\varepsilon(t) \, \mathrm{V}$$

故当 $U_S(s) = \dfrac{12}{s}$ 时，有

$$U_o'(s) = \frac{6}{s} - \frac{2}{s+10}$$

网络函数为

$$H(s) = \frac{U_o'(s)}{U_S(s)} = \frac{s+15}{3(s+10)}$$

当 $u_S = 6e^{-5t}\varepsilon(t) \, \mathrm{V}$，即 $U_S(s) = \dfrac{6}{s+5}$ 时，零状态响应为

$$U_o''(s) = H(s) \cdot U_S(s) = \frac{s+15}{3(s+10)} \cdot \frac{6}{s+5} = \frac{4}{s+5} - \frac{2}{s+10}$$

由拉氏反变换，得

$$u_o'' = (4e^{-5t} - 2e^{-10t})\varepsilon(t)\,\text{V}$$

全响应为

$$u_o = u_o' + u_o'' = \left[(-e^{10t}) + (4e^{-5t} - 2e^{-10t})\right]\varepsilon(t) = (4e^{-5t} - 3e^{-10t})\varepsilon(t)\,\text{V}$$

习题【14】解　运算电路如习题【14】解图所示。设网孔电流分别为 $I_1(s)$ 和 $I_2(s)$，列网孔电流方程为

$$(R_1 + R_2)I_1(s) - R_2 I_2(s) = U_S(s)$$

$$-R_2 I_1(s) + (R_2 + s)I_2(s) = -\mu U_L(s)$$

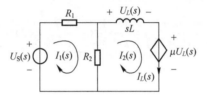

习题【14】解图

有

$$U_L(s) = sI_2(s)$$

联立解得

$$I_2(s) = I_L(s) = \frac{1}{6} \times \frac{U_S(s)}{s+1}$$

又因为

$$u_S = t[\varepsilon(t) - \varepsilon(t-1)] = t\varepsilon(t) - (t-1)\varepsilon(t-1) - \varepsilon(t-1)$$

所以

$$U_S(s) = \frac{1}{s^2} - \frac{e^{-s}}{s^2} - \frac{e^{-s}}{s}$$

$$I_L(s) = \frac{1}{6}\left[\frac{1}{s^2(s+1)} - \frac{e^{-s}}{s^2(s+1)} - \frac{e^{-s}}{s(s+1)}\right] = \frac{1}{6}\left(\frac{1}{s+1} + \frac{1-e^{-s}}{s^2} + \frac{-1}{s}\right)$$

由拉氏反变换，有

$$i_L = \frac{1}{6}\left[e^{-t}\varepsilon(t) + (t-1)\varepsilon(t) - (t-1)\varepsilon(t-1)\right]\text{A}$$

习题【15】解　如习题【15】解图所示。

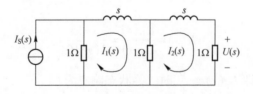

习题【15】解图

（1）由网孔分析法，有

$$\begin{cases} (s+1+1)I_1(s)-1\cdot I_2(s)=1\cdot I_S(s) \\ -1\cdot I_1(s)+(s+1+1)I_2(s)=0 \end{cases}$$

解得

$$I_2(s)=\frac{I_S(s)}{(s+1)(s+3)}, \quad U(s)=1\cdot I_2(s)=\frac{I_S(s)}{(s+1)(s+3)}$$

网络函数为

$$H(s)=\frac{U(s)}{I_S(s)}=\frac{1}{(s+1)(s+3)}$$

（2）根据 $H(s)$ 与 $h(t)$ 之间的关系，易得

$$h(t)=u=L^{-1}[H(s)]=L^{-1}\left[\frac{1}{2}\cdot\frac{1}{s+1}-\frac{1}{2}\cdot\frac{1}{s+3}\right]=\left(\frac{1}{2}e^{-t}-\frac{1}{2}e^{-3t}\right)\varepsilon(t)$$

（3）根据 $H(s)$ 与 $H(j\omega)$ 之间的关系，有

$$H(j\omega)=H(s)\,\big|_{s=j\omega}=\frac{1}{(s+1)(s+3)}\bigg|_{s=j\omega}=\frac{1}{(j\omega+1)(j\omega+3)}$$

当 $i_S=2\sqrt{5}\sin(t+30°)$A 时，$\omega=1$rad/s，$\dot{I}_{Sm}=2\sqrt{5}\angle30°$A，由正弦稳态时网络函数的定义可知，输出相量为

$$\dot{U}_m=H(j\omega)\,\big|_{\omega=1}\cdot\dot{I}_{Sm}=\frac{1}{(j+1)(j+3)}\cdot2\sqrt{5}\angle30°=1\angle-33.43°(\text{A})$$

正弦稳态响应为

$$u=\sin(t-33.43°)\text{V}$$

习题【16】解　（1）Y 参数方程为

$$I_1(s)=\left(10+\frac{4}{s}\right)U_1(s)-\frac{4}{s}U_2(s), \quad I_2(s)=-\frac{4}{s}U_1(s)+\left(5+\frac{4}{s}\right)U_2(s)$$

又因

$$U_2(s)=U_0(s)=-\frac{1}{s}I_2(s) \quad U_1(s)=U_S(s)$$

联立上述方程，解得

$$H(s)=\frac{U_0(s)}{U_S(s)}=\frac{4}{s^2+5s+4}$$

（2）令 $U_S(s)=\frac{1}{s}$，则

$$U_0(s)=\frac{4}{s(s+1)(s+4)}=\frac{1}{s}-\frac{4}{3}\frac{1}{s+1}+\frac{1}{3}\frac{1}{s+4}$$

由拉氏反变换，有

$$u_0=\left(1-\frac{4}{3}e^{-t}+\frac{1}{3}e^{-4t}\right)\varepsilon(t)\text{V}$$

习题【17】解　（1）当 $u_1=\delta(t)$V 时，$u_2'=(A_1e^{-4.5t}+A_2e^{-8t})\varepsilon(t)$V。

当 $u_1=\varepsilon(t)$V 时，$u_2''=\int(A_1e^{-4.5t}+A_2e^{-8t})\mathrm{d}t=\left[\left(-\frac{A_1}{4.5}e^{-4.5t}-\frac{A_2}{8}e^{-8t}\right)\varepsilon(t)+C\right]$V。

由题意，当 $u_1 = \varepsilon(t)\mathrm{V}$ 时，u_2 的稳态电压为 0，则 $C = 0$。

通过冲激作用求网络函数为

$$H(s) = \frac{L[u_2']}{L[\delta(t)]} = \frac{A_1}{s+4.5} + \frac{A_2}{s+8}$$

通过阶跃作用求网络函数为

$$H(s) = \frac{L[u_2'']}{L[\varepsilon(t)]} = s \cdot \left(-\frac{A_1}{4.5} \frac{1}{s+4.5} - \frac{A_2}{8} \frac{1}{s+8} \right)$$

由题意可以得到

$$\frac{A_1}{s+4.5} + \frac{A_2}{s+8} = \left(-\frac{A_1}{4.5} \frac{1}{s+4.5} - \frac{A_2}{8} \frac{1}{s+8} \right) \cdot s$$

由题意 $u_2(0_+) = 0.9\mathrm{V}$，有

$$A_1 + A_2 = 0.9$$

联立解得

$$A_1 = -\frac{81}{70}, \quad A_2 = \frac{72}{35}$$

（2）网络函数为

$$H(s) = \frac{0.9s}{(s+4.5)(s+8)}$$

正弦稳态时，有

$$H(\mathrm{j}\omega) = H(s)\big|_{s=\mathrm{j}6} = \frac{0.9s}{(s+4.5)(s+8)}\bigg|_{s=\mathrm{j}6} = \frac{9}{125}$$

解得

$$u_{2\mathrm{p}} = \frac{9}{125} \cdot 10\sin(6t+30°) = 0.72\sin(6t+30°)\,(\mathrm{V})$$

习题【18】解 电路中含理想运算放大器，对节点 a、b 分别列出节点电压方程为

$$\begin{cases} \left(\dfrac{1}{R_1} + \dfrac{1}{R_2} + sC_3 + sC_4 \right) U_\mathrm{a}(s) - sC_3 U_\mathrm{b}(s) - sC_4 U_2(s) = \dfrac{1}{R_1} U_1(s) \\ -sC_3 U_\mathrm{a}(s) + \left(sC_3 + \dfrac{1}{R_5} \right) U_\mathrm{b}(s) - \dfrac{1}{R_5} U_2(s) = 0 \end{cases}$$

根据理想运算放大器的性质，有

$$U_\mathrm{b}(s) = 0 \quad (\text{虚地})$$

代入节点 a 的电压方程（为了方便表示，用电导形式），解得

$$U_2(s) = \frac{-G_1 C_2 U_1(s)}{s^2 C_3 C_4 + s(C_3 + C_4)G_5 + (G_1 + G_2)G_5}$$

代入给定参数，有

$$U_2(s) = \frac{-40}{s^2 + 6s + 8} = (-20) \times \left(\frac{1}{s+2} - \frac{1}{s+4} \right)$$

由拉普拉斯反变换，有

$$u_2 = L^{-1} [U_2(s)] = (20e^{-4t} - 20e^{-2t}) \varepsilon(t) \, V$$

习题【19】解 设网络 N_0 的输入运算阻抗为 $Z(s)$，在 $R=1\Omega$ 和 $R=R_1$ 时分别为

$$Z(s) \Big|_{R=1} = \frac{\frac{1}{s} - I_0(s) \times 1}{I_0(s)} = \frac{1}{sI_0(s)} - 1, \quad Z(s) \Big|_{R=R_1} = \frac{\frac{1}{s} - I_1(s) \times R_1}{I_1(s)} = \frac{1}{sI_1(s)} - R_1$$

由于电阻 R 发生变化不会影响网络 N_0 的输入运算阻抗，故有

$$\frac{1}{sI_0(s)} - 1 = \frac{1}{sI_1(s)} - R_1$$

整理得

$$I_1(s) = \frac{I_0(s)}{1 - sI_0(s)(1 - R_1)}$$

将 $I_0(s) = L[i_0] = \frac{1}{s+1} - \frac{2}{s+3} + \frac{1}{s+4} = \frac{s+7}{(s+1)(s+3)(s+4)}$ 代入，得

$$I_1(s) = \frac{\dfrac{s+7}{(s+1)(s+3)(s+4)}}{\left[1 - s(1-R_1)\dfrac{s+7}{(s+1)(s+3)(s+4)} \right]} = \frac{s+7}{s^3 + (7+R_1)s^2 + (12+7R_1)s + 12}$$

由于 $s=-2$ 是 $I_1(s)$ 的极点，故有

$$[s^3 + (7+R_1)s^2 + (12+7R_1)s + 12] \Big|_{s=-2} = 0$$

求得 $R_1 = 0.8\Omega$，将 R_1 代入 $I_1(s)$ 的表达式，可得

$$I_1(s) = \frac{s+7}{s^3 + 7.8s^2 + 17.6s + 12} = -\frac{3.14}{s+2} + \frac{2.80}{s+1.35} + \frac{0.34}{s+4.45}$$

由拉普拉斯反变换，有

$$i_1 = (-3.14e^{-2t} + 2.80e^{-1.35} + 0.34e^{-4.45}) \varepsilon(t) \, A$$

A11 第 14 章习题答案

习题【1】解 列出节点电压方程为

$$\begin{cases} \left(\dfrac{1}{4} + \dfrac{1}{4} \right) \dot{U}_1 - \dfrac{1}{4} \dot{U}_2 = \dot{I}_1 \\ -\dfrac{1}{4} \dot{U}_1 + \left(\dfrac{1}{4} + \dfrac{1}{4} \right) \dot{U}_2 = \dot{I}_2 + 0.2\dot{U}_1 \end{cases} \Rightarrow \begin{cases} \dot{U}_1 = \dfrac{40}{11}\dot{I}_1 + \dfrac{20}{11}\dot{I}_2 \\ \dot{U}_2 = \dfrac{36}{11}\dot{I}_1 + \dfrac{40}{11}\dot{I}_2 \end{cases}$$

Z 参数矩阵为

$$Z = \begin{bmatrix} \dfrac{40}{11} & \dfrac{20}{11} \\ \dfrac{36}{11} & \dfrac{40}{11} \end{bmatrix} \Omega$$

习题【2】解 将二端口网络两侧分别看作电流源单独作用，由叠加定理：

（1）当 2、2′开路时，有

$$\dot{U}_1' = \dot{I}_1\left[R+\frac{1}{j\omega C_1}+j\omega(L_1+L_2-2M)\right]$$

$$\dot{U}_2' = -4U'+\dot{I}_1\left[\frac{1}{j\omega C_1}+j\omega(L_2-M)\right], \qquad \dot{U}' = \dot{I}_1 j\omega(L_1-M)$$

（2）当 1、1′开路时，有

$$\dot{U}_1'' = -j\omega M\dot{I}_2+\dot{I}_2\left(\frac{1}{j\omega C_1}+j\omega L_2\right)$$

$$\dot{U}_2'' = -4\dot{U}''+\dot{I}_2\left(\frac{1}{j\omega C_2}+\frac{1}{j\omega C_1}+j\omega L_2\right)$$

$$\dot{U}'' = -j\omega M\dot{I}_2$$

综上，有

$$\dot{U}_1 = \dot{U}_1'+\dot{U}_1'' = \dot{I}_1\left[R+\frac{1}{j\omega C_1}+j\omega(L_1+L_2-2M)\right]+\dot{I}_2\left[\frac{1}{j\omega C_1}+j\omega(L_2-M)\right]$$

$$\dot{U}_2 = \dot{U}_2'+\dot{U}_2'' = \dot{I}_1\left[\frac{1}{j\omega C_1}+j\omega(L_2-4L_1+3M)\right]+\dot{I}_2\left[\frac{1}{j\omega C_2}+\frac{1}{j\omega C_1}+j\omega(L_2+4M)\right]$$

则

$$Z = \begin{bmatrix} R+\dfrac{1}{j\omega C_1}+j\omega(L_1+L_2-2M) & \dfrac{1}{j\omega C_1}+j\omega(L_2-M) \\ \dfrac{1}{j\omega C_1}+j\omega(L_2-4L_1+3M) & \dfrac{1}{j\omega C_2}+\dfrac{1}{j\omega C_1}+j\omega(L_2+4M) \end{bmatrix}$$

注：本题若通过解耦求解，则很容易出错，电压为自感电压和互感电压之和。

习题【3】解 标出电量如习题【3】解图所示。

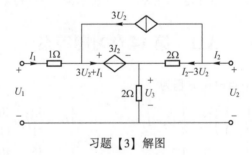

习题【3】解图

由习题【3】解图有

$$\begin{cases} U_1 = I_1+3I_2+2\times(I_1+I_2) \\ U_2 = 2\times(I_2-3U_2)+2\times(I_1+I_2) \end{cases} \Rightarrow \begin{cases} I_1 = 2U_1-\dfrac{35}{2}U_2 \\ I_2 = -U_1+\dfrac{21}{2}U_2 \end{cases}$$

解得

$$Y = \begin{bmatrix} 2 & -17.5 \\ -1 & 10.5 \end{bmatrix} S$$

习题【4】解 设 $\begin{bmatrix} \dot{I}_1 \\ \dot{I}_2 \end{bmatrix} = \begin{bmatrix} Y_{11} Y_{12} \\ Y_{21} Y_{22} \end{bmatrix} \begin{bmatrix} \dot{U}_1 \\ \dot{U}_2 \end{bmatrix}$，令 $\dot{U}_2 = 0$，则

$$\dot{U}_1 = [(1/\!/-j) + (1/\!/j)]\dot{I}_1 = \dot{I}_1, \quad \dot{I}_2 = (1/\!/j)\dot{U}_1 - \frac{(1/\!/-j)\dot{U}_1}{-j} = 0$$

令 $\dot{U}_1 = 0$，则 $\dot{U}_2 = [(1/\!/-j) + (1/\!/j)]\dot{I}_2 = \dot{I}_2, \quad \dot{I}_1 = (1/\!/j)\dot{U}_2 - \frac{(1/\!/-j)\dot{U}_2}{-j} = 0$，解得

$$Y = \begin{bmatrix} 1 & 0 \\ 0 & 1 \end{bmatrix} S$$

习题【5】解 如习题【5】解图所示。

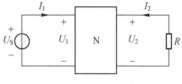

习题【5】解图

由题得

$$\begin{cases} U_1 = h_{11}I_1 + h_{12}U_2 \\ I_2 = h_{21}I_1 + h_{22}U_2 \end{cases}$$

当在 a、b 端口外加 U_S 电压源时，$U_1 = U_S$，$U_2 = -RI_2$，代入可得

$$U_2 = -\frac{Rh_{21}}{1 + Rh_{22}}I_1$$

解得

$$R_{ab} = \frac{U_S}{I_1} = \frac{U_1}{I_1} = \frac{h_{11}I_1 - \frac{Rh_{21}h_{12}}{1 + Rh_{22}}I_1}{I_1} = h_{11} - \frac{Rh_{21}h_{12}}{1 + Rh_{22}}$$

习题【6】解 各电流如习题【6】解图所示。

习题【6】解图

由习题【6】解图有

$$\frac{\dot{U}_3}{\dot{U}_2} = 2, \quad \frac{\dot{I}_3}{\dot{I}_2} = -\frac{1}{2}$$

列写 KVL、KCL 方程，有

$$\begin{cases} \dot{U}_1 = 4\dot{I}_1 + 2\dot{I}_3 + \dot{U}_3 \\ \dot{I}_1 = \dot{I}_3 + \dot{I}_4 = \dot{I}_3 + \dfrac{2\dot{I}_3 + \dot{U}_3}{2} \end{cases}$$

化简得

$$\begin{cases} \dot{U}_1 = 6\dot{I}_1 + \dot{I}_2 \\ \dot{U}_2 = \dot{I}_1 + \dot{I}_2 \end{cases} \Rightarrow \begin{cases} \dot{U}_1 = 6\dot{U}_2 - 5\dot{I}_2 \\ \dot{I}_1 = \dot{U}_2 - \dot{I}_2 \end{cases}$$

有

$$T = \begin{bmatrix} 6 & 5 \\ 1 & 1 \end{bmatrix}, \qquad Z = \begin{bmatrix} 6 & 1 \\ 1 & 1 \end{bmatrix} \Omega$$

习题【7】解 由理想变压器的电压、电流关系可得

$$\dot{U}_2 = 4\dot{U}_1/2 = 2\dot{U}_1 \qquad \qquad ①$$

$$\dot{I}_5 = 2\dot{I}_4 = 2 \times (\dot{I}_3/4) = 0.5\dot{I}_3$$

列写 KCL 方程，有

$$\dot{I}_1 = \dot{I}_3 - \dot{I}_7, \quad \dot{I}_2 = \dot{I}_7 - \dot{I}_5, \quad \dot{I}_6 = \dot{I}_7$$

消去中间变量 $\dot{I}_3$、$\dot{I}_4$、$\dot{I}_5$，可得

$$\dot{I}_7 = \dot{I}_1 + 2\dot{I}_2 \qquad \qquad ②$$

$$\dot{I}_6 = \dot{I}_1 + 2\dot{I}_2 \qquad \qquad ③$$

列写 KVL 方程，有

$$\dot{U}_1 = -Z_1\dot{I}_7 + \dot{U}_2 - Z_2\dot{I}_6 \qquad \qquad ④$$

将①②③代入④，可得

$$\dot{U}_1 = (Z_1 + Z_2)\dot{I}_1 + 2(Z_1 + Z_2)\dot{I}_2, \quad \dot{U}_2 = 2(Z_1 + Z_2)\dot{I}_1 + 4(Z_1 + Z_2)\dot{I}_2$$

Z 参数矩阵为

$$Z = \begin{bmatrix} (Z_1 + Z_2) & 2(Z_1 + Z_2) \\ 2(Z_1 + Z_2) & 4(Z_1 + Z_2) \end{bmatrix}$$

习题【8】解 去耦等效电路如习题【8】解图所示。

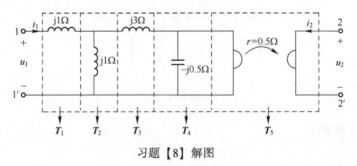

习题【8】解图

该复合二端口网络由五个二端口网络级联而成，有

$$T = T_1 T_2 T_3 T_4 T_5$$

$$T_1 = \begin{pmatrix} 1 & \mathrm{j}1 \\ 0 & 1 \end{pmatrix}, \quad T_2 = \begin{pmatrix} 1 & 0 \\ \dfrac{1}{\mathrm{j}1} & 1 \end{pmatrix}, \quad T_3 = \begin{pmatrix} 1 & \mathrm{j}3 \\ 0 & 1 \end{pmatrix}, \quad T_4 = \begin{pmatrix} 1 & 0 \\ \mathrm{j}2 & 1 \end{pmatrix}$$

根据回转器方程，有

$$\begin{cases} u_1 = -r i_2 = -0.5 i_2 \\ u_2 = r i_1 = 0.5 i_1 \end{cases} \Rightarrow \begin{cases} u_1 = 0.5(-i_2) \\ i_1 = 2 u_2 \end{cases}$$

解得

$$T_5 = \begin{pmatrix} 0 & 0.5 \\ 2 & 0 \end{pmatrix}$$

综合有

$$T = T_1 T_2 T_3 T_4 T_5 = \begin{pmatrix} \mathrm{j}14 & -6 \\ 8 & \mathrm{j}3.5 \end{pmatrix}$$

习题【9】解 习题【9】图是两个二端口网络串联，$Z = Z_1 + Z_2$，先求出 N_1 的 Y 参数，即

$$\begin{cases} I_1 = U_1 + U_1 - U_2 \\ I_2 = U_2 + U_2 - U_1 \end{cases} \Rightarrow \begin{cases} I_1 = 2U_1 - U_2 \\ I_2 = -U_1 + 2U_2 \end{cases} \Rightarrow Y_1 = \begin{bmatrix} 2 & -1 \\ -1 & 2 \end{bmatrix} \mathrm{S}$$

得到

$$Z_1 = Y_1^{-1} = \begin{bmatrix} \dfrac{2}{3} & \dfrac{1}{3} \\ \dfrac{1}{3} & \dfrac{2}{3} \end{bmatrix} \Omega, \quad Z_2 = \begin{bmatrix} 1 & 1 \\ 1 & 1 \end{bmatrix} \Omega$$

综合有

$$Z = Z_1 + Z_2 = \begin{bmatrix} \dfrac{5}{3} & \dfrac{4}{3} \\ \dfrac{4}{3} & \dfrac{5}{3} \end{bmatrix} \Omega$$

习题【10】解 习题【10】图是两个二端口网络并联，$Y = Y_1 + Y_\mathrm{N}$，先求出未知网络的 Y 参数，即

$$\begin{cases} I_1 = \dfrac{1}{6} U_1 + \dfrac{1}{6}(U_1 - U_2) \\ I_2 = \dfrac{1}{6} U_2 + \dfrac{1}{6}(U_2 - U_1) \end{cases} \Rightarrow \begin{cases} I_1 = \dfrac{1}{3} U_1 - \dfrac{1}{6} U_2 \\ I_2 = -\dfrac{1}{6} U_1 + \dfrac{1}{3} U_2 \end{cases} \Rightarrow Y_1 = \begin{bmatrix} \dfrac{1}{3} & -\dfrac{1}{6} \\ -\dfrac{1}{6} & \dfrac{1}{3} \end{bmatrix} \mathrm{S}, \quad Y_\mathrm{N} = \begin{bmatrix} 1 & -0.5 \\ -0.5 & 1 \end{bmatrix} \mathrm{S}$$

得到

$$Y = Y_1 + Y_\mathrm{N} = \begin{bmatrix} \dfrac{4}{3} & -\dfrac{2}{3} \\ -\dfrac{2}{3} & \dfrac{4}{3} \end{bmatrix} \mathrm{S}$$

代入参数，利用 $U_S = 12\text{V}$，解得

$$I = 8\text{A}$$

习题【11】解 （1）设 $T = \begin{bmatrix} A & B \\ C & A \end{bmatrix}$，且有

$$A^2 - BC = 1$$

得到方程

$$\begin{cases} u_1 = Au_2 + Bi_2 \\ i_1 = Cu_2 + Ai_2 \end{cases} \Rightarrow \begin{cases} 48 = B \cdot 1.6 \\ 3.2 = A \cdot 1.6 \end{cases} \Rightarrow \begin{cases} A = 2 \\ B = 30 \end{cases}$$

解得

$$C = \frac{A^2 - 1}{B} = \frac{1}{10}$$

传输参数矩阵 T 为

$$T = \begin{bmatrix} 2 & 30 \\ \dfrac{1}{10} & 2 \end{bmatrix}$$

（2）当电源 $u_S(t)$ 单独作用时，由齐次性定理，有

$$I_1^{(0)} = 1.6\text{A}, \quad I_2^{(0)} = 0.8\text{A}$$

当基波单独作用时，等效电路如习题【11】解图所示。

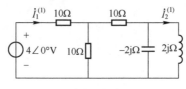

习题【11】解图

发生并联谐振时，有

$$\dot{I}_1^{(1)} = \frac{4\angle 0°}{10 + 10} = \frac{1}{5}\angle 0°(\text{A}), \quad \dot{I}_2^{(1)} = \frac{10\dot{I}_1^{(1)}}{2\text{j}} = 1\angle -90°(\text{A})$$

故

$$i_1 = 1.6 + \frac{\sqrt{2}}{5}\sin t\,\text{A}, \quad i_2 = 0.8 + \sqrt{2}\sin(t - 90°)\,\text{A}$$

有效值为

$$I_1 = \sqrt{(I_1^{(0)})^2 + (I_1^{(1)})^2} = 1.61\text{A}, \quad I_2 = \sqrt{(I_2^{(0)})^2 + (I_2^{(1)})^2} = 1.28\text{A}$$

习题【12】解 （1）根据 T 参数方程

$$\begin{cases} \dot{U}_1 = 2\dot{U}_2 + 4(-\dot{I}_2) \\ \dot{I}_1 = 0.5\dot{U}_2 + 1.5(-\dot{I}_2) \end{cases} \Rightarrow \begin{cases} \dot{U}_1 = 4\dot{I}_1 + 2\dot{I}_2 \\ \dot{U}_2 = 2\dot{I}_1 + 3\dot{I}_2 \end{cases} \Rightarrow Z = \begin{pmatrix} 4 & 2 \\ 2 & 3 \end{pmatrix}\Omega$$

网络 N 的 T 形等效电路如习题【12】解图（1）所示。

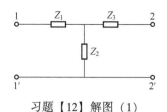

习题【12】解图（1）

$$Z_1 = Z_{11} - Z_{12} = 2\Omega, \quad Z_2 = Z_{12} = 2\Omega, \quad Z_3 = Z_{22} - Z_{12} = 1\Omega$$

（2）如习题【12】解图（2）所示。

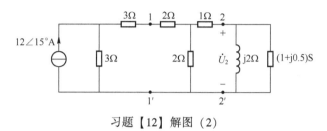

习题【12】解图（2）

求 2-2′端口左侧戴维南等效电路参数为

$$R_{eq} = (8//2) + 1 = 2.6(\Omega)$$

如习题【12】解图（3）所示。

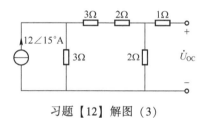

习题【12】解图（3）

$$\dot{U}_{OC} = 12\angle 15° \times \frac{3}{7+3} \times 2 = 7.2\angle 15°(V)$$

戴维南等效电路如习题【12】解图（4）所示。

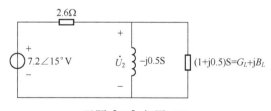

习题【12】解图（4）

由电压

$$\dot{U}_2 = \frac{7.2\angle 15°}{2.6+1} \times 1 = 2\angle 15°(V)$$

得 $P_L = U_2^2 G_L = 2^2 \times 1 = 4(W)$, $Q_L = -U_2^2 B_L = -2^2 \times 0.5 = -2(Var)$（容性负载发出功率）。

习题【13】解　如习题【13】解图所示。

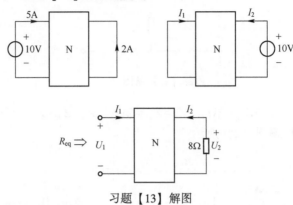

习题【13】解图

（1）由于网络 N 为线性无源对称电阻二端口网络，在 2-2′端加 10V 电压、1-1′端短路时，$I_1 = 2$A，$I_2 = 5$A。

（2）当 2-2′端短路时，有

$$U_2 = 0\text{V}, \quad Y_{11} = \left.\frac{I_1}{U_1}\right|_{U_2=0} = \frac{5}{10} = \frac{1}{2}(\text{S}), \quad Y_{21} = \frac{I_2}{U_1} = \frac{2}{10} = \frac{1}{5}(\text{S})$$

当 1-1′端短路时，有

$$U_1 = 0\text{V}, \quad Y_{12} = \left.\frac{I_1}{U_2}\right|_{U_1=0} = \frac{2}{10} = \frac{1}{5}(\text{S}), \quad Y_{22} = \left.\frac{I_2}{U_2}\right|_{U_1=0} = \frac{5}{10} = \frac{1}{2}(\text{S})$$

网络 N 的 Y 参数矩阵为

$$Y = \begin{bmatrix} \dfrac{1}{2} & \dfrac{1}{5} \\ \dfrac{1}{5} & \dfrac{1}{2} \end{bmatrix} \text{S}$$

则有

$$\begin{cases} I_1 = \dfrac{1}{2}U_1 + \dfrac{1}{5}U_2 \\ I_2 = \dfrac{1}{5}U_1 + \dfrac{1}{2}U_2 \end{cases}, \quad I_2 = \frac{1}{5}U_1 - 4I_2 \Rightarrow I_2 = \frac{1}{25}U_1, \quad U_2 = -\frac{8}{25}U_1$$

即

$$I_1 = \frac{1}{2}U_1 + \frac{1}{5} \times \left(-\frac{8}{25}\right)U_1 = \left(\frac{1}{2} - \frac{8}{125}\right)U_1 = \frac{125-16}{250} = \frac{109}{250}U_1$$

解得

$$R_{\text{eq}} = \frac{U_1}{I_1} = \frac{U_1}{\frac{109}{250}U_1} = \frac{250}{109}(\Omega)$$

习题【14】解　（1）将电路分成三部分，即网络 N、R 及回转器部分，有

$$T_2 = \begin{bmatrix} 1 & 0 \\ 0.5 & 1 \end{bmatrix}, \quad T_3 = \begin{bmatrix} 0 & 2 \\ 0.5 & 0 \end{bmatrix}$$

故

$$T = T_1 \cdot T_2 \cdot T_3 = \begin{bmatrix} 1.5 & 5 \\ 2.5 & 8 \end{bmatrix}$$

（2）由（1）及 $U_S = 15\text{V}$ 得

$$\begin{cases} U_1 = 1.5U_2 - 5I_2 \\ I_1 = 2.5U_2 - 8I_2 \Rightarrow U_2 = \dfrac{10}{3}I_2 + 10 \\ U_1 = U_S = 15\text{V} \end{cases}$$

左侧戴维南等效为 $U_{OC} = 10\text{V}$，$R_{eq} = \dfrac{10}{3}\Omega$。

当 $R_L = R_{eq} = \dfrac{10}{3}\Omega$ 时，$P_{\max} = \dfrac{U_{OC}^2}{4R_{eq}} = 7.5\text{W}$。

（3）当 $R_L = \dfrac{10}{3}\Omega$ 时，有

$$\begin{cases} 15 = 1.5U_2 - 5I_2 \\ U_2 = -\dfrac{10}{3}I_2 \Rightarrow I_1 = 24.5\text{A} \\ I_1 = 2.5U_2 - 8I_2 \end{cases}$$

则

$$P_S = 15 \times 24.5 = 367.5(\text{W})$$

习题【15】解 将网络 N 进行 T 形等效，等效电路如习题【15】解图（1）所示。

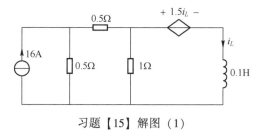

习题【15】解图（1）

初始值 $i_L(0_+) = i_L(0_-) = 0\text{A}$。

将开关 S 投向 b 后，对电感左侧电路进行戴维南等效，如习题【15】解图（2）所示。
戴维南参数为

$$U_{OC} = 4\text{V}, \quad R_{eq} = 2\Omega$$

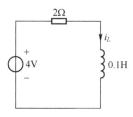

习题【15】解图（2）

由习题【15】解图（2）可求得 $i_L(\infty)=2\text{A}$，$\tau=\dfrac{L}{R}=\dfrac{0.1}{2}=0.05(\text{s})$。

根据三要素法，$i_L=i_L(\infty)+\left[i_L(0_+)-i_L(\infty)\right]\text{e}^{-\frac{t}{\tau}}=2-2\text{e}^{-20t}\text{A}(t>0)$。

习题【16】解 在习题【16】图（a）中，由 $\boldsymbol{T}$ 可知 $U_1=2U_2-30I_2$，$I_1=0.1U_2-2I_2$，令 $I_2=0$，得

$$\frac{U_1}{I_1}=\frac{2U_2}{0.1U_2}=20\Omega$$

在习题【16】图（b）中，由 $\boldsymbol{T}$ 可知 $U_1=2U_2-30I_2$，$I_1=0.1U_2-2I_2$，此时有

$$R_{\text{in}}=\frac{U_1}{I_1}=\frac{-2R-30}{-0.1R-2}=\frac{2R+30}{0.1R+2}$$

且 $U_2=-RI_2$，在习题【16】图（c）中，$R_{\text{in}}=R//20=\dfrac{20R}{R+20}$，有

$$\frac{2R+30}{0.1R+2}=6\times\frac{20R}{R+20}$$

解得 $R=3\Omega$。

习题【17】解 如习题【17】解图所示。

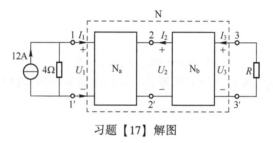

习题【17】解图

（1）设 N_b 的 $\boldsymbol{T}$ 参数矩阵 $\boldsymbol{T}_b=\begin{bmatrix}a & b\\ c & d\end{bmatrix}$，根据级联性质，虚线框中 N_a 与 N_b 组成的网络 N 的 $\boldsymbol{T}$ 参数矩阵为

$$\boldsymbol{T}=\boldsymbol{T}_a\cdot\boldsymbol{T}_b=\begin{bmatrix}\dfrac{4}{3} & 2\\[2mm] \dfrac{1}{6} & 1\end{bmatrix}\begin{bmatrix}a & b\\ c & d\end{bmatrix}=\begin{bmatrix}\dfrac{4}{3}a+2c & \dfrac{4}{3}b+2d\\[2mm] \dfrac{1}{6}a+c & \dfrac{1}{6}b+d\end{bmatrix}$$

即

$$\begin{bmatrix}U_1\\[2mm] I_1\end{bmatrix}=\begin{bmatrix}\dfrac{4}{3}a+2c & \dfrac{4}{3}b+2d\\[2mm] \dfrac{1}{6}a+c & \dfrac{1}{6}b+d\end{bmatrix}\begin{bmatrix}U_3\\[2mm] -I_3\end{bmatrix}$$

已知 3-3′端短路时，$U_3=0$，$I_1=5.5\text{A}$，$I_3=-2\text{A}$。
其中，$U_1=(12-I_1)\times4=48-5.5\times4=26(\text{V})$。
代入可得

$$\begin{cases} 2\left(\dfrac{4}{3}b+2d\right)=26 \\ 2\left(\dfrac{1}{6}b+d\right)=5.5 \end{cases} \Rightarrow \begin{cases} b=7.5 \\ d=1.5 \end{cases}$$

又 N_b 为结构对称的无源线性二端口网络，有

$$\begin{cases} a=d=1.5 \\ ad-bc=1 \end{cases} \Rightarrow \begin{cases} a=1.5 \\ c=\dfrac{1}{6} \end{cases}$$

得到

$$\boldsymbol{T}_b = \begin{bmatrix} 1.5 & 7.5 \\ \dfrac{1}{6} & 1.5 \end{bmatrix}$$

（2） $\boldsymbol{T}=\boldsymbol{T}_a \cdot \boldsymbol{T}_b = \begin{bmatrix} \dfrac{7}{3} & 13 \\ \dfrac{5}{12} & \dfrac{11}{4} \end{bmatrix}$，$U_1=(12-I_1)\times 4=48-4I_1$，因此有

$$\begin{cases} U_1=\dfrac{7}{3}U_3-13I_3 \\ I_1=\dfrac{5}{12}U_3-\dfrac{11}{4}I_3 \end{cases}$$

解得

$$U_1=48-4I_1=\dfrac{7}{3}U_3-13I_3 \Rightarrow U_3=12+6I_3$$

在 R 左侧的戴维南等效电路中，$U_{OC}=12\text{V}$，$R_{eq}=6\Omega$。

根据最大功率传输定理，当 $R_{eq}=6\Omega$ 时，获得最大功率，即

$$P_{max}=\dfrac{U_{OC}^2}{4R_{eq}}=\dfrac{12^2}{4\times 6}=6(\text{W})$$

习题【18】解　如习题【18】解图所示。

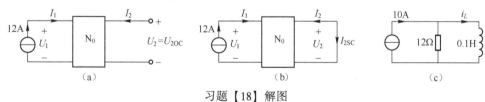

习题【18】解图

（1）设 N_0 的 $\boldsymbol{T}$ 参数矩阵为 $\boldsymbol{T}=\begin{pmatrix} A & B \\ C & D \end{pmatrix}$，输入电阻为

$$R_{in}=\dfrac{U_1}{I_1}=\dfrac{AU_2+BI_2}{CU_2+DI_2}=\dfrac{AR_L+B}{CR_L+D}$$

由于 N_0 为线性二端口无源纯电阻网络，因此有 $AD-BC=1$，代入可得

$$R_{in} = \frac{A}{C} - \frac{\dfrac{1}{C^2}}{\dfrac{D}{C} + R_L}$$

与 $R_{in} = \left(10 - \dfrac{100}{12 + R_L}\right)\Omega$ 比较可得

$$\frac{A}{C} = 10, \quad \frac{1}{C^2} = 100, \quad \frac{D}{C} = 12$$

解得 $A = 1$，$C = 0.1$，$D = 1.2$ 或 $A = -1$，$C = -0.1$，$D = -1.2$。取前者，因为是纯电阻网络，所以参数为正，有

$$B = \frac{AD - 1}{C} = \frac{1.2 - 1}{0.1} = 2$$

N_0 的传输参数矩阵为

$$T = \begin{pmatrix} 1 & 2 \\ 0.1 & 1.2 \end{pmatrix}$$

（2） $I_1 = 0.1U_2 + 1.2I_2 = 12A$，对习题【18】解图（a），输出端口的开路电压 U_{2OC} 为 $12 = 0.1U_{2OC}$，即 $U_{2OC} = 120V$；短路电流 I_{2SC} 为 $12 = 1.2I_{2SC}$，即 $I_{2SC} = 10A$。

$$R_0 = \frac{U_{2OC}}{I_{2SC}} = \frac{120}{10} = 12(\Omega)$$

输出端口的等效电路如习题【18】解图（c）所示，由此可得

$$i_L = 10(1 - e^{-120t})A$$

注：也可以通过对网络进行 T 等效求解，请自己尝试一下。

习题【19】解 （1）对网络 P 进行 T 形等效，去耦等效电路如习题【19】解图（1）（a）所示。A、B 左侧的戴维南等效电路如习题【19】解图（1）（b）所示。

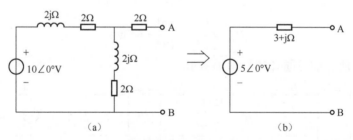

习题【19】解图（1）

（2）如习题【19】解图（2）所示。

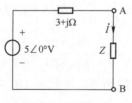

习题【19】解图（2）

由图可知，当 $Z=-\mathrm{j}\Omega$ 时，电流最大，即

$$I_{\max} = \frac{5}{3}\mathrm{A}$$

（3）诺顿等效电路如习题【19】解图（3）所示，要想 Z 上的电压最大，就要阻抗最大。

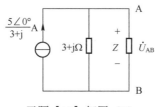

习题【19】解图（3）

导纳 $Y = \dfrac{1}{Z} + \dfrac{1}{3+\mathrm{j}}$，当 $\dfrac{1}{Z} = -\mathrm{Im}\left[\dfrac{1}{3+\mathrm{j}}\right]$ 时，Y 的模长最小，即阻抗 Z 的模长最大，即 $Z = -10\mathrm{j}\Omega$ 时，最大电压为

$$U_{\mathrm{AB\,max}} = \frac{\dfrac{\sqrt{10}}{2}}{\mathrm{Re}\left[\dfrac{1}{3+\mathrm{j}}\right]} = \frac{5\sqrt{10}}{3}\mathrm{V}$$

习题【20】解　如习题【20】解图所示。

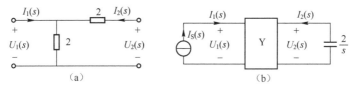

习题【20】解图

（1）根据电路结构，可将其作为两个二端口网络的并联，如习题【20】解图（a）所示，二端口网络 $Y''(s)$ 参数为

$$Y''_{11} = \left.\frac{I_1(s)}{U_1(s)}\right|_{U_2(s)=0} = 1, \quad Y''_{21} = \left.\frac{I_2(s)}{U_1(s)}\right|_{U_2(s)=0} = -\frac{1}{2} = Y''_{12}, \quad Y''_{22} = \left.\frac{I_2(s)}{U_2(s)}\right|_{U_1(s)=0} = \frac{1}{2}$$

即

$$Y''(s) = \begin{bmatrix} 1 & -0.5 \\ -0.5 & 0.5 \end{bmatrix}$$

所以

$$Y(s) = Y'(s) + Y''(s) = \begin{bmatrix} 1.5+0.5s & 0 \\ -1.5 & 1.5+0.5s \end{bmatrix}$$

由 $Y(s)$ 参数方程求 $H(s) = \dfrac{U_2(s)}{I_{\mathrm{S}}(s)}$，即

$$I_1(s) = Y_{11}(s)U_1(s) + Y_{12}(s)U_2(s), \quad I_2(s) = Y_{21}(s)U_1(s) + Y_{22}(s)U_2(s)$$

因

$$I_1(s) = I_S(s), \quad Y_{12}(s) = 0$$

有

$$I_S(s) = (1.5 + 0.5s)U_1(s) \tag{①}$$
$$I_2(s) = -1.5U_1(s) + (1.5 + 0.5s)U_2(s)$$

如习题【20】解图（b）所示，有

$$I_2(s) = -\frac{U_2(s)}{\dfrac{2}{s}} = -0.5sU_2(s)$$

$$-0.5sU_2(s) = -1.5U_1(s) + (1.5 + 0.5s)U_2(s) \Rightarrow 1.5U_1(s) = (1.5 + s)U_2(s) \tag{②}$$

$$H(s) = \frac{U_2(s)}{I_S(s)} = \frac{3}{(s+1.5)(s+3)}$$

（2）网络函数 $H(s)$ 的性质：对于任一线性时不变网络，冲激响应的拉氏变换等于该网络相应的网络函数，即

$$u_2 = L^{-1}[H(s)] = L^{-1}\left[\frac{3}{(s+1.5)(s+3)}\right] = (2e^{-1.5t} - 2e^{-3t})\varepsilon(t)\ (\mathrm{V})$$

A12　第 15 章习题答案

习题【1】解　含支路 1 的树有

$$\{1,2,5\}、\{1,3,5\}、\{1,4,5\}、\{1,5,6\}$$

选择 $\{2,3,6\}$ 为树，基本割集有

$$\{1,2,4,5\}、\{1,3,4\}、\{4,5,6\}$$

基本回路有

$$\{1,2,3\}、\{2,3,4,6\}、\{2,5,6\}$$

基本回路矩阵为

$$\boldsymbol{B}_f = \begin{array}{c} \\ 1 \\ 4 \\ 5 \end{array}\begin{array}{cccccc} 1 & 4 & 5 & 2 & 3 & 6 \\ \left[\begin{array}{cccccc} 1 & 0 & 0 & 1 & -1 & 0 \\ 0 & 1 & 0 & -1 & 1 & -1 \\ 0 & 0 & 1 & -1 & 0 & -1 \end{array}\right] \end{array}$$

基本割集矩阵为

$$\boldsymbol{Q}_f = \begin{array}{c} \\ 2 \\ 3 \\ 6 \end{array}\begin{array}{cccccc} 2 & 3 & 6 & 1 & 4 & 5 \\ \left[\begin{array}{cccccc} 1 & 0 & 0 & -1 & 1 & 1 \\ 0 & 1 & 0 & 1 & -1 & 0 \\ 0 & 0 & 1 & 0 & 1 & 1 \end{array}\right] \end{array}$$

习题【2】解 （1）由题意得

$$A = \begin{bmatrix} 1 & 1 & 1 & 0 & 0 & 0 \\ 0 & -1 & 0 & 1 & 1 & 0 \\ 0 & 0 & -1 & 0 & -1 & 1 \end{bmatrix}$$

（2）由题意得

$$\begin{matrix} & 3 & 4 & 6 & 1 & 2 & 5 \\ B_f = & \begin{bmatrix} 1 & 0 & 0 & 0 & -1 & -1 \\ 0 & 1 & 0 & -1 & 1 & 0 \\ 0 & 0 & 1 & -1 & 1 & 1 \end{bmatrix} \end{matrix}, \quad \begin{matrix} & 1 & 2 & 5 & 3 & 4 & 6 \\ Q_f = & \begin{bmatrix} 1 & 0 & 0 & 0 & 1 & 1 \\ 0 & 1 & 0 & 1 & -1 & -1 \\ 0 & 0 & 1 & 1 & 0 & -1 \end{bmatrix} \end{matrix}$$

（3）由题意得

$$Y = \begin{bmatrix} \dfrac{1}{R_1} & 0 & 0 & 0 & 0 & 0 \\ 0 & G_2 & 0 & 0 & 0 & 0 \\ 0 & 0 & \dfrac{1}{R_3} & 0 & gj\omega C_5 & 0 \\ 0 & 0 & 0 & \dfrac{1}{j\omega L_4} & 0 & 0 \\ 0 & 0 & 0 & 0 & j\omega C_5 & 0 \\ -g & 0 & 0 & 0 & 0 & \dfrac{1}{R_6} \end{bmatrix}$$

$$I_S = \begin{bmatrix} \dot I_{S1} & 0 & 0 & 0 & 0 & 0 \end{bmatrix}^T, \quad U_S = \begin{bmatrix} 0 & 0 & -\dot U_S & 0 & 0 & 0 \end{bmatrix}^T$$

习题【3】解

$$\begin{matrix} & 1 & 2 & 3 & 4 & 5 & 6 \\ (1)\ B_f = & \begin{bmatrix} -1 & 1 & -1 & 0 & 0 & 0 \\ 1 & 0 & 0 & 1 & 0 & 1 \\ 0 & 0 & -1 & 0 & 1 & 1 \end{bmatrix} \end{matrix}, \quad \begin{matrix} & 1 & 2 & 3 & 4 & 5 & 6 \\ Q_f = & \begin{bmatrix} 1 & 1 & 0 & -1 & 0 & 0 \\ 0 & 1 & 1 & 0 & 1 & 0 \\ 0 & 0 & 0 & -1 & -1 & 1 \end{bmatrix} \end{matrix}$$

（2）由题意得

$$Z = \begin{bmatrix} R_1 & 0 & 0 & 0 & 0 \\ 0 & R_2+j\omega L_2 & -j\omega M & 0 & 0 \\ 0 & -j\omega M & j\omega L_3 & 0 & 0 \\ 0 & 0 & 0 & \dfrac{1}{j\omega C_4} & 0 \\ 0 & 0 & 0 & 0 & R_5 & 0 \\ 0 & 0 & 0 & 0 & 0 & R_6 \end{bmatrix}$$

$$\boldsymbol{Z}_1 = \begin{bmatrix} R_1+R_2+\mathrm{j}\omega L_2+\mathrm{j}\omega L_3+\mathrm{j}2\omega M & -R_1 & \mathrm{j}\omega L_3+\mathrm{j}\omega M \\ -R_1 & R_1+\dfrac{1}{\mathrm{j}\omega C_4}+R_6 & R_6 \\ \mathrm{j}\omega L_3+\mathrm{j}\omega M & R_6 & \mathrm{j}\omega L_3+R_5+R_6 \end{bmatrix}$$

习题【4】解 （1）根据题中所示电路可得关联矩阵为

$$\boldsymbol{A} = \begin{bmatrix} 1 & 1 & 0 & 0 & 0 & -1 & -1 \\ -1 & -1 & 0 & -1 & 1 & 0 & 0 \\ 0 & 0 & 1 & 1 & 0 & 0 & 1 \end{bmatrix}$$

（2）支路导纳矩阵为

$$\boldsymbol{Y} = \begin{bmatrix} 1 & 0 & 0 & 0 & 0 & 0 & 0 \\ 0 & 1 & 2 & 0 & 0 & 0 & 0 \\ 0 & 0 & 1 & 0 & 0 & 0 & 0 \\ 0 & 0 & 2 & 1 & 0 & 0 & 0 \\ 0 & 0 & 0 & 0 & 1 & 0 & 0 \\ 0 & 0 & 0 & 0 & 0 & 1 & 0 \\ 0 & 0 & 0 & 0 & 0 & 0 & 1 \end{bmatrix}$$

（3）电压源矩阵为

$$\boldsymbol{U}_\mathrm{S} = \begin{bmatrix} 0 & 0 & 0 & 0 & 0 & 0 & -1 \end{bmatrix}^\mathrm{T}$$

（4）电流源矩阵为

$$\boldsymbol{I}_\mathrm{S} = \begin{bmatrix} 0 & 0 & 0 & 0 & 0 & -1 & 0 \end{bmatrix}^\mathrm{T}$$

习题【5】解 （1）由题意得

$$\boldsymbol{A} = \begin{bmatrix} -1 & -1 & -1 & 0 & 0 & 0 & -1 \\ 0 & 0 & 1 & -1 & 0 & -1 & 0 \\ 0 & 1 & 0 & 1 & -1 & 0 & 1 \end{bmatrix}$$

（2）由题意得

$$\boldsymbol{Y}_b = \begin{bmatrix} \dfrac{1}{R_1} & 0 & 0 & 0 & 0 & 0 & 0 \\ 0 & \dfrac{1}{R_2} & 0 & 0 & 0 & 0 & 0 \\ 0 & 0 & \dfrac{1}{R_3} & 0 & 0 & 0 & 0 \\ 0 & 0 & 0 & \dfrac{1}{R_4} & 0 & 0 & 0 \\ 0 & 0 & 0 & 0 & \dfrac{1}{R_5} & 0 & 0 \\ 0 & 0 & 0 & 0 & 0 & \mathrm{j}\omega C_6 & 0 \\ 0 & 0 & 0 & 0 & 0 & 0 & \dfrac{1}{\mathrm{j}\omega L_7} \end{bmatrix}$$

由题意得

$$\boldsymbol{Y}_n = \begin{bmatrix} \dfrac{1}{R_1}+\dfrac{1}{R_2}+\dfrac{1}{R_3}+\dfrac{1}{\mathrm{j}\omega L_7} & -\dfrac{1}{R_3} & -\dfrac{1}{R_2}-\dfrac{1}{\mathrm{j}\omega L_7} \\[3mm] -\dfrac{1}{R_3} & \dfrac{1}{R_3}+\dfrac{1}{R_4}+\mathrm{j}\omega C_6 & -\dfrac{1}{R_4} \\[3mm] -\dfrac{1}{R_2}-\dfrac{1}{\mathrm{j}\omega L_7} & -\dfrac{1}{R_4} & \dfrac{1}{R_2}+\dfrac{1}{R_4}+\dfrac{1}{R_5}+\dfrac{1}{\mathrm{j}\omega L_7} \end{bmatrix}$$

（3）$$\begin{bmatrix} \dfrac{1}{R_1}+\dfrac{1}{R_2}+\dfrac{1}{R_3}+\dfrac{1}{\mathrm{j}\omega L_7} & -\dfrac{1}{R_3} & -\dfrac{1}{R_2}-\dfrac{1}{\mathrm{j}\omega L_7} \\[3mm] -\dfrac{1}{R_3} & \dfrac{1}{R_3}+\dfrac{1}{R_4}+\mathrm{j}\omega C_6 & -\dfrac{1}{R_4} \\[3mm] -\dfrac{1}{R_2}-\dfrac{1}{\mathrm{j}\omega L_7} & -\dfrac{1}{R_4} & \dfrac{1}{R_2}+\dfrac{1}{R_4}+\dfrac{1}{R_5}+\dfrac{1}{\mathrm{j}\omega L_7} \end{bmatrix} \begin{pmatrix} \dot{U}_{n1} \\ \dot{U}_{n2} \\ \dot{U}_{n3} \end{pmatrix} = \begin{pmatrix} \dfrac{\dot{U}_S}{R_1} \\ 0 \\ 0 \end{pmatrix}$$

习题【6】解   由题意得

$$\boldsymbol{B} = \begin{bmatrix} 0 & 1 & 0 & 0 & -1 & -1 \\ 1 & 0 & 1 & 0 & 1 & 0 \\ 0 & 0 & -1 & -1 & 0 & 1 \end{bmatrix}, \quad \boldsymbol{Z} = \begin{bmatrix} R_1 & -\alpha & 0 & 0 & 0 & 0 \\ 0 & R_2 & 0 & 0 & 0 & 0 \\ 0 & 0 & R_3 & 0 & 0 & 0 \\ 0 & 0 & 0 & R_4 & 0 & 0 \\ 0 & 0 & 0 & 0 & \dfrac{1}{\mathrm{j}\omega C} & 0 \\ 0 & 0 & 0 & 0 & 0 & \mathrm{j}\omega L \end{bmatrix}$$

$$\boldsymbol{U}_S = \begin{bmatrix} 0 & -\dot{U}_{S2} & 0 & \dot{U}_{S4} & 0 & 0 \end{bmatrix}^T, \quad \boldsymbol{I}_S = \begin{bmatrix} \dot{I}_{S1} & 0 & 0 & 0 & 0 & 0 \end{bmatrix}^T$$

整理得

$$\begin{bmatrix} R_2+\mathrm{j}\omega L+\dfrac{1}{\mathrm{j}\omega C} & -\dfrac{1}{\mathrm{j}\omega C} & -\mathrm{j}\omega L \\[3mm] -a-\dfrac{1}{\mathrm{j}\omega C} & R_1+R_3+\dfrac{1}{\mathrm{j}\omega C} & -R_3 \\[3mm] -\mathrm{j}\omega L & -R_3 & R_3+R_4+\mathrm{j}\omega L \end{bmatrix} \begin{bmatrix} \dot{I}_{11} \\ \dot{I}_{12} \\ \dot{I}_{13} \end{bmatrix} = \begin{bmatrix} -\dot{U}_{S2} \\ -\dot{I}_{S1}R_1 \\ -\dot{U}_{S4} \end{bmatrix}$$

习题【7】解   （1）结合基本回路矩阵，可知某网络的回路阻抗矩阵为

$$\boldsymbol{Z}_1 = \boldsymbol{B}_f \boldsymbol{Z} \boldsymbol{B}_f^T = \begin{bmatrix} R_2+\dfrac{1}{\mathrm{j}\omega C_1}+\mathrm{j}\omega L_3 & -\mathrm{j}\omega L_3 & -R_2-\mathrm{j}\omega L_3 \\[4mm] -\mathrm{j}\omega L_3 & R_4+\dfrac{1}{\mathrm{j}\omega C_5}+\mathrm{j}\omega L_3 & \dfrac{1}{\mathrm{j}\omega C_5}+\mathrm{j}\omega L_3 \\[4mm] -R_2-\mathrm{j}\omega L_3 & \dfrac{1}{\mathrm{j}\omega C_5}+\mathrm{j}\omega L_3 & R_2+R_6+\dfrac{1}{\mathrm{j}\omega C_5}+\mathrm{j}\omega L_3 \end{bmatrix}$$

（2）

$$\boldsymbol{B}_\mathrm{f} = [\,\boldsymbol{B}_\mathrm{t} : \boldsymbol{B}_1\,] = \begin{array}{cccccc} 2 & 3 & 5 & 1 & 4 & 6 \end{array} \\ \begin{bmatrix} 1 & 1 & 0 & 1 & 0 & 0 \\ 0 & -1 & 1 & 0 & 1 & 0 \\ -1 & -1 & 1 & 0 & 0 & 1 \end{bmatrix}$$

对应 B_f 的基本割集矩阵为

$$\boldsymbol{Q}_\mathrm{f} = [\,\boldsymbol{E} : -\boldsymbol{B}_\mathrm{t}^\mathrm{T}\,] = \begin{array}{cccccc} 2 & 3 & 5 & 1 & 4 & 6 \end{array} \\ \begin{bmatrix} 1 & 0 & 0 & -1 & 0 & 1 \\ 0 & 1 & 0 & -1 & 1 & 1 \\ 0 & 0 & 1 & 0 & -1 & -1 \end{bmatrix}$$

（3）由已知的支路阻抗矩阵得支路导纳矩阵为

$$\boldsymbol{Y} = \mathrm{diag}\big[\, \mathrm{j}\omega C_1 \quad \frac{1}{R_2} \quad \frac{1}{\mathrm{j}\omega L_3} \quad \frac{1}{R_4} \quad \mathrm{j}\omega C_5 \quad \frac{1}{R_6} \,\big]$$

因此，割集导纳矩阵为

$$\boldsymbol{Y}_\mathrm{t} = \boldsymbol{Q}_\mathrm{f} \boldsymbol{Y} \boldsymbol{Q}_\mathrm{f}^\mathrm{T} = \begin{bmatrix} \mathrm{j}\omega C_1 + \dfrac{1}{R_2} + \dfrac{1}{R_6} & \mathrm{j}\omega C_1 + \dfrac{1}{R_6} & -\dfrac{1}{R_6} \\[3mm] \mathrm{j}\omega C_1 + \dfrac{1}{R_6} & \mathrm{j}\omega C_1 + \dfrac{1}{\mathrm{j}\omega L_3} + \dfrac{1}{R_4} + \dfrac{1}{R_6} & -\dfrac{1}{R_4} - \dfrac{1}{R_6} \\[3mm] -\dfrac{1}{R_6} & -\dfrac{1}{R_4} - \dfrac{1}{R_6} & \dfrac{1}{R_4} + \mathrm{j}\omega C_5 + \dfrac{1}{R_6} \end{bmatrix}$$

习题【8】解 根据习题【8】图（b），标出回路，如习题【8】解图所示。

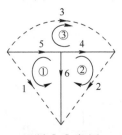

习题【8】解图

（1）电感 L_5 与 L_6 之间无互感时，有

$$\boldsymbol{B}_\mathrm{f} = \begin{bmatrix} 1 & 0 & 0 & 0 & -1 & -1 \\ 0 & 1 & 0 & 1 & 0 & -1 \\ 0 & 0 & 1 & -1 & -1 & 0 \end{bmatrix}, \quad \boldsymbol{Z} = \mathrm{diag}\big[\,R_1, R_2, \frac{1}{sC_3}, \frac{1}{sC_4}, sL_5, sL_6\,\big]$$

$$\boldsymbol{U}_\mathrm{S} = [\,0, -U_{\mathrm{S}2}(s), 0, 0, 0, 0\,]^\mathrm{T}, \quad \boldsymbol{I}_\mathrm{S} = [\,I_{\mathrm{S}1}(s), 0, 0, 0, 0, 0\,]^\mathrm{T}$$

代入 $\boldsymbol{B}_\mathrm{f} \boldsymbol{Z} \boldsymbol{B}_\mathrm{f}^\mathrm{T} \boldsymbol{I}_1 = \boldsymbol{B}_\mathrm{f} \boldsymbol{U}_\mathrm{S} - \boldsymbol{B}_\mathrm{f} \boldsymbol{Z} \boldsymbol{I}_\mathrm{S}$，可得

$$\begin{bmatrix} R_1 + sL_5 + sL_6 & sL_6 & sL_5 \\[2mm] sL_6 & R_2 + \dfrac{1}{sC_4} + sL_6 & -\dfrac{1}{sC_4} \\[2mm] sL_5 & -\dfrac{1}{sC_4} & \dfrac{1}{sC_3} + \dfrac{1}{sC_4} + sL_5 \end{bmatrix} \begin{bmatrix} I_{l1}(s) \\[2mm] I_{l2}(s) \\[2mm] I_{l3}(s) \end{bmatrix} = \begin{bmatrix} -R_1 I_{\mathrm{S}1}(s) \\[2mm] -U_{\mathrm{S}2}(s) \\[2mm] 0 \end{bmatrix}$$

（2）电感 L_5 与 L_6 之间有互感 M 时，有

$$\boldsymbol{Z} = \begin{bmatrix} R_1 & 0 & 0 & 0 & 0 & 0 \\ 0 & R_2 & 0 & 0 & 0 & 0 \\ 0 & 0 & \dfrac{1}{sC_3} & 0 & 0 & 0 \\ 0 & 0 & 0 & \dfrac{1}{sC_4} & 0 & 0 \\ 0 & 0 & 0 & 0 & sL_5 & sM \\ 0 & 0 & 0 & 0 & sM & sL_6 \end{bmatrix}, \quad \boldsymbol{B}_{\mathrm{f}} = \begin{bmatrix} 1 & 0 & 0 & 0 & -1 & -1 \\ 0 & 1 & 0 & 1 & 0 & -1 \\ 0 & 0 & 1 & -1 & -1 & 0 \end{bmatrix}$$

$$\boldsymbol{U}_{\mathrm{S}} = \begin{bmatrix} 0, -U_{\mathrm{S2}}(s), 0, 0, 0, 0 \end{bmatrix}^{\mathrm{T}}, \quad \boldsymbol{I}_{\mathrm{S}} = \begin{bmatrix} I_{\mathrm{S1}}(s), 0, 0, 0, 0, 0 \end{bmatrix}^{\mathrm{T}}$$

代入 $\boldsymbol{B}_{\mathrm{f}} \boldsymbol{Z} \boldsymbol{B}_{\mathrm{f}}^{\mathrm{T}} \boldsymbol{I}_1 = \boldsymbol{B}_{\mathrm{f}} \boldsymbol{U}_{\mathrm{S}} - \boldsymbol{B}_{\mathrm{f}} \boldsymbol{Z} \boldsymbol{I}_{\mathrm{S}}$，可得

$$\begin{bmatrix} R_1 + sL_5 + sL_6 + 2sM & sM + sL_6 & sM + sL_5 \\ sL_6 + sM & sL_6 + \dfrac{1}{sC_4} + R_2 & sM - \dfrac{1}{sC_4} \\ sL_5 + sM & sM - \dfrac{1}{sC_4} & \dfrac{1}{sC_3} + \dfrac{1}{sC_4} + sL_5 \end{bmatrix} \begin{bmatrix} I_{l1}(s) \\ I_{l2}(s) \\ I_{l3}(s) \end{bmatrix} = \begin{bmatrix} -R_1 I_{\mathrm{S1}}(s) \\ -U_{\mathrm{S2}}(s) \\ 0 \end{bmatrix}$$

习题【9】解　按习题【9】解图取单树支割集 U_{t1}、U_{t2}、U_{t6}、U_{t7}，支路导纳矩阵为

$$\boldsymbol{Y} = \mathrm{diag}\begin{bmatrix} G_1, G_2, G_3, G_4, G_5, G_6, G_7, G_8 \end{bmatrix}$$

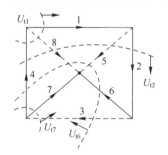

习题【9】解图

基本割集矩阵为

$$\boldsymbol{Q}_{\mathrm{f}} = \begin{bmatrix} 1 & 0 & 0 & -1 & 0 & 0 & 0 & 1 \\ 0 & 1 & 0 & -1 & 1 & 0 & 0 & 1 \\ 0 & 0 & 1 & -1 & 1 & 1 & 0 & 1 \\ 0 & 0 & -1 & 1 & 0 & 0 & 1 & 0 \end{bmatrix}$$

电压源 U_{S} 的矩阵为

$$\boldsymbol{U}_{\mathrm{S}} = \begin{bmatrix} 0, 0, 0, U_{\mathrm{S4}}, 0, 0, 0, -U_{\mathrm{S8}} \end{bmatrix}^{\mathrm{T}}$$

电流源 I_{S} 的矩阵为

$$\boldsymbol{I}_{\mathrm{S}} = \begin{bmatrix} 0, I_{\mathrm{S2}}, 0, 0, 0, 0, 0, 0 \end{bmatrix}^{\mathrm{T}}$$

代入割集电压方程的标准矩阵形式

$$\boldsymbol{Q}_{f}\boldsymbol{Y}\boldsymbol{Q}_{f}^{T}\boldsymbol{U}_{t}=\boldsymbol{Q}_{f}\boldsymbol{I}_{S}-\boldsymbol{Q}_{f}\boldsymbol{Y}\boldsymbol{U}_{S}$$

可得割集电压方程的矩阵形式为

$$\begin{bmatrix} G_1+G_4+G_8 & G_4+G_8 & G_4+G_8 & -G_4 \\ G_4+G_8 & G_4+G_8+G_2+G_5 & G_4+G_8+G_5 & -G_4 \\ G_4+G_8 & G_4+G_8+G_5 & G_3+G_4+G_5+G_6+G_8 & -G_4-G_3 \\ -G_4 & -G_4 & -G_4-G_3 & G_3+G_4+G_7 \end{bmatrix}\begin{bmatrix} U_{t1} \\ U_{t2} \\ U_{t6} \\ U_{t7} \end{bmatrix}=\begin{bmatrix} G_4U_{S4}+G_8U_{S8} \\ I_{S2}+G_4U_{S4}+G_8U_{S8} \\ G_4U_{S4}+G_8U_{S8} \\ -G_4U_{S4} \end{bmatrix}$$

习题【10】解   易知 $\dot{I}_{d3}=R_{35}\dot{U}_5$, $\dot{I}_{d6}=\beta_{62}\dot{I}_2=\dfrac{\beta_{62}}{R_2}(\dot{U}_2-\dot{U}_{S2})$, 有向图如习题【10】解图所示, 各支路方程为

$$\dot{I}_k=\boldsymbol{Y}_k(\dot{U}_k+\dot{U}_{Sk})+\dot{I}_{dk}-\dot{I}_{Sk}$$

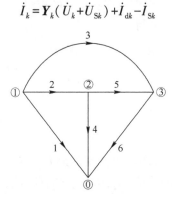

习题【10】解图

支路导纳矩阵为

$$\boldsymbol{Y}=\begin{bmatrix} \dfrac{1}{R_1} & 0 & 0 & 0 & 0 & 0 \\ 0 & \dfrac{1}{R_2} & 0 & 0 & 0 & 0 \\ 0 & 0 & \dfrac{1}{R_3} & 0 & R_{35} & 0 \\ 0 & 0 & 0 & \dfrac{1}{j\omega L_4} & 0 & 0 \\ 0 & 0 & 0 & 0 & j\omega C_5 & 0 \\ 0 & -\dfrac{\beta_{62}}{R_2} & 0 & 0 & 0 & \dfrac{1}{R_6} \end{bmatrix}$$

电流源矩阵与电压源矩阵分别为

$$\boldsymbol{I}_S=\begin{bmatrix} -\dot{I}_{S1} & 0 & -\dot{I}_{S3} & 0 & 0 & 0 \end{bmatrix}^T, \quad \boldsymbol{U}_S=\begin{bmatrix} 0 & -\dot{U}_{S2} & 0 & 0 & 0 & 0 \end{bmatrix}^T$$

因此, 支路方程的矩阵形式为

$$
\begin{bmatrix} \dot{I}_1 \\ \dot{I}_2 \\ \dot{I}_3 \\ \dot{I}_4 \\ \dot{I}_5 \\ \dot{I}_6 \end{bmatrix} = \begin{bmatrix} \dfrac{1}{R_1} & 0 & 0 & 0 & 0 & 0 \\ 0 & \dfrac{1}{R_2} & 0 & 0 & 0 & 0 \\ 0 & 0 & \dfrac{1}{R_3} & 0 & R_{35} & 0 \\ 0 & 0 & 0 & \dfrac{1}{j\omega L_4} & 0 & 0 \\ 0 & 0 & 0 & j\omega C_5 & 0 & 0 \\ 0 & -\dfrac{\beta_{62}}{R_2} & 0 & 0 & 0 & \dfrac{1}{R_6} \end{bmatrix} \begin{bmatrix} \dot{U}_1 + 0 \\ \dot{U}_2 - \dot{U}_{S2} \\ \dot{U}_3 + 0 \\ \dot{U}_4 + 0 \\ \dot{U}_5 - 0 \\ \dot{U}_6 + 0 \end{bmatrix} - \begin{bmatrix} -\dot{I}_{S1} \\ 0 \\ -\dot{I}_{S3} \\ 0 \\ 0 \\ 0 \end{bmatrix}
$$

习题【11】解　（1）由题意，支路阻抗矩阵为

$$
\boldsymbol{Z}_k(s) = \begin{bmatrix} sL_1 & -sM & 0 & 0 & 0 & 0 & 0 & 0 \\ -sM & sL_2 & 0 & 0 & 0 & 0 & 0 & 0 \\ 0 & 0 & R_3 & 0 & 0 & 0 & 0 & 0 \\ 0 & 0 & 0 & R_4 & -3R_4R_5 & 0 & 0 & 0 \\ 0 & 0 & 0 & 0 & R_5 & 0 & 0 & 0 \\ 0 & 0 & 0 & 0 & 0 & \dfrac{1}{sC_6} & 0 & 0 \\ 0 & 0 & 0 & 0 & 0 & -2 & sL_7 & 0 \\ 0 & 0 & 0 & 0 & 0 & 0 & 0 & \dfrac{1}{sC_8} \end{bmatrix}
$$

（2）支路电流源矩阵为

$$
\boldsymbol{I}_S = \begin{bmatrix} 0 & 0 & 0 & 0 & 0 & 0 & 0 & 0 \end{bmatrix}^T
$$

（3）节点电压方程为

$$
\begin{bmatrix} Y_{11}-sC_8 & Y_{12} & Y_{13}+sC_8 & Y_{14} \\ Y_{21} & Y_{22} & Y_{23} & Y_{24} \\ Y_{31}+sC_8 & Y_{32} & Y_{33}-sC_8 & Y_{34} \\ Y_{41} & Y_{42} & Y_{43} & Y_{44} \end{bmatrix} \begin{bmatrix} U_{n1}(s) \\ U_{n2}(s) \\ U_{n3}(s) \\ U_{n4}(s) \end{bmatrix} = \begin{bmatrix} sC_6 U_{S6}(s) \\ 0 \\ 0 \\ 0 \end{bmatrix}
$$

习题【12】解　（1）基本回路矩阵为

$$
\boldsymbol{B}_f = \begin{array}{c} \\ 6 \\ 7 \\ 8 \\ 9 \\ 10 \\ 11 \\ 12 \end{array} \begin{array}{c} \begin{array}{ccccccccccccc} 6 & 7 & 8 & 9 & 10 & 11 & 12 & 1 & 2 & 3 & 4 & 5 \end{array} \\ \begin{bmatrix} 1 & 0 & 0 & 0 & 0 & 0 & 0 & 0 & 1 & -1 & -1 & 0 \\ 0 & 1 & 0 & 0 & 0 & 0 & 0 & 0 & -1 & 0 & 0 & -1 \\ 0 & 0 & 1 & 0 & 0 & 0 & 0 & 0 & 0 & -1 & -1 & -1 \\ 0 & 0 & 0 & 1 & 0 & 0 & 0 & -1 & -1 & 1 & 1 & 0 \\ 0 & 0 & 0 & 0 & 1 & 0 & 0 & 0 & 0 & 0 & -1 & -1 \\ 0 & 0 & 0 & 0 & 0 & 1 & 0 & -1 & -1 & 0 & 1 & 0 \\ 0 & 0 & 0 & 0 & 0 & 0 & 1 & -1 & -1 & 0 & 0 & 0 \end{bmatrix} \end{array}
$$

基本割集矩阵为

$$Q_f = \begin{array}{c} \\ 1 \\ 2 \\ 3 \\ 4 \\ 5 \end{array} \begin{array}{cccccccccccc} 1 & 2 & 3 & 4 & 5 & 6 & 7 & 8 & 9 & 10 & 11 & 12 \\ \left[\begin{array}{cccccccccccc} 1 & 0 & 0 & 0 & 0 & 0 & 0 & 0 & 1 & 0 & 1 & 1 \\ 0 & 1 & 0 & 0 & 0 & -1 & 1 & 0 & 1 & 0 & 1 & 1 \\ 0 & 0 & 1 & 0 & 0 & 1 & 0 & 1 & -1 & 0 & 0 & 0 \\ 0 & 0 & 0 & 1 & 0 & 1 & 0 & 1 & -1 & 1 & -1 & 0 \\ 0 & 0 & 0 & 0 & 1 & 0 & 1 & 1 & 0 & 1 & 0 & 0 \end{array}\right] \end{array}$$

（2）关联矩阵为

$$A = \begin{array}{c} \\ a \\ b \\ c \\ d \\ e \end{array} \begin{array}{cccccccccccc} 1 & 2 & 3 & 4 & 5 & 6 & 7 & 8 & 9 & 10 & 11 & 12 \\ \left[\begin{array}{cccccccccccc} -1 & 1 & 0 & 0 & 0 & -1 & 1 & 0 & 0 & 0 & 0 & 0 \\ 0 & -1 & 1 & 0 & 0 & 1 & 0 & 1 & -1 & 0 & 0 & 0 \\ 0 & 0 & 0 & 0 & -1 & 0 & -1 & -1 & 0 & -1 & 0 & 0 \\ 0 & 0 & -1 & 1 & 0 & 0 & 0 & 0 & 0 & 1 & -1 & 0 \\ 1 & 0 & 0 & 0 & 0 & 0 & 0 & 0 & 1 & 0 & 1 & 1 \end{array}\right] \end{array}$$

支路导纳矩阵为

$$Y_b = \text{diag} \begin{bmatrix} 1 & 1 & 2 & 3 & 3 & 1 & 1 & 2 & 0 & 3 & 3 & 3 \end{bmatrix}^T$$

节点导纳矩阵为

$$Y = A Y_b A^T = \begin{bmatrix} 4 & -1 & -1 & 0 & -1 \\ -1 & 5 & -2 & -2 & 0 \\ -1 & -2 & 9 & -3 & 0 \\ 0 & -2 & -3 & 11 & -3 \\ 1 & 0 & 0 & -3 & 7 \end{bmatrix}$$

A13 第 16 章习题答案

习题【1】解 利用电源间的等效变换将习题【1】图等效为习题【1】解图。

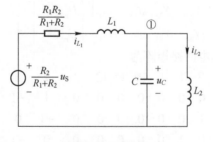

习题【1】解图

对节点①列写 KCL 方程有

$$C \frac{\mathrm{d}u_C}{\mathrm{d}t} = i_{L_1} - i_{L_2} \qquad \text{①}$$

对电感所在支路列写 KVL 方程有

$$L_2 \frac{\mathrm{d}i_{L_2}}{\mathrm{d}t} = u_C \qquad ②$$

$$L_1 \frac{\mathrm{d}i_{L_1}}{\mathrm{d}t} = -u_C - \frac{R_1 R_2}{R_1 + R_2} i_{L_1} + \frac{R_2}{R_1 + R_2} u_S \qquad ③$$

将上述方程整理为矩阵形式得

$$\begin{bmatrix} \dfrac{\mathrm{d}u_C}{\mathrm{d}t} \\ \dfrac{\mathrm{d}i_{L_1}}{\mathrm{d}t} \\ \dfrac{\mathrm{d}i_{L_2}}{\mathrm{d}t} \end{bmatrix} = \begin{bmatrix} 0 & \dfrac{1}{C} & -\dfrac{1}{C} \\ -\dfrac{1}{L_1} & -\dfrac{R_1 R_2}{(R_1+R_2)L_1} & 0 \\ \dfrac{1}{L_2} & 0 & 0 \end{bmatrix} \begin{bmatrix} u_C \\ i_{L_1} \\ i_{L_2} \end{bmatrix} + \begin{bmatrix} 0 \\ \dfrac{R_2}{(R_1+R_2)L_1} \\ 0 \end{bmatrix} u_S$$

习题【2】解 列写 KVL 方程：$i_1 \times 2 = i_2 \times 2 - 6$，即 $i_2 = i_1 + 3$，流过 1F 电容的电流为

$$i_{C_1} = i_1 + i_2 = 2i_1 + 3$$

根据 KVL 方程可得

$$u_{C_1} + u_{C_2} + i_{C_1} \times 2 = -2i_1 = 3 - i_{C_1}$$

因此有

$$i_{C_1} = -\frac{1}{3}u_{C_1} - \frac{1}{3}u_{C_2} + 1$$

由于 $i_{C_1} = i_{C_2} + i_L$，因此流过 2F 电容的电流为

$$i_{C_2} = i_{C_1} - i_L = -\frac{1}{3}u_{C_1} - \frac{1}{3}u_{C_2} - i_L + 1$$

又因 $u_{C_2} = u_L + 2 \times i_L$，所以电感两端电压 $u_L = u_{C_2} - 2 \times i_L$，状态方程为

$$\begin{bmatrix} \dfrac{\mathrm{d}u_{C_1}}{\mathrm{d}t} \\ \dfrac{\mathrm{d}u_{C_2}}{\mathrm{d}t} \\ \dfrac{\mathrm{d}i_L}{\mathrm{d}t} \end{bmatrix} = \begin{bmatrix} -\dfrac{1}{3} & -\dfrac{1}{3} & 0 \\ -\dfrac{1}{6} & -\dfrac{1}{6} & -\dfrac{1}{2} \\ 0 & \dfrac{1}{2} & -1 \end{bmatrix} \begin{bmatrix} u_{C_1} \\ u_{C_2} \\ i_L \end{bmatrix} + \begin{bmatrix} 1 \\ 1/2 \\ 0 \end{bmatrix}$$

由 KVL 方程，得 $-2i_1 = u_{C_2} + u_{C_1} + 2(2i_1 + 3)$，因此 $i_1 = -\frac{1}{6}u_{C_1} - \frac{1}{6}u_{C_2} - 1$，又因 $i_2 = i_1 + 3 = -\frac{1}{6}u_{C_1} - \frac{1}{6}u_{C_2} + 2$，所以输出方程为

$$\begin{bmatrix} i_1 \\ i_2 \end{bmatrix} = \begin{bmatrix} -\dfrac{1}{6} & -\dfrac{1}{6} \\ -\dfrac{1}{6} & -\dfrac{1}{6} \end{bmatrix} \begin{bmatrix} u_{C_1} \\ u_{C_2} \end{bmatrix} + \begin{bmatrix} -1 \\ 2 \end{bmatrix}$$

习题【3】解 用直观法列写状态方程。

对有电容的节点列写 KCL 方程，对包含电感的回路列写 KVL 方程，有

$$\frac{\mathrm{d}u_c}{\mathrm{d}t}+i_L-\frac{u_1}{4}=0, \quad \frac{\mathrm{d}i_L}{\mathrm{d}t}+u_2-u_C=0$$

$$u_1=u_\mathrm{S}-u_c, \quad u_2=6\times(5u_1+i_L)$$

整理得状态方程为

$$\begin{bmatrix} \dfrac{\mathrm{d}u_c}{\mathrm{d}t} \\ \dfrac{\mathrm{d}i_L}{\mathrm{d}t} \end{bmatrix} = \begin{bmatrix} -\dfrac{1}{4} & -1 \\ 31 & -6 \end{bmatrix}\begin{bmatrix} u_c \\ i_L \end{bmatrix} + \begin{bmatrix} \dfrac{1}{4} \\ -30 \end{bmatrix}u_\mathrm{S}$$

输出方程为

$$\begin{bmatrix} u_1 \\ u_2 \end{bmatrix} = \begin{bmatrix} -1 & 0 \\ -30 & 6 \end{bmatrix}\begin{bmatrix} u_c \\ i_L \end{bmatrix} + \begin{bmatrix} 1 \\ 30 \end{bmatrix}u_\mathrm{S}$$

习题【4】解 标出电量如习题【4】解图所示。

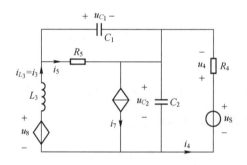

习题【4】解图

根据题意有 $C_1\dfrac{\mathrm{d}u_{C_1}}{\mathrm{d}t}+i_5=i_3$，$C_2\dfrac{\mathrm{d}u_{C_2}}{\mathrm{d}t}+i_7=i_4+i_3$，$L_3\cdot\dfrac{\mathrm{d}i_{L_3}}{\mathrm{d}t}=u_8-u_{C_2}-u_{C_1}$，消去非状态变量

$u_4=u_\mathrm{S}-u_{C_2}$，$i_5=\dfrac{u_{C_1}}{R_5}=u_{C_1}$，$u_8=2\cdot u_4$，有

$$\begin{bmatrix} \dfrac{\mathrm{d}u_{C_1}}{\mathrm{d}t} \\ \dfrac{\mathrm{d}u_{C_2}}{\mathrm{d}t} \\ \dfrac{\mathrm{d}i_{L_3}}{\mathrm{d}t} \end{bmatrix} = \begin{bmatrix} -1 & 0 & 1 \\ 0 & -\dfrac{1}{2} & -1 \\ -1 & -3 & 0 \end{bmatrix}\begin{bmatrix} u_{C_1} \\ u_{C_2} \\ i_{L_3} \end{bmatrix} + \begin{bmatrix} 0 \\ \dfrac{1}{2} \\ 2 \end{bmatrix}u_\mathrm{S}$$

习题【5】解 （1）如习题【5】解图所示。

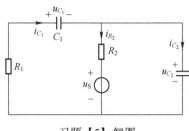

习题【5】解图

电阻 R_2 的电流为

$$i_{R_2} = \frac{u_{C_2} - u_S}{R_2}$$

电容 C_1 的电流为

$$i_{C_1} = -\frac{u_{C_1} + u_{C_2}}{R_1}$$

由 KCL 方程，有

$$i_{C_2} = i_{C_1} - i_{R_2} = -\frac{u_{C_1}}{R_1} - \frac{R_1 + R_2}{R_1 R_2} u_{C_2} + \frac{1}{R_2} u_S$$

由电容特性，有

$$i_{C_1} = C_1 \frac{du_{C_1}}{dt}, \quad i_{C_2} = C_2 \frac{du_{C_2}}{dt}$$

整理得

$$\begin{bmatrix} \dfrac{du_{C_1}}{dt} \\ \dfrac{du_{C_2}}{dt} \end{bmatrix} = \begin{bmatrix} -\dfrac{1}{R_1 C_1} & -\dfrac{1}{R_1 C_1} \\ -\dfrac{1}{R_1 C_2} & -\dfrac{R_1 + R_2}{R_1 R_2 C_2} \end{bmatrix} \begin{bmatrix} u_{C_1} \\ u_{C_2} \end{bmatrix} + \begin{bmatrix} 0 \\ \dfrac{1}{R_2 C_2} \end{bmatrix} u_S$$

（2）$R_1 \left(i_{C_2} + \dfrac{u_{C_2} - u_S}{R_2} \right) + u_{C_1} = -u_{C_2}$，两边分别对 t 求导，得

$$R_1 C_2 \frac{d^2 u_{C_2}}{d^2 t} + \frac{R_1}{R_2} \frac{du_{C_2}}{dt} + \frac{du_{C_1}}{dt} + \frac{du_{C_2}}{dt} = 0 \qquad \text{①}$$

$$R_2 (i_{C_1} - i_{C_2}) + u_S = u_{C_2}, \qquad \frac{du_{C_1}}{dt} = \frac{u_{C_2} - u_S}{C_1 R_2} + \frac{C_2}{C_1} \frac{du_{C_2}}{dt} \qquad \text{②}$$

将②代入①得

$$R_1 C_2 \frac{d^2 u_{C_2}}{d^2 t} + \left(1 + \frac{R_1}{R_2} + \frac{C_2}{C_1} \right) \frac{du_{C_2}}{dt} + \frac{1}{C_1 R_2} u_{C_2} = \frac{u_S}{C_1 R_2}$$

习题【6】解 如习题【6】解图所示。

电容 C 的电流为

$$i_C = i_{L_1} - i_{L_2} \Rightarrow \frac{du_C}{dt} = \frac{1}{C} i_{L_1} - \frac{1}{C} i_{L_2}$$

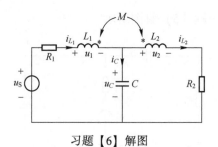

习题【6】解图

电感 L_1 的电压为

$$u_1 = u_S - R_1 i_{L_1} - u_C \Rightarrow L_1 \frac{di_{L_1}}{dt} - M \frac{di_{L_2}}{dt} = u_S - R_1 i_{L_1} - u_C$$

电感 L_2 的电压为

$$u_2 = u_C - R_2 i_{L_2} \Rightarrow -M \frac{di_{L_1}}{dt} + L_2 \frac{di_{L_2}}{dt} = u_C - R_2 i_{L_2}$$

整理得

$$\begin{bmatrix} \dfrac{du_C}{dt} \\[2mm] \dfrac{di_{L_1}}{dt} \\[2mm] \dfrac{di_{L_2}}{dt} \end{bmatrix} = \begin{bmatrix} 0 & \dfrac{1}{C} & -\dfrac{1}{C} \\[2mm] \dfrac{M-L_2}{\Delta} & -\dfrac{R_1 L_2}{\Delta} & -\dfrac{MR_2}{\Delta} \\[2mm] \dfrac{L_1-M}{\Delta} & \dfrac{-MR_1}{\Delta} & -\dfrac{L_1 R_2}{\Delta} \end{bmatrix} \begin{bmatrix} u_C \\[2mm] i_{L_1} \\[2mm] i_{L_2} \end{bmatrix} + \begin{bmatrix} 0 \\[2mm] \dfrac{L_2}{\Delta} \\[2mm] \dfrac{M}{\Delta} \end{bmatrix} \begin{bmatrix} u_S \end{bmatrix}$$

其中

$$\Delta = L_1 L_2 - M^2$$

习题【7】解 标出电量如习题【7】解图所示，列写 KCL 方程，有

$$C_1 \frac{du_{C_1}}{dt} = -i_{L_2} - i_{R_3} - i_{R_1} + i_S \qquad ①$$

$$C_2 \frac{du_{C_2}}{dt} = -i_{R_1} - i_{R_3} - i_{L_1} + i_S \qquad ②$$

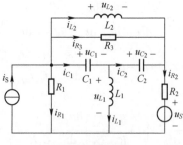

习题【7】解图

对电感回路列写 KVL 方程，有

$$L_1 \frac{di_{L_1}}{dt} = u_{C_2} + u_{R_2} + u_S \qquad ③$$

$$L_2 \frac{\mathrm{d}i_{L_2}}{\mathrm{d}t} = u_{C_1} + u_{C_2} \qquad ④$$

中间变量 i_{R_1}、i_{R_3}、u_{R_2} 有

$$i_{R_1} = \frac{1}{R_1}(u_{C_1} + u_{C_2} + u_{R_2} + u_S) \qquad ⑤$$

$$i_{R_3} = \frac{u_{C_1} + u_{C_2}}{R_3} \qquad ⑥$$

$$u_{R_2} = R_2(-i_{L_1} - i_{R_1} + i_S) \qquad ⑦$$

由⑤⑦可得

$$i_{R_1} = \frac{\dfrac{1}{R_2}(u_{C_1} + u_{C_2} + u_S) + i_S - i_{L_1}}{R_1 \dfrac{1}{R_2} + 1} \qquad ⑧$$

$$u_{R_2} = \frac{R_1(-i_{L_1} + i_S) - u_{C_1} - u_{C_2} - u_S}{R_1 \dfrac{1}{R_2} + 1} \qquad ⑨$$

将⑥⑧⑨代入①~④，消去非状态变量，代入数据可得

$$
\begin{bmatrix} \dfrac{\mathrm{d}u_{C_1}}{\mathrm{d}t} \\[2mm] \dfrac{\mathrm{d}u_{C_2}}{\mathrm{d}t} \\[2mm] \dfrac{\mathrm{d}i_{L_1}}{\mathrm{d}t} \\[2mm] \dfrac{\mathrm{d}i_{L_2}}{\mathrm{d}t} \end{bmatrix} =
\begin{bmatrix} -1 & -1 & \dfrac{1}{2} & -1 \\[2mm] -1 & -1 & -\dfrac{1}{2} & -1 \\[2mm] -\dfrac{1}{2} & \dfrac{1}{2} & -\dfrac{1}{2} & 0 \\[2mm] \dfrac{1}{2} & \dfrac{1}{2} & 0 & 0 \end{bmatrix}
\begin{bmatrix} u_{C_1} \\[2mm] u_{C_2} \\[2mm] i_{L_1} \\[2mm] i_{L_2} \end{bmatrix} +
\begin{bmatrix} -\dfrac{1}{2} & \dfrac{1}{2} \\[2mm] -\dfrac{1}{2} & \dfrac{1}{2} \\[2mm] \dfrac{1}{2} & \dfrac{1}{2} \\[2mm] 0 & 0 \end{bmatrix}
\begin{bmatrix} 2\sin t \\[2mm] 2\mathrm{e}^{-t} \end{bmatrix}
$$

习题【8】解 选取习题【8】图（b）所示的常态树，列写电容树支的基本割集方程及电感连支的基本回路方程为

$$
\begin{cases}
C_1 \dfrac{\mathrm{d}u_{C_1}}{\mathrm{d}t} = i_{L_1} - i_{L_2} \\[3mm]
C_2 \dfrac{\mathrm{d}u_{C_2}}{\mathrm{d}t} = i_3 \\[3mm]
L_1 \dfrac{\mathrm{d}i_{L_1}}{\mathrm{d}t} = i_1 R_1 - u_{C_1} \\[3mm]
L_2 \dfrac{\mathrm{d}i_{L_2}}{\mathrm{d}t} = u_{C_1} - u_S - i_2 R_2
\end{cases} \qquad ①
$$

①中含有非状态变量 i_1、i_2 和 i_3，i_1、i_2 为树支电流，分别列写 i_1、i_2 所在树支的基本割集方程，i_3 为连支电流，列写 i_3 所在连支的基本回路方程，即

$$\begin{cases} i_1 = i_S - i_{L_1} - i_3 \\ i_2 = i_{L_2} + i_3 \\ R_3 i_3 = R_1 i_1 - u_S - R_2 i_2 - u_{C_2} \end{cases} \quad ②$$

由②解得

$$\begin{cases} i_1 = \left[u_{C_2} - (R_2+R_3) i_{L_1} + R_2 i_{L_2} + u_S + (R_2+R_3) i_S \right]/(R_1+R_2+R_3) \\ i_2 = \left[-u_{C_2} - R_1 i_{L_1} + (R_1+R_3) i_{L_2} - u_S + R_1 i_S \right]/(R_1+R_2+R_3) \\ i_3 = (-u_{C_2} - R_1 i_{L_1} - R_2 i_{L_2} - u_S + R_1 i_S)/(R_1+R_2+R_3) \end{cases} \quad ③$$

令 $R = R_1 + R_2 + R_3$，并将③代入①，得

$$C_1 \frac{\mathrm{d}u_{C_1}}{\mathrm{d}t} = i_{L_1} - i_{L_2}$$

$$C_2 \frac{\mathrm{d}u_{C_2}}{\mathrm{d}t} = -\frac{1}{R}u_{C_2} - \frac{R_1}{R}i_{L_1} - \frac{R_2}{R}i_{L_2} - \frac{1}{R}u_S + \frac{R_1}{R}i_S$$

$$L_1 \frac{\mathrm{d}i_{L_1}}{\mathrm{d}t} = -u_{C_1} + \frac{R_1}{R}u_{C_2} - \frac{R_1(R_2+R_3)}{R}i_{L_1} + \frac{R_1 R_2}{R}i_{L_2} + \frac{R_1}{R}u_S + \frac{R_1(R_1+R_2)}{R}i_S$$

$$L_2 \frac{\mathrm{d}i_{L_2}}{\mathrm{d}t} = u_{C_1} + \frac{R_2}{R}u_{C_2} + \frac{R_1 R_2}{R}i_{L_1} - \frac{R_2(R_1+R_3)}{R}i_{L_2} - \frac{(R_1+R_3)}{R}u_S - \frac{R_1 R_2}{R}i_S$$

进一步整理成矩阵形式为

$$\begin{bmatrix} \dfrac{\mathrm{d}u_{C_1}}{\mathrm{d}t} \\ \dfrac{\mathrm{d}u_{C_2}}{\mathrm{d}t} \\ \dfrac{\mathrm{d}i_{L_1}}{\mathrm{d}t} \\ \dfrac{\mathrm{d}i_{L_2}}{\mathrm{d}t} \end{bmatrix} = \begin{bmatrix} 0 & 0 & \dfrac{1}{C_1} & -\dfrac{1}{C_1} \\ 0 & -\dfrac{1}{C_2 R} & -\dfrac{R_1}{C_2 R} & -\dfrac{R_2}{C_2 R} \\ -\dfrac{1}{L_1} & \dfrac{R_1}{L_1 R} & -\dfrac{R_1(R_2+R_3)}{L_1 R} & \dfrac{R_1 R_2}{L_1 R} \\ \dfrac{1}{L_2} & \dfrac{R_2}{L_2 R} & \dfrac{R_2 R_1}{L_2 R} & -\dfrac{R_2(R_1+R_3)}{L_2 R} \end{bmatrix} \begin{bmatrix} u_{C_1} \\ u_{C_2} \\ i_{L_1} \\ i_{L_2} \end{bmatrix} + \begin{bmatrix} 0 & 0 \\ -\dfrac{1}{C_2 R} & \dfrac{R_1}{C_2 R} \\ \dfrac{R_1}{L_1 R} & \dfrac{R_1(R_2+R_3)}{L_1 R} \\ -\dfrac{R_1+R_3}{L_2 R} & -\dfrac{R_1 R_2}{L_2 R} \end{bmatrix} \begin{bmatrix} u_S \\ i_S \end{bmatrix}$$

习题【9】解 （1）根据待求量 M 在矩阵中的位置，通过计算如习题【9】解图所示电路的 i_1'，可以求出 M。根据电桥平衡，$i_1' = 0$，则

$$i_1' = C_1 M i_L = 0$$

习题【9】解图

所以 $M = 0$。

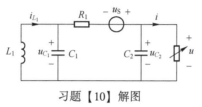

（2）将所给状态方程的第一行乘以 $1/C_1 = 2$，第二行乘以 $0.5/C_2 = 0.5$，第三行乘以 $1/L = 1/3$，可得新的状态方程为

$$\begin{bmatrix} \dfrac{\mathrm{d}u_1}{\mathrm{d}t} \\[2mm] \dfrac{\mathrm{d}u_2}{\mathrm{d}t} \\[2mm] \dfrac{\mathrm{d}i_L}{\mathrm{d}t} \end{bmatrix} = \begin{bmatrix} -\dfrac{4}{9} & \dfrac{2}{9} & 0 \\[2mm] \dfrac{1}{9} & -\dfrac{2}{9} & -\dfrac{1}{3} \\[2mm] 0 & -\dfrac{1}{9} & -\dfrac{16}{9} \end{bmatrix} \begin{bmatrix} u_1 \\ u_2 \\ i_L \end{bmatrix} + \begin{bmatrix} \dfrac{2}{9} \\[2mm] \dfrac{1}{9} \\[2mm] \dfrac{1}{9} \end{bmatrix} u_S$$

习题【10】解　由题意，$i = u^3$，以 i_{L_1}、u_{C_1}、u_{C_2} 为状态变量列写电路的状态方程，如习题【10】解图所示。

习题【10】解图

电感 L_1 的电流为

$$i_{L_1} = C_1 \frac{\mathrm{d}u_{C_1}}{\mathrm{d}t} + \frac{u_{C_1} - u_{C_2} + u_S}{R_1}$$

KCL 方程为

$$\frac{u_{C_1} - u_{C_2} + u_S}{R_1} = C_2 \frac{\mathrm{d}u_{C_2}}{\mathrm{d}t} + i$$

其中

$$L_1 \frac{\mathrm{d}i_{L_1}}{\mathrm{d}t} = -u_{C_1}, \quad i = u^3 = u_{C_2}^3$$

联立可得

$$\begin{cases} \dfrac{\mathrm{d}u_{C_1}}{\mathrm{d}t} = \dfrac{i_{L_1}}{C_1} - \dfrac{u_{C_1} - u_{C_2} + u_S}{C_1 R_1} \\[3mm] \dfrac{\mathrm{d}u_{C_2}}{\mathrm{d}t} = \dfrac{u_{C_1} - u_{C_2} + u_S}{C_2 R_1} - \dfrac{u_{C_2}^3}{C_2} \\[3mm] \dfrac{\mathrm{d}i_{L_1}}{\mathrm{d}t} = -\dfrac{1}{L_1} u_{C_1} \end{cases}$$

整理有

$$\begin{bmatrix} \dfrac{\mathrm{d}u_{C_1}}{\mathrm{d}t} \\[3mm] \dfrac{\mathrm{d}u_{C_2}}{\mathrm{d}t} \\[3mm] \dfrac{\mathrm{d}i_{L_1}}{\mathrm{d}t} \end{bmatrix} = \begin{bmatrix} -\dfrac{1}{C_1 R_1} & \dfrac{1}{C_1 R_1} & \dfrac{1}{C_1} \\[2mm] \dfrac{1}{C_2 R_1} & -\dfrac{1}{C_2 R_1} & 0 \\[2mm] -\dfrac{1}{L_1} & 0 & 0 \end{bmatrix} \begin{bmatrix} u_{C_1} \\ u_{C_2} \\ i_{L_1} \end{bmatrix} + \begin{bmatrix} 0 \\[2mm] -\dfrac{1}{C_2} \\[2mm] 0 \end{bmatrix} \begin{bmatrix} u_{C_2}^3 \end{bmatrix} + \begin{bmatrix} -\dfrac{1}{C_1 R_1} \\[2mm] \dfrac{1}{C_2 R_1} \\[2mm] 0 \end{bmatrix} u_S$$

习题【11】解 在闭合开关 S 前电路处于零状态，在 $t=0$ 时闭合开关 S，列写状态方程为

$$\frac{du_c}{dt}=i_L-\frac{1}{2}u_c, \quad 2\frac{di_L}{dt}=2-u_c-4i_L$$

即

$$\begin{bmatrix}\dfrac{du_c}{dt}\\[2mm]\dfrac{di_L}{dt}\end{bmatrix}=\begin{bmatrix}-\dfrac{1}{2}&1\\[2mm]-\dfrac{1}{2}&-2\end{bmatrix}\begin{bmatrix}u_c\\i_L\end{bmatrix}+\begin{bmatrix}0\\1\end{bmatrix}$$

在 $u_C(0_-)=0\text{V}$、$i_L(0_-)=0\text{A}$ 的条件下求解状态方程为

$$\varphi(s)=(sI-A)^{-1}=\begin{bmatrix}s+\dfrac{1}{2}&-1\\[2mm]\dfrac{1}{2}&s+2\end{bmatrix}^{-1}=\frac{1}{s^2+\dfrac{5}{2}s+\dfrac{3}{2}}\begin{bmatrix}s+2&1\\[2mm]-\dfrac{1}{2}&s+\dfrac{1}{2}\end{bmatrix}$$

$$X(s)=\varphi(s)\left[X(0_-)+BF(s)\right]=\frac{1}{s^2+\dfrac{5}{2}s+\dfrac{3}{2}}\begin{bmatrix}s+2&1\\[2mm]-\dfrac{1}{2}&s+\dfrac{1}{2}\end{bmatrix}\begin{bmatrix}0\\[2mm]\dfrac{1}{2}\end{bmatrix}\frac{2}{s}=\begin{bmatrix}\dfrac{2/3}{s}+\dfrac{-2}{s+1}+\dfrac{4/3}{s+\dfrac{3}{2}}\\[4mm]\dfrac{1/3}{s}+\dfrac{1}{s+1}+\dfrac{-4/3}{s+\dfrac{3}{2}}\end{bmatrix}$$

所以

$$X(t)=L^{-1}[X(s)]=\begin{bmatrix}\left(\dfrac{2}{3}-2e^{-t}+\dfrac{4}{3}e^{-\frac{3}{2}t}\right)\varepsilon(t)\\[4mm]\left(\dfrac{1}{3}+e^{-t}-\dfrac{4}{3}e^{-\frac{3}{2}t}\right)\varepsilon(t)\end{bmatrix}$$

即

$$u_c=\left(\frac{2}{3}-2e^{-t}+\frac{4}{3}e^{-\frac{3}{2}t}\right)\varepsilon(t)\text{V}, \quad i_L=\left(\frac{1}{3}+e^{-t}-\frac{4}{3}e^{-\frac{3}{2}t}\right)\varepsilon(t)\text{A}$$

习题【12】解 （1）以 i_1、i_2、u 为状态变量，列写状态方程为

$$\begin{cases}C\dfrac{du}{dt}=i_2\\[2mm]L_1\dfrac{di_1}{dt}+M\dfrac{di_2}{dt}=u_s\\[2mm]u+M\dfrac{di_1}{dt}+L_2\dfrac{di_2}{dt}+i_2=u_s\end{cases}$$

代入数值，整理得

$$\begin{bmatrix}\dfrac{di_1}{dt}\\[2mm]\dfrac{di_2}{dt}\\[2mm]\dfrac{du}{dt}\end{bmatrix}=\begin{bmatrix}0&4&4\\0&-4&-4\\0&1&0\end{bmatrix}\begin{bmatrix}i_1\\i_2\\u\end{bmatrix}+\begin{bmatrix}0.25\\0\\0\end{bmatrix}u_s$$

（2）因状态方程的系数矩阵不满秩，秩为 2，因此为二阶电路。去耦等效电路如习题【12】解图所示，也可以得到相同的结论。

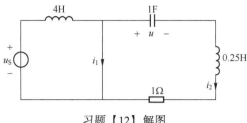

习题【12】解图

（3）将状态方程写成复域形式（进行拉普拉斯变换），即

$$\begin{bmatrix} s & -4 & -4 \\ 0 & s+4 & 4 \\ 0 & -1 & s \end{bmatrix} \begin{bmatrix} I_1(s) \\ I_2(s) \\ U_3(s) \end{bmatrix} = \begin{bmatrix} \dfrac{\sqrt{2}}{4} \cdot \dfrac{1}{s^2+1} \\ 0 \\ 0 \end{bmatrix}$$

得

$$I_1(s) = \frac{\dfrac{\sqrt{2}}{4} \cdot \dfrac{1}{s^2+1} \cdot (s^2+4s+4)}{s \cdot (s^2+4s+4)} = \frac{\sqrt{2}}{4} \cdot \left(\frac{1}{s} + \frac{-s}{s^2+1} \right)$$

由拉普拉斯反变换，得

$$i_1 = \frac{\sqrt{2}}{4}(1-\cos t) \cdot \varepsilon(t) \, \text{A}$$

A14　第 17 章习题答案

习题【1】解　如习题【1】解图所示。

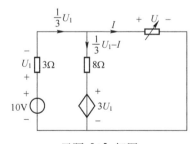

习题【1】解图

列写 KVL 方程可得

$$\begin{cases} 8 \times \left(\dfrac{1}{3}U_1 - I \right) + 3U_1 = U \\ 10 - U_1 = U \end{cases}$$

其中

$$I=0.06U^2+0.3U$$

解得 $U=4.95V$ 或 $-23.84V$，经校验，二者均正确。

习题【2】解 当 $U_i>2V$ 时，VD 导通。当 VD 导通时，$U_o=2V$。当 VD 不可以导通时，$U_o=U_i$。

画出输出电压 U_o 的波形图如习题【2】解图所示。

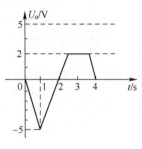

习题【2】解图

习题【3】解 如习题【3】解图所示。

（1）非线性电阻以外电路的戴维南等效电路如习题【3】解图（a）所示。由图可知，开路电压 $U_{OC}=4+2\times1=6(V)$，短路电流 $I_{SC}=2+\dfrac{4}{1}=6(A)$，等效电阻为

$$R_{eq}=\frac{U_{OC}}{I_{SC}}=\frac{6}{6}=1(\Omega)$$

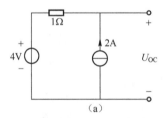

（a）

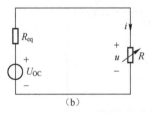

（b）

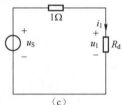

（c）

习题【3】解图

戴维南电路如习题【3】解图（b）所示，则

$$u=U_{OC}-R_{eq}i$$

即

$$u=6-i$$

又由于 $i=u^2$，可得 $u=6-u^2$，即

$$u^2+u-6=0$$

解得 $u=2\text{V}$ 或者 $u=-3\text{V}$（舍去），当 $U_Q=2\text{V}$ 时，$I_Q=U_Q^2=4\text{A}$。

（2）求静态工作点处的动态电阻为

$$G_\mathrm{d}=\frac{\mathrm{d}g(u)}{\mathrm{d}u}\bigg|_{u=U_Q}=4\text{S}$$

$$R_\mathrm{d}=\frac{1}{G_\mathrm{d}}==\frac{1}{4}\Omega$$

（3）小信号等效电路如习题【3】解图（c）所示。小信号产生的电流、电压分别为

$$i_1=\frac{u_\mathrm{S}}{1+R_\mathrm{d}}=1.6\times10^{-3}\cos\omega t(\text{A})$$

$$u_1=R_\mathrm{d}i_1=0.4\times10^{-3}\cos\omega t(\text{V})$$

工作点的电压、电流分别为

$$u=2+0.4\times10^{-3}\cos\omega t\text{V}$$

$$i=4+1.6\times10^{-3}\cos\omega t\text{A}$$

习题【4】解　当 I_S 直流电源单独作用时，等效电路如习题【4】解图（a）所示。

由图可知，$I_\mathrm{S}=i_1'+i_2'=8$，即 $U'^2+0.5U'^2+U'=8$，$U'=2\text{V}$（负值舍去）$\Rightarrow i_1'=i_2'=4\text{A}$，动态电导为

$$G_\mathrm{1d}=2U'|_{U'=2}=4\text{S},\quad G_\mathrm{2d}=1+U'|_{U'=2}=3\text{S}$$

动态电阻为

$$R_\mathrm{1d}=\frac{1}{4}\Omega,\quad R_\mathrm{2d}=\frac{1}{3}\Omega$$

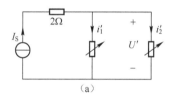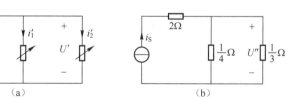

习题【4】解图

当小信号电源 $i_\mathrm{S}(t)$ 单独作用时，如习题【4】解图（b）所示，有

$$U''=0.5\sin t\times\left(\frac{1}{4}/\!/\frac{1}{3}\right)=\frac{1}{14}\sin t(\text{V})$$

$$i_1''=i_\mathrm{S}\cdot\frac{4}{3+4}=\frac{2}{7}\sin t(\text{A}),\quad i_2''=i_\mathrm{S}\cdot\frac{3}{3+4}=\frac{3}{14}\sin t(\text{A})$$

综上，有

$$U=2+\frac{1}{14}\sin t\text{V},\ i_1=4+\frac{2}{7}\sin t\text{A},\ i_2=4+\frac{3}{14}\sin t\text{A}$$

习题【5】解　当直流电压单独作用时，如习题【5】解图（1）所示。
易得

$$U_{C_0}=-50\text{V},\quad U_{R_0}=50\text{V},\quad I_{L_0}=I_{R_0}=1\text{A}$$

动态参数为

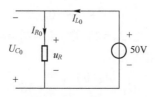

习题【5】解图（1）

$$L_d = \frac{d\psi}{di_L}\Big|_{I_{L_0}} = \frac{1}{30}(H), \quad R_d = \frac{du_R}{di_R}\Big|_{I_{R_0}} = 25(\Omega)$$

当小信号电源单独作用时，如习题【5】解图（2）所示。

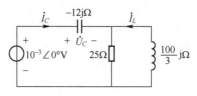

习题【5】解图（2）

电容电流为

$$\dot{I}_C = \frac{10^{-3}\angle 0°}{-12j + 25 // \frac{100}{3}j} = 6.25 \times 10^{-5} \angle 0°(A)$$

电容电压为

$$\dot{U}_C = \dot{I}_C(-12j) = 7.5 \times 10^{-4} \angle -90°(V)$$

电感电流为

$$\dot{I}_L = -\dot{I}_C \cdot \frac{25}{25 + \frac{100}{3}j} = -3.75 \times 10^{-5} \angle -53.1°(A)$$

最后可得

$$\begin{cases} u_C = -50 + 7.5\sqrt{2} \times 10^{-4} \sin(1000t - 90°) V \\ i_L = 1 - 3.75\sqrt{2} \times 10^{-5} \sin(1000t - 53.13°) A \end{cases}$$

习题【6】解　如习题【6】解图（1）所示，非线性电阻左侧戴维南电路开路电压、等效电阻分别为

$$U_{OC} = \frac{3}{3+6} \times 45 = 15(V), \quad R_{eq} = \frac{6 \times 3}{6+3} = 2(\Omega)$$

习题【6】解图（1）

（1）当非线性电阻工作在 AB 段时，等效电路如习题【6】解图（2）所示。

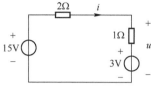

习题【6】解图（2）

$$i = \frac{15-3}{3} = 4(\text{A}), \quad u = 4+3 = 7(\text{V})\,(\text{不在 AB 段},\text{舍去})$$

（2）当非线性电阻工作在 BC 段时，等效电路如习题【6】解图（3）所示。

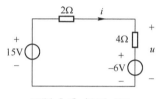

习题【6】解图（3）

$$i = \frac{15+6}{2+4} = 3.5(\text{A}), \quad u = 4i-6 = 8(\text{V})\,(\text{在 BC 段上})$$

综上所述，有

$$i = 3.5\text{A}, \quad u = 8\text{V}$$

习题【7】解　如习题【7】解图所示。

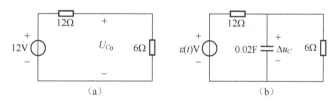

习题【7】解图

当电压源 $u_\text{S}(t) = 12\text{V}$ 单独作用时，如习题【7】解图（a）所示，有

$$U_{C_0} = \frac{6}{6+12} \times 12 = 4(\text{V})$$

动态电容为

$$C_\text{d} = \left.\frac{\text{d}q}{\text{d}u_C}\right|_{u_C = U_{C_0}} = 2.5 \times 10^{-3} \times 2 \times 4 = 0.02(\text{F})$$

小信号电源等效电路如习题【7】解图（b）所示。用三要素公式求小信号响应，即

$$\Delta u_C(0_+) = 0\text{V}, \quad \Delta u_C(\infty) = \frac{6}{6+12} \times 1 = \frac{1}{3}(\text{V}), \quad \tau = RC = \frac{6 \times 12}{6+12} \times 0.02 = 0.08(\text{s})$$

则

$$\Delta u_C = \Delta u_C(\infty) + [\Delta u_C(0_+) - \Delta u_C(\infty)]\text{e}^{-t/\tau} = \frac{1}{3}(1-\text{e}^{-12.5t})\varepsilon(t)\,\text{V}$$

电容电压为

$$u_C = U_{C_0} + \Delta u_C = 4 + \frac{1}{3}\left(1 - e^{-12.5t}\right)\varepsilon(t)\,\text{V}$$

习题【8】解 先将非线性电阻元件左侧的电路化简，如习题【8】解图（a）所示。对 a、b 左侧电路，有

$$i_3 = 1 - u_3$$

对 a、b 右侧电路，有

$$i_3 = 2u_3^2$$

在 i_3-u_3 平面上画出上面两个方程的曲线，如习题【8】解图（b）所示。曲线交点对应的 u_3、i_3 为

$$u_3 = 0.5\text{V}, \quad i_3 = 0.5\text{A}$$

或

$$u_3 = -1\text{V}, \quad i_3 = 2\text{A}$$

即为所求。

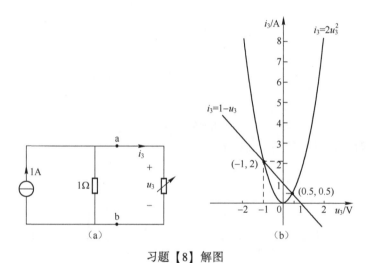

习题【8】解图

习题【9】解 （1）外加电源法电路如习题【9】解图（1）（a）所示，a、b 右侧的戴维南等效电路如习题【9】解图（1）（b）所示。

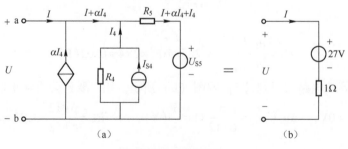

习题【9】解图（1）

端口伏安特性为

$$U=27+5I$$

（2）习题【9】图的等效电路如习题【9】解图（2）所示。

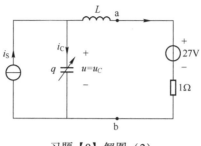

习题【9】解图（2）

在直流状态下，$U_{C_0}=27\text{V}$，$I_{C_0}=0\text{A}$，动态电容为

$$C=\left.\frac{\mathrm{d}q}{\mathrm{d}u}\right|_{U_{C_0}=27}=0.5\times10^{-4}\text{F}$$

小信号电路如习题【9】解图（3）所示，有

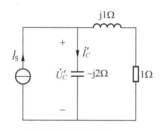

习题【9】解图（3）

$$\begin{cases}\dot{I}'_C=\dfrac{\text{j}1+1}{1+\text{j}1-\text{j}2}\times\dot{I}_S=2\angle120°\,(\text{mA})\\\dot{U}'_C=-\text{j}2\times\dot{I}'_C=4\angle30°\,(\text{mV})\end{cases}$$

综合，有

$$\begin{cases}i_C=I_{C_0}+i'_C=2\times10^{-3}\sin(10^4t+120°)\,\text{A}\\u_C=U_{C_0}+u'_C=27+4\times10^{-3}\sin(10^4t+30°)\,\text{V}\end{cases}$$

习题【10】解　如习题【10】解图所示。

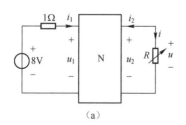（a）
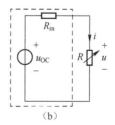（b）

习题【10】解图

设二端口网络的电压、电流方向如习题【10】解图（a）所示，则二端口网络的传输参数方程为

$$\begin{cases} u_1 = 1.5u_2 - 2.5i_2 \\ i_1 = 0.5u_2 - 1.5i_2 \end{cases} \quad ①$$

当输出端口开路时，输入和输出端口的特性方程为

$$\begin{cases} u_1 = 8 - i_1 \\ i_2 = 0 \end{cases} \quad ②$$

联立①②可求得 $u_2 = 4V$，即 $u_{OC} = u_2 = 4V$。

当将 8V 独立电压源置 0 时，二端口网络输入端口的支路方程为

$$u_1 = -i_1 \quad ③$$

联立①②可求得从二端口网络输出端口向左看入时的等效电阻，即

$$R_{in} = \frac{u_2}{i_2} = 2\Omega$$

非线性电阻以外的戴维南等效电路如习题【10】解图（b）所示，电压、电流关系为

$$u = u_{OC} - R_{in}i = 4 - 2i \quad ④$$

分两段表示为

$$u = i \quad (u < 1V, \quad i < 1A) \quad ⑤$$
$$u = 2i - 1 \quad (u > 1V, \quad i > 1A) \quad ⑥$$

⑤不满足④，联立④⑥可解得

$$u = 1.5V, \quad i = 1.25A$$

A15 第 18 章习题答案

习题【1】解 终端开路（$i_2 = 0$）时的无损线方程为

$$\lambda = \frac{3 \times 10^8}{f} = \frac{3 \times 10^8}{100 \times 10^6} = 3(m)$$

输入阻抗为

$$Z_i = \frac{\dot{U}_1}{\dot{I}_1} = -jZ_C \cot \frac{2\pi}{\lambda} l$$

由题意，输入端相当于 100pF 的电容，即

$$Z_i = \frac{1}{j\omega C} = -j \frac{1}{2\pi \times 10^8 \times 10^{-10}} = -j \frac{50}{\pi} (\Omega)$$

则

$$Z_C \cot \frac{2\pi}{\lambda} l = \frac{50}{\pi} \Rightarrow \cot \frac{2\pi}{\lambda} l = \frac{50}{\pi \cdot Z_C} = \frac{50}{\pi \cdot 400} = \frac{1}{8\pi}$$

$$\frac{2\pi}{\lambda} l = \text{arccot} \frac{1}{8\pi} = 87.72° \times \frac{\pi}{180°}$$

$$l = \frac{3}{2} \times \frac{87.72°}{180°} = 0.731(m)$$

习题【2】解 如习题【2】解图所示。

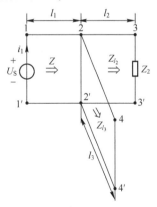

习题【2】解图

$$\lambda = \frac{2\pi}{\beta}, \quad \beta = \frac{2\pi}{\lambda} = \frac{\pi}{150}, \quad \frac{\beta l}{2} = \frac{\pi}{150} \times \frac{50}{2} = \frac{\pi}{6}$$

（1）终端开路时，$\dot{I}_2' = 0$，$\dot{U}_S = \dot{U}_2' \cos\frac{\pi}{6}$，则

$$\dot{U}_2' = 2\sqrt{3} \angle 30° \text{V}, \quad \dot{I}_1' = j\frac{\dot{U}_2'}{Z_C}\sin\beta l = 0.01 \angle 120° \text{A}$$

（2）终端短路时，$\dot{U}_2'' = 0$，$\dot{U}_1 = jZ_C \dot{I}_2'' \sin\frac{\pi}{6}$，则

$$\dot{I}_2'' = \frac{\sqrt{3}}{50} \angle -60° \text{A}, \quad \dot{I}_1'' = \dot{I}_2'' \cos\frac{\pi}{6} = 0.03 \angle -60° \text{A}$$

综上，有

$$\dot{I} = \dot{I}_1' + \dot{I}_1'' = 0.02 \angle -60° \text{A}, \quad i = 0.02\sqrt{2}\cos(\omega t - 60°) \text{A}$$

习题【3】解 如习题【3】解图所示。

习题【3】解图

由 $v = \dfrac{\omega}{\beta}$ 可得相位系数为

$$\beta = \frac{\omega}{v} = \frac{2\pi \times 10^8}{3 \times 10^8} = \frac{2\pi}{3}$$

又

$$Z_{l_2} = Z_C \frac{Z_2 + jZ_C \tan\beta l_2}{Z_C + jZ_l \tan\beta l_2}, \quad \beta l_2 = \frac{2}{3}\pi \times \frac{3}{4} = \frac{\pi}{2}, \quad \tan\beta l_2 \to \infty$$

对无损线 l_2，从 2-2′端向终端看的输入阻抗为

$$Z_{l_2} = \frac{Z_C^2}{Z_l} = \frac{Z_C^2}{Z_2} = \frac{100^2}{10} = 1000(\Omega)$$

对无损线 l_3，从 2-2′端向终端看的输入阻抗为

$$Z_{l_3} = jZ_C\tan\beta l_3, \quad \beta l_3 = \frac{2\pi}{3}\times\frac{3}{4} = \frac{\pi}{2}, \quad \tan\beta l_3 \to \infty$$

从 1-1′端看的输入阻抗为

$$Z = Z_C\frac{Z_{l_2}+jZ_C\tan\beta l_1}{Z_C+jZ_{l_2}\tan\beta l_1} = \frac{Z_C^2}{Z_{l_2}} = \frac{100^2}{1000} = 10(\Omega)$$

因 $u_S = 10\cos(2\pi\times10^8 t)\,\mathrm{V}$，有

$$i_1 = \frac{u_S}{Z} = \cos(2\pi\times10^8 t)\,\mathrm{A}$$

习题【4】解 如习题【4】解图所示，将电感 L 用一段长度为 l' 且终端短路的无损线等效，当 l' 为某一数值时，存在 $Z_i = jX_L$。

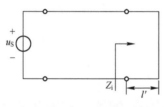

习题【4】解图

从终端看的输入阻抗为

$$Z_i = jZ_C\tan\left(\frac{2\pi}{\lambda}\times l'\right)$$

$$j100\tan\left(\frac{2\pi}{8}\times l'\right) = j100\sqrt{3}$$

解得

$$l' = \frac{4}{3}\mathrm{m}$$

因距等效终端 $x' = k\frac{\lambda}{2}$ 处，电压为 0，所以电压为 0 的点距终端的距离为

$$x = x' - l' = k\frac{\lambda}{2} - \frac{4}{3} = 4k - \frac{4}{3} \quad (k=1,2,3,4)$$

当无损线长为 18m 时，电压始终为 0 的点距终端的距离为

$$x = 2.667\mathrm{m} \text{ 或 } 6.667\mathrm{m} \text{ 或 } 10.667\mathrm{m} \text{ 或 } 14.667\mathrm{m}$$

习题【5】解 对于 l_2，输入阻抗为

$$\alpha x = \frac{2\pi}{\lambda}l_2 = \frac{2\pi f}{c}l_2 = \pi$$

可得 l_2 的二端口矩阵为

$$\begin{bmatrix} \dot{U} \\ \dot{I} \end{bmatrix} = \begin{bmatrix} \cos\alpha x & jZ_{C2}\sin\alpha x \\ j\dfrac{\sin\alpha x}{Z_{C2}} & \cos\alpha x \end{bmatrix}\begin{bmatrix} 200\dot{I}_3 \\ \dot{I}_3 \end{bmatrix} \Rightarrow \begin{bmatrix} \dot{U} \\ \dot{I} \end{bmatrix} = \begin{bmatrix} -1 & 0 \\ 0 & -1 \end{bmatrix}\begin{bmatrix} 200\dot{I}_3 \\ \dot{I}_3 \end{bmatrix} \Rightarrow Z_{eq}=200\Omega$$

对于 l_3，输入阻抗为

$$\alpha x = \frac{2\pi}{\lambda}l_3 = \frac{2\pi f}{c}l_3 = \frac{\pi}{4}$$

$$\begin{bmatrix} \dot{U} \\ \dot{I} \end{bmatrix} = \begin{bmatrix} \cos\alpha x & jZ_{C3}\sin\alpha x \\ j\dfrac{\sin\alpha x}{Z_{C3}} & \cos\alpha x \end{bmatrix}\begin{bmatrix} \dot{U}_{4-4'} \\ 0 \end{bmatrix} \Rightarrow \begin{bmatrix} \dot{U} \\ \dot{I} \end{bmatrix} = \begin{bmatrix} \dfrac{\sqrt{2}}{2} & j100\dfrac{\sqrt{2}}{2} \\ j\dfrac{\sqrt{2}/2}{100} & \dfrac{\sqrt{2}}{2} \end{bmatrix}\begin{bmatrix} \dot{U}_{4-4'} \\ 0 \end{bmatrix} \Rightarrow Z_{eq}=-j100\Omega$$

因此 2-2′ 的输入阻抗为

$$Z = 200 /\!/ 200 /\!/ (j100) /\!/ (-j100) = 100(\Omega)$$

对于 l_1，输入阻抗为

$$\alpha x = \frac{2\pi}{\lambda}l_1 = \frac{2\pi f}{c}l_1 = \frac{\pi}{2}$$

$$\begin{bmatrix} \dot{U}_{1-1'} \\ \dot{I}_1 \end{bmatrix} = \begin{bmatrix} \cos\alpha x & jZ_{C1}\sin\alpha x \\ j\dfrac{\sin\alpha x}{Z_{C1}} & \cos\alpha x \end{bmatrix}\begin{bmatrix} \dot{U}_{2-2'} \\ \dot{I}_2 \end{bmatrix} \Rightarrow \begin{bmatrix} 100-100\ \dot{I}_1 \\ \dot{I}_1 \end{bmatrix} = \begin{bmatrix} 0 & j200 \\ j\dfrac{1}{200} & 0 \end{bmatrix}\begin{bmatrix} 100\ \dot{I}_2 \\ \dot{I}_2 \end{bmatrix}$$

$$\Rightarrow \begin{cases} Z_{l_1}=400\Omega \\ \dot{U}_{2-2'}=-40j\ V \end{cases}$$

对 l_3 有

$$\begin{bmatrix} -40j \\ 0.5 \end{bmatrix} = \begin{bmatrix} \dfrac{\sqrt{2}}{2} & j100\dfrac{\sqrt{2}}{2} \\ j\dfrac{\sqrt{2}/2}{100} & \dfrac{\sqrt{2}}{2} \end{bmatrix}\begin{bmatrix} \dot{U}_{4-4'} \\ 0 \end{bmatrix} \Rightarrow \dot{U}_{4-4'}=-40\sqrt{2}j\ V$$

习题【6】解 （1）稳态传输线的本质是二端口网络问题，先求从 2-2′ 向右侧看进去的等效阻抗为

$$\beta x = \frac{2\pi}{\lambda}\cdot\frac{\lambda}{4} = \frac{\pi}{2} \Rightarrow \begin{bmatrix} \dot{U}_2 \\ \dot{I}_2 \end{bmatrix} = \begin{bmatrix} \cos\beta x & jZ_C\sin\beta x \\ \dfrac{j\sin\beta x}{Z_C} & \cos\beta x \end{bmatrix}\begin{bmatrix} \dot{U}_3 \\ \dot{I}_3 \end{bmatrix} = \begin{bmatrix} 0 & j200 \\ \dfrac{j}{200} & 0 \end{bmatrix}\begin{bmatrix} 0 \\ \dot{I}_3 \end{bmatrix}$$

$$\Rightarrow Z_{eq}=\infty$$

再求 l_1 的参数矩阵为

$$\beta x = \frac{2\pi}{\lambda}\cdot\frac{\lambda}{6} = \frac{\pi}{3} \Rightarrow \begin{bmatrix} 100\angle 0° \\ \dot{I}_1 \end{bmatrix} = \begin{bmatrix} \cos\beta x & jZ_C\sin\beta x \\ \dfrac{j\sin\beta x}{Z_C} & \cos\beta x \end{bmatrix}\begin{bmatrix} \dot{U}_2 \\ \dot{I}_2 \end{bmatrix} = \begin{bmatrix} \dfrac{1}{2} & j100\dfrac{\sqrt{3}}{2} \\ \dfrac{j\sqrt{3}/2}{100} & \dfrac{1}{2} \end{bmatrix}\begin{bmatrix} \dot{U}_2 \\ 0 \end{bmatrix}$$

解得

$$\begin{cases} \dot{U}_2 = 200\text{V} \\ \dot{I}_1 = \sqrt{3}\,\text{jA} \end{cases}$$

（2）A 点到 2-2′的二端口矩阵为

$$\beta x = \frac{2\pi}{\lambda} \times \frac{\lambda}{12} = \frac{\pi}{6} \Rightarrow \begin{bmatrix} \dot{U}_A \\ \dot{I}_A \end{bmatrix} = \begin{bmatrix} \cos\beta x & \text{j}Z_C\sin\beta x \\ \dfrac{\text{j}\sin\beta x}{Z_C} & \cos\beta x \end{bmatrix} \begin{bmatrix} \dot{U}_2 \\ \dot{I}_2 \end{bmatrix} = \begin{bmatrix} \dfrac{\sqrt{3}}{2} & \text{j}100\,\dfrac{1}{2} \\ \dfrac{\text{j}1/2}{100} & \dfrac{\sqrt{3}}{2} \end{bmatrix} \begin{bmatrix} 200 \\ 0 \end{bmatrix}$$

$$\Rightarrow \begin{cases} \dot{U}_A = 100\sqrt{3}\,\text{V} \\ \dot{I}_A = \text{jA} \end{cases}$$

有效值 $U_A = 100\sqrt{3}\,\text{V}$，$I_A = 1\text{A}$。

（3）由于从 2-2′向右侧看进去的等效阻抗为无穷大，因此 $I_2 = 0$，根据 l_2 的二端口矩阵可得

$$\begin{bmatrix} 200 \\ 0 \end{bmatrix} = \begin{bmatrix} 0 & \text{j}200 \\ \dfrac{\text{j}}{200} & 0 \end{bmatrix} \begin{bmatrix} 0 \\ \dot{I}_3 \end{bmatrix} \Rightarrow \dot{I}_3 = -\text{j} \Rightarrow I_3 = 1\text{A}$$

习题【7】解　如习题【7】解图所示。

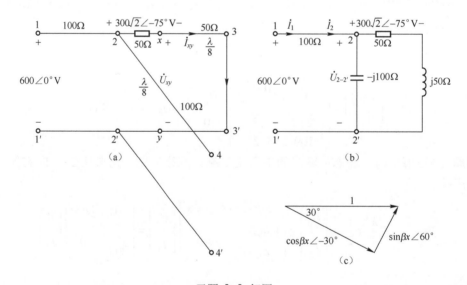

习题【7】解图

（1）求从端口 xy 向右侧看进去的输入阻抗，即

$$\begin{cases} \beta x = \dfrac{2\pi}{\lambda} \times \dfrac{\lambda}{8} = \dfrac{\pi}{4} \\[3mm] \begin{bmatrix} \dot{U}_{xy} \\[2mm] \dot{I}_{xy} \end{bmatrix} = \begin{bmatrix} \cos\beta x & \mathrm{j}Z_{\mathrm{C}}\sin\beta x \\[2mm] \mathrm{j}\dfrac{\sin\beta x}{Z_{\mathrm{C}}} & \cos\beta x \end{bmatrix} \begin{bmatrix} \dot{U}_{3-3'} \\[2mm] \dot{I}_{3-3'} \end{bmatrix} \Rightarrow \begin{bmatrix} \dot{U}_{xy} \\[2mm] \dot{I}_{xy} \end{bmatrix} = \begin{bmatrix} \dfrac{\sqrt{2}}{2} & \mathrm{j}50\dfrac{\sqrt{2}}{2} \\[3mm] \mathrm{j}\dfrac{\sqrt{2}/2}{50} & \dfrac{\sqrt{2}}{2} \end{bmatrix} \begin{bmatrix} 0 \\[2mm] \dot{I}_{3-3'} \end{bmatrix} \end{cases}$$

$$\Rightarrow Z_{\mathrm{eq}} = \dfrac{\mathrm{j}50\dfrac{\sqrt{2}}{2}}{\dfrac{\sqrt{2}}{2}} = \mathrm{j}50(\Omega)$$

（2）求从 2-2′向右侧看进去的输入阻抗，为

$$\begin{cases} \beta x = \dfrac{2\pi}{\lambda} \times \dfrac{\lambda}{8} = \dfrac{\pi}{4} \\[3mm] \begin{bmatrix} \dot{U}_{2-2'} \\[2mm] \dot{I}_{2-2'} \end{bmatrix} = \begin{bmatrix} \cos\beta x & \mathrm{j}Z_{\mathrm{C}}\sin\beta x \\[2mm] \mathrm{j}\dfrac{\sin\beta x}{Z_{\mathrm{C}}} & \cos\beta x \end{bmatrix} \begin{bmatrix} \dot{U}_{4-4'} \\[2mm] \dot{I}_{4-4'} \end{bmatrix} \Rightarrow \begin{bmatrix} \dot{U}_{2-2'} \\[2mm] \dot{I}_{2-2'} \end{bmatrix} = \begin{bmatrix} \dfrac{\sqrt{2}}{2} & \mathrm{j}100\dfrac{\sqrt{2}}{2} \\[3mm] \mathrm{j}\dfrac{\sqrt{2}/2}{100} & \dfrac{\sqrt{2}}{2} \end{bmatrix} \begin{bmatrix} \dot{U}_{4-4'} \\[2mm] 0 \end{bmatrix} \Rightarrow Z_{\mathrm{eq}} = -\mathrm{j}100\,\Omega \end{cases}$$

（3）从 2-2′向右侧看进去的等效电路可等效为习题【7】解图（b），求得

$$\begin{cases} \dot{U}_{2-2'} = \dfrac{300\sqrt{2}\angle -75^\circ}{50} \times (50+\mathrm{j}50) = 600\angle -30^\circ(\mathrm{V}) \\[4mm] \dot{I}_{2} = \dfrac{300\sqrt{2}\angle -75^\circ}{50} + \dfrac{\dot{U}_{2-2'}}{-\mathrm{j}100} = 6\angle -30^\circ(\mathrm{A}) \end{cases}$$

（4）对于 l_1，列写二端口方程为

$$\begin{bmatrix} 600\angle 0^\circ \\[2mm] \dot{I}_1 \end{bmatrix} = \begin{bmatrix} \cos\beta x & \mathrm{j}100\sin\beta x \\[2mm] \mathrm{j}\dfrac{\sin\beta x}{100} & \cos\beta x \end{bmatrix} \begin{bmatrix} 600\angle -30^\circ \\[2mm] 6\angle -30^\circ \end{bmatrix}$$

$$\Rightarrow 600\angle 0^\circ = 600\angle -30^\circ \cdot \cos\beta x + 6\angle -30^\circ \cdot \mathrm{j}100\sin\beta x$$

$$\Rightarrow 1 = \cos\beta x\angle -30^\circ + \sin\beta x\angle 60^\circ$$

（5）通过相量图求解，如习题【7】解图（c）所示，即

$$\begin{cases} \sin\beta x = \dfrac{1}{2} \\[3mm] \cos\beta x = \dfrac{\sqrt{3}}{2} \end{cases} \Rightarrow \beta x = \dfrac{\pi}{6} + 2k\pi = \dfrac{2\pi}{\lambda} \cdot l_1 \Rightarrow l_1 = \dfrac{\lambda}{12} + k\lambda \Rightarrow l_{1\min} = \dfrac{\lambda}{12}$$

习题【8】解　先求入射波电压为

$$u_{1_+} = u_{\mathrm{S}}\dfrac{Z_{\mathrm{C1}}}{R_{\mathrm{S}}+Z_{\mathrm{C1}}} = 40\mathrm{V}$$

当入射波到达 2-2′时，根据三要素可求得电容电压为

$$\begin{cases} u_C(0_+) = 0\mathrm{V} \\[2mm] u_C(\infty) = 40\mathrm{V} \\[2mm] \tau = RC = 200\times 5\times 10^{-6} = 10^{-3}(\mathrm{s}) \end{cases} \Rightarrow u_C = 40(1-\mathrm{e}^{-1000t})\mathrm{V}\,(t>0)$$

第二根无损线上的入射波电流为

$$i_{2_+} = \frac{u_C}{800} = 0.05(1 - e^{-1000t})\,\text{A}\,(t>0)$$

根据入射波电压与反射波电压之间的关系，可得第一根无损线上的反射波电压、电流为

$$u_{1_+} + u_{1_-} = u_C \Rightarrow \begin{cases} u_{1_-} = u_C - u_{1_+} = -40e^{-1000t}\,\text{V}\,(t>0) \\ i_{1_-} = \dfrac{u_{1_-}}{Z_{C1}} = -0.1e^{-1000t}\,\text{A}\,(t>0) \end{cases}$$

习题【9】解   如习题【9】解图所示。

第一根无损线上的入射波电压为

$$u_{1_+} = u_S \frac{Z_{C1}}{R_S + Z_{C1}} = 28.5\,\text{kV}$$

入射波电流为

$$i_{1_+} = \frac{u_{1_+}}{Z_{C1}} = 38\,\text{A}$$

根据彼得逊法则，采用拉氏变换求解，列写节点方程［见习题【9】解图（a）］，可得

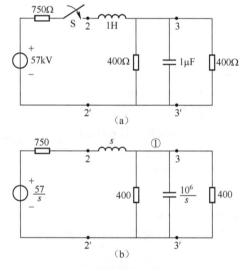

习题【9】解图

$$U_1(s)\left(\frac{1}{s+750} + \frac{1}{400} + \frac{s}{10^6} + \frac{1}{400}\right) = \frac{57/s}{s+750}$$

$$\Rightarrow U_1(s) = \frac{57 \times 10^6}{s(s+1000)(s+4750)} = \frac{12}{s} - \frac{15.2}{s+1000} + \frac{3.2}{s+4750}$$

$$U_{2\lambda}(s) = \left(\frac{\dfrac{U_\varphi}{400} + \dfrac{U_\varphi}{400} + \dfrac{U_\varphi}{\dfrac{10^6}{s}}}{}\right)s + U_\varphi$$

$$u_{2\lambda} = (60.8e^{-1000t} - 3.8e^{-4750t})\,\text{kV}$$

$$i_{2\lambda} = \frac{u_{2\lambda}}{Z_{C1}} = (81.01e^{-1000t} - 5.07e^{-4750t})A$$

进行拉氏反变换后，可得透射波电压为

$$u_{3_+} = (12 - 15.2e^{-1000t} + 3.2e^{-4750t})kV$$

透射波电流为

$$i_{3_+} = \frac{u_{3_+}}{Z_{C2}} = (30 - 38e^{-1000t} + 8e^{-4750t})A$$

习题【10】解 当入射波到达两根无损线交界处时，入射波会发生反射与透射，彼得逊等效电路如习题【10】解图（a）所示，可求得

$$u_1 = 18 \times \frac{200}{200+200} = 9(kV), \quad i_1 = \frac{18000}{400} = 45(A)$$

第二根无损线的透射波电压为

$$u_3 = u_1 \times \frac{200}{100+200} = 6kV$$

为了求第二根无损线末端的电压与电流，再次绘制彼得逊等效电路，如习题【10】解图（b）所示，此电路为一阶暂态电路，根据三要素计算电路响应为

$$\begin{cases} u_C(\infty) = 4kV \\ \tau = RC = \frac{200}{3} \times 10^{-6} = \frac{2}{3} \times 10^{-4}(s) \end{cases} \Rightarrow \begin{cases} u_2 = u_C = 4 \times (1 - e^{-1.5 \times 10^4 t})kV \\ i_2 = (12 - u_2)/200 = (40 + 20e^{-1.5 \times 10^4 t})A \end{cases}$$

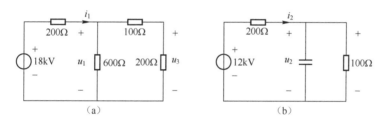

习题【10】解图

习题【11】解 （1）在连接点，根据彼得逊法则可得如习题【11】解图所示等效电路，即

$$i_L(\infty) = \frac{30000}{300} = 100(A), \quad R_{eq} = 300\Omega, \quad \tau = \frac{L}{R_{eq}} = \frac{0.6}{300}s$$

$$\Rightarrow i_L = 100(1 - e^{-500t})A, \quad u_2 = 200i_L = 20(1 - e^{-500t})kV$$

（2）由习题【11】解图可知

$$u_1 = 30 - 100i_L = 20 + 10e^{-500t} = u_{1_-} + u_{1_+} \Rightarrow u_{1_-} = 5 + 10e^{-500t}kV$$

（3）（1）中所求电压就是透射波电压，即

$$u_{2_+} = 20(1 - e^{-500t})kV$$

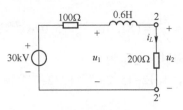

习题【11】解图

习题【12】解　根据彼得逊法则，当入射波到达 2-2′时，如习题【12】解图所示，有

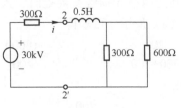

习题【12】解图

$$
\begin{cases}
i(\infty)=\dfrac{30000}{300+300//600}=60(\mathrm{A})\\[2mm]
R_{\mathrm{eq}}=300+300//600=500(\Omega)\Rightarrow i=60(1-\mathrm{e}^{-1000t})\,\mathrm{A}\\[2mm]
\tau=\dfrac{L}{R_{\mathrm{eq}}}=\dfrac{0.5}{500}=\dfrac{1}{1000}(\mathrm{s})
\end{cases}
$$

可得反射波电流为

$$
i_{1_+}-i_{1_-}=i\Rightarrow i_{1_-}=i_{1_+}-i=\frac{15000}{300}-60(1-\mathrm{e}^{-1000t})=-10+60\mathrm{e}^{-1000t}\,\mathrm{A}
$$

透射波电流为

$$
i_{2_+}=i\cdot\frac{300}{300+600}=20(1-\mathrm{e}^{-1000t})\,\mathrm{A}
$$

反侵权盗版声明

电子工业出版社依法对本作品享有专有出版权。任何未经权利人书面许可，复制、销售或通过信息网络传播本作品的行为；歪曲、篡改、剽窃本作品的行为，均违反《中华人民共和国著作权法》，其行为人应承担相应的民事责任和行政责任，构成犯罪的，将被依法追究刑事责任。

为了维护市场秩序，保护权利人的合法权益，本社将依法查处和打击侵权盗版的单位和个人。欢迎社会各界人士积极举报侵权盗版行为，本社将奖励举报有功人员，并保证举报人的信息不被泄露。

举报电话：(010) 88254396；(010) 88258888
传　　真：(010) 88254397
E-mail：dbqq@ phei. com. cn
通信地址：北京市海淀区万寿路 173 信箱
　　　　　电子工业出版社总编办公室
邮　　编：100036